现代水产养殖新法丛书

# 大宗淡水鱼 高效养殖模式攻略

戈贤平　主编

U0246523

中国农业出版社

XIANDAI SHUICHAN YANGZHI XINFA CONGSHU

**图书在版编目（CIP）数据**

大宗淡水鱼高效养殖模式攻略/戈贤平主编 . —北京：中国农业出版社，2015.5（2017.10 重印）
（现代水产养殖新法丛书）
ISBN 978-7-109-19734-3

Ⅰ.①大… Ⅱ.①戈… Ⅲ.①淡水鱼类－鱼类养殖
Ⅳ.①S965.1

中国版本图书馆 CIP 数据核字（2014）第 253706 号

中国农业出版社出版
（北京市朝阳区麦子店街 18 号楼）
（邮政编码 100125）
责任编辑　林珠英　黄向阳

北京万友印刷有限公司印刷　　新华书店北京发行所发行
2015 年 5 月第 1 版　　2017 年 10 月北京第 3 次印刷

开本：720mm×960mm 1/16　　印张：19.25
字数：335 千字
定价：48.00 元
（凡本版图书出现印刷、装订错误，请向出版社发行部调换）

# 本书编写人员

主　编　戈贤平（中国水产科学研究院淡水渔业研究中心）

副主编　赵永锋（中国水产科学研究院淡水渔业研究中心）

　　　　缪凌鸿（中国水产科学研究院淡水渔业研究中心）

编著者（以编写内容前后为序）

　　　　戈贤平（中国水产科学研究院淡水渔业研究中心）

　　　　缪凌鸿（中国水产科学研究院淡水渔业研究中心）

　　　　桂建芳（中国科学院水生生物研究所）

　　　　伍远安（湖南省水产科学研究所）

　　　　石连玉（中国水产科学研究院黑龙江水产研究所）

　　　　董在杰（中国水产科学研究院淡水渔业研究中心）

　　　　史建华（上海市水产研究所）

　　　　朱　健（中国水产科学研究院淡水渔业研究中心）

　　　　李　冰（中国水产科学研究院淡水渔业研究中心）

　　　　谢从新（华中农业大学）

　　　　徐奇友（中国水产科学研究院黑龙江水产研究所）

　　　　谢　骏（中国水产科学研究院珠江水产研究所）

　　　　李　谷（中国水产科学研究院长江水产研究所）

　　　　赵永锋（中国水产科学研究院淡水渔业研究中心）

　　　　田照辉（北京市水产科学研究所）

　　　　缴建华（天津市水产研究所）

刘　刚（辽宁省淡水水产科学研究院）

李国强（吉林省水产科学研究院）

夏爱军（江苏省淡水水产研究所）

唐明虎（江苏邗江长江系家鱼原种场）

冯晓宇（浙江省杭州市农业科学研究院）

李海洋（安徽省农业科学院）

樊海平（福建省淡水水产研究所）

戴银根（江西省华昊水产养殖有限公司）

朱永安（山东省淡水水产研究所）

李志勋（河南省水产科学研究院）

汪　亮（湖北省水产研究所）

易　沫（湖北省石首老河长江四大家鱼原种场）

肖调义（湖南农业大学）

邹记兴（华南农业大学）

吕业坚（广西壮族自治区水产引育种中心）

李　虹（重庆市水产开发总公司）

杜　军（四川省农业科学院）

权可艳（四川省水产学校）

杨　兴（贵州省水产研究所）

彭本初（内蒙古自治区水产科学研究所）

田树魁（云南省开远市鱼种站）

王　丰（陕西省水产研究所）

李勤慎（甘肃省河西水产良种试验场）

吴旭东（宁夏回族自治区水产研究所）

郭　焱（新疆维吾尔自治区水产科学研究所）

# 序

　　经过改革开放30多年的发展，我国水产养殖业取得了巨大的成就。2013年，全国水产品总产量6 172.00万吨，其中，养殖产量4 541.68万吨，占总产量的73.58%，水产品总产量和养殖产量连续25年位居世界首位。2013年，全国渔业产值10 104.88亿元，渔业在大农业产值中的份额接近10%，其中，水产养殖总产值7 270.04亿元，占渔业总产值的71.95%，水产养殖业为主的渔业在农业和农村经济的地位日益突出。我国水产品人均占有量45.35千克，水产蛋白消费占我国动物蛋白消费的1/3，水产养殖已成为我国重要的优质蛋白来源。这一系列成就的取得，与我国水产养殖业发展水平得到显著提高是分不开的。一是养殖空间不断拓展，从传统的池塘养殖、滩涂养殖、近岸养殖，向盐碱水域、工业化养殖和离岸养殖发展，多种养殖方式同步推行；二是养殖设施与装备水平不断提高，工厂化和网箱养殖业持续发展，机械化、信息化和智能化程度明显提高；三是养殖品种结构不断优化，健康生态养殖逐步推进，改变了以鱼类和贝、藻类为主的局面，形成虾、蟹、鳖、海珍品等多样化发展格局，同时，大力推进健康养殖，加强水产品质量安全管理，养殖产品的质量水平明显提高；四是产业化水平不断提高，养殖业的社会化和组织化程度明显增强，已形成集良种培养、苗种繁育、饲料生产、机械配套、标准化养殖、产品加工与运销等一体的产业群，龙头企业不断壮大，多种经济合作组织不断发育和成长；五是建设优势水产品区域布局。由品种结构调整向发展特色产业转变，推动优势产业集群，形成因地制宜、各具特色、优势突出、结构合理的水产养殖发展布局。

当前，我国正处在由传统水产养殖业向现代水产养殖业转变的重要发展机遇期。一是发展现代水产养殖业的条件更加有利。党的十八大以来，全党全社会更加关心和支撑农业和农村发展，不断深化农村改革，完善强农惠农富农政策，"三农"政策环境预期向好。国家加快推进中国特色现代农业建设，必将给现代水产养殖业发展从财力和政策上提供更为有力的支持。二是发展现代水产养殖业的要求更加迫切。"十三五"时期，随着我国全面建设小康社会目标的逐步实现，人民生活水平将从温饱型向小康型转变，食品消费结构将更加优化，对动物蛋白需求逐步增大，对水产品需求将不断增加。但在工业化、城镇化快速推进时期，渔业资源的硬约束将明显加大。因此，迫切需要发展现代水产养殖业来提高生产效率、提升发展质量，"水陆并进"构建我国粮食安全体系。三是发展现代水产养殖业的基础更加坚实。通过改革开放30多年的建设，我国渔业综合生产能力不断增强，良种扩繁体系、技术推广体系、病害防控体系和质量监测体系进一步健全，水产养殖技术总体已经达到世界先进水平，成为世界第一渔业大国和水产品贸易大国。良好的产业积累为加快现代水产养殖业发展提供了更高的起点。四是发展现代水产养殖业的新机遇逐步显现,"四化"同步推进战略的引领推动作用将更加明显。工业化快速发展,信息化水平不断提高,为改造传统水产养殖业提供了现代生产要素和管理手段。城镇化加速推进,农村劳动力大量转移,为水产养殖业实现规模化生产、产业化经营创造了有利时机。生物、信息、新材料、新能源、新装备制造等高新技术广泛应用于渔业领域,将为发展现代水产养殖业提供有力的科技支撑。绿色经济、低碳经济、蓝色农业、休闲农业等新的发展理念将为水产养殖业转型升级、功能拓展提供了更为广阔的空间。

但是,目前我国水产养殖业发展仍面临着各种挑战。一是资源短缺问题。随着工业发展和城市的扩张,很多地方的可养或已养水面被不断蚕食和占用,内陆和浅海滩涂的可养殖水面不断减少,陆基池塘和近岸网箱等主要养殖模式需求的土地(水域)资源日趋紧张,占淡水养殖产量约 1/4 的水库、湖泊养殖,因水源保护和质量安全等原因逐步退出,传统渔业水域养殖空间受到工业与种植业的双重挤压,土地(水域)资源短缺的困境日益加大,北方地区存在水资源短缺问题,南方一些地区还存在水质型缺水问题,使水产养殖规模稳定与发展受到限制。另一方面,水产饲料原料国内供应缺口越来越大。主要饲料蛋白源鱼粉和豆粕 70% 以上依靠进口,50% 以上的氨基酸依靠进口,造成饲料价格节节攀升,成为水产养殖业发展的重要制约因素。二是环境与资源保护问题。水产养殖业发展与资源、环境的矛盾进一步加剧。一方面周边的陆源污染、船舶污染等对养殖水域的污染越来越重，水产养殖成为环境污染的直接受害者。另一方面，养殖自身污染问题在一些地区也比较严重，养殖系统需要大量换水，养殖过程投入的营养物质，大部分的氮磷或以废水和底泥的形式排入自然界，养殖水体利用率低，氮磷排放难以控制。由于环境污染、工程建设及过度捕捞等因素的影响，水生生物资源遭到严重破坏，水生生物赖以栖息的生态环境受到污染，养殖发展空间受限，可利用水域资源日益减少，限制了养殖规模扩大。水产养殖对环境造成的污染日益受到全社会的关注，将成为水产养殖业发展的重要限制因素。三是病害和质量安全问题。长期采用大量消耗资源和关注环境不足的粗放型增长方式，给养殖业的持续健康发展带来了严峻挑战，病害问题成为制约养殖业可持续发展的主要瓶颈。发生病害后，不合理和不规范用药又导致养殖产品药物残留，影响到水产品的质量安全消费和出口贸易，反过来又制约了养殖业的持续发展。随着高密度集约化养殖的兴起，养殖生产追求产量，难以顾及养殖产品的品质，对外源环境污染又难以控制，存在质量安全隐患，制约养殖的进一步发展，挫伤了消费者对养殖产品的消费信心。四是科技支撑问题。水产养殖基础研究滞后，水产养殖生态、生理、品质的理论基础薄弱，人工选育的良种少，专用饲料和渔用药物研发滞后，水产品加工和综合利用等技术尚不成熟和配套，直接影响了水产养殖业的快速发展。水产养殖的设施化和装备程度还处于较低的水平，生产过程依赖经验和劳力，对于质量和效益关键环节的把握度很低，离精准农业及现代农业工业化发展的要求有相当的距离。五是投入与基础设施问题。由于财政支持力度较小，长期以来缺乏投入，养殖业面临基础设施老化失修，养殖系统生态调控、良种繁育、疫病防控、饲料营养、技术推广服务等体系不配套、不完善，影响到水产养殖综合生产能力的增强和养殖效益的提高，也影响到渔民收入的增加和产品竞争力的提升。六是生产方式问题。我国的水产养殖产业，大部分仍采取"一家一户"的传统生产经营方式，存在着过多依赖资源的短期行为。一些规模化、生态化、工程化、机械化的措施和先进的养殖技术得不到快速应用。同时，由于养殖从业人员的素质普遍较低，也影响了先进技术的推广应用，养殖生产基本上还是依靠经验进行。由于养殖户对新技术的接受度差，也侧面地影响了水产养殖科研的积极性。现有的养殖生产方式对养殖业的可持续发展带来较大冲击。

因此，当前必须推进现代水产养殖业建设，坚持生态优先的方针，以建设现代水产养殖业强国为目标，以保障水产品安全有效供给和渔民持续较快增收为首要任务，以加快转变水产养殖业发展方式为主线，大力加强水产养殖业基础设施建设和技术装备升级改造，健全现代水产养殖业产业体系和经营机制，提高水域产出率、资源利用率和劳动生产率，增强水产养殖业综合生产能力、抗风险能力、国际竞争能力、可持续发展能力，形成生态良好、生产发展、装备先进、产品优质、渔民增收、平安和谐的现代水产养殖业发展新格局。为此，经与中国农业出版社林珠英编审共同策划，我们组织专家撰写了《现代水产养殖新法丛书》，包括《大宗淡水鱼高效养殖模式攻略》《河蟹高效养殖模式攻略》《中华鳖高效养殖模式攻略》《罗非鱼高效养殖模式攻略》《青虾高效养殖模式攻略》《南美白对虾高效养殖模式攻略》《淡水小龙虾高效养殖模式攻略》《黄鳝泥鳅生态繁育模式攻略》《龟类高效养殖模式攻略》9种。

　　本套丛书从高效养殖模式入手，提炼集成了最新的养殖技术，对各品种在全国各地的养殖方式进行了全面总结，既有现代养殖新法的介绍，又有成功养殖经验的展示。在品种选择上，既有青鱼、草鱼、鲤、鲫、鳊等我国当家养殖品种，又有罗非鱼、对虾、河蟹等出口创汇品种，还有青虾、小龙虾、黄鳝、泥鳅、龟鳖等特色养殖品种。在写作方式上，本套丛书也不同于以往的传统书籍，更加强调了技术的新颖性和可操作性，并将现代生态、高效养殖理念贯穿始终。

　　本套丛书可供从事水产养殖技术人员、管理人员和专业户学习使用，也适合于广大水产科研人员、教学人员阅读、参考。我衷心希望《现代水产养殖新法丛书》的出版，能为引领我国水产养殖模式向生态、高效转型和促进现代水产养殖业发展提供具体指导作用。

中国水产科学研究院淡水渔业研究中心副主任
国家大宗淡水鱼产业技术体系首席科学家　

2015 年 3 月

# 前　言

　　大宗淡水鱼包括青鱼、草鱼、鲢、鳙、鲤、鲫、鳊七个品种，是我国主要的淡水养殖鱼类。2013 年，我国大宗淡水鱼养殖产量为1 881万吨，占全国淡水养殖产量的 67.1%，占全国水产品总产量的 30.5%。其中，草鱼产量为 507.0 万吨，鲢产量为 385.1 万吨，鲤产量为 302.2 万吨，鳙产量为 301.5 万吨，鲫产量为 259.4 万吨，鳊产量为 73.1 万吨，青鱼产量为 52.5 万吨。从产量比例上看，目前大宗淡水鱼仍是我国淡水养殖业发展的保障性主导品种，对我国食品安全、满足城乡市场水产品有效供给起到了关键作用，产业地位十分重要。大宗淡水鱼作为高蛋白、低脂肪、营养丰富的健康食品，对提高国民营养水平、增强国民身体素质有不可忽视的贡献；养殖大宗淡水鱼，也对调整农业结构、扩大就业、增加农民收入、带动相关产业发展发挥着重要作用；大宗淡水鱼食物链短、饲料利用效率高，是节粮型渔业的典范；大宗淡水鱼养殖模式多为多品种混养，搭配食浮游生物的鲢、鳙，可以稳定水体生态群落，平衡生态区系，在改善水域生态环境方面正发挥着不可替代的作用。

　　从养殖方式来看，池塘养殖是大宗淡水鱼的主要养殖模式。按水域划分，池塘养殖方式在大宗淡水鱼各类养殖方式中所占的比重最高。2013 年，我国池塘养殖淡水鱼产量为 1 988.7 万吨，占淡水养殖总产量的 71.0%；养殖面积为 262.3 万公顷，占淡水养殖面积的 43.7%。20 世纪 90 年代以后，以网箱、围栏和工厂化形式为代表的养殖模式迅速发展。2013 年，淡水围栏、网箱和工厂化养殖分别达到了 24.4 亿 $m^2$、1.6 亿 $m^2$ 和 0.28 亿 $m^3$。池塘养鱼主要通过推广配合饲料、完善池塘配套工程、推行生态养殖技术和科学管理等措施，使池塘养鱼产量得到很大提高。此外，全国各地还对大中型湖泊、水库、煤矿塌陷地等大水面普遍进行了渔业自然资源的调查和区划研究，积极开展人工放养与移植驯化，发展围拦、网箱等高效养殖方法，从而使我国大水面淡水养殖产量得到很大提高。近年来，国内各种新兴的生态养殖技术和淡水鱼养殖模式不断涌出，不仅节约了养殖成本，也改善了水域生态环境。

但是，当前我国水产养殖业还未完全走出传统的养殖模式，其主要特点是池塘占地面积大、耗水多，单位效益与产量很难再进一步提高，在一定的条件下还会对水环境产生污染。因此，急需建立新的、科学的养殖模式，使水产养殖业有一个跨越式提升。转变渔业增长方式，由单纯数量增长型向质量效益生态型转变，建立集约、生态、高效、环境友好型的水产养殖生产新模式，全面提升产业发展水平。

为了促进大宗淡水鱼高效健康养殖技术的发展，强化科研成果与生产实践的衔接，使先进的科学技术为淡水渔业服务，从而带领渔民养殖奔赴小康，我们组织有关专家编写了《大宗淡水鱼养殖模式攻略》一书。本书将以国家大宗淡水鱼产业技术体系研发成果为依托，整理、介绍先进的生态养殖技术、新品种养殖技术，以及全国25个省（自治区、直辖市）高效、典型的大宗淡水鱼养殖模式，供广大水产养殖人员、技术推广人员和相关管理人员在发展现代渔业生产时参考使用。

本书的编写，得到了现代农业产业技术体系——国家大宗淡水鱼产业技术体系岗位专家和综合试验站站长的大力支持。其中，第一章"概述"由戈贤平、缪凌鸿编写；第二章"新品种养殖模式"由桂建芳院士、伍远安、石连玉、董在杰、史建华编写；第三章"现代生态养殖模式"由朱健、李冰、谢从新、徐奇友、谢骏、李谷编写；第四章"大宗淡水鱼主养模式"由赵永锋编写；第五章"各地高效养殖模式集锦"由大宗淡水鱼产业技术体系29位综合试验站站长编写。在编写过程中，还得到体系首席办公室人员、岗位专家团队成员和综合试验站站长团队成员的帮助，在此一并表示感谢。

由于时间匆忙，加上水平有限，书中会有错误或不当之处，敬请广大读者批评指正。

编著者

2015 年 1 月

# 目 录

# 第 一 章
# 概　　述

## 第一节　大宗淡水鱼养殖发展史

　　我国是世界上进行大宗淡水鱼养殖历史最悠久的国家，公元前460年的春秋战国末期，世界上出现了第一本养鱼文献——《养鱼经》，我国养鱼史上著名始祖范蠡用文字详细记载了池塘养鲤的环境条件、繁殖和饲养方法。《养鱼经》原书已失传，现在的主要依据是后魏贾思勰所编《齐民要术》中引证的一小段内容。公元前206—前265年（汉代），鱼池建造渐趋完善（见《玉壶冰》记载），并已出现稻田养鱼。据史料记载，四川郫县已在稻田中饲养鲤（见《史记》）。公元618—907年（唐代），我国大宗淡水鱼养殖进入了一个新的发展阶段，开始捞江苗养殖青鱼、草鱼、鲢、鳙，从单品种养殖扩大到多品种混养。公元960—1279年（宋代），因江河鱼苗的张捕和运输技术的蓬勃发展，池塘养殖区域更加扩大。《癸辛杂识》记载了江西九江地区捞捕青鱼、草鱼、鲢、鳙鱼苗的情况，《绍兴府志》记载了浙江绍兴青鱼、草鱼、鲢、鳙鱼的苗种培育及鱼的食性。此外，苏东坡诗"我识南屏金鲫鱼"，记载了浙江杭州南屏山等处开始饲养观赏鱼金鲫（金鱼的前身）；苏辙的《物类相感志》，记载了鱼病及防治方法："鱼生白点名虱，用枫树皮投水中则愈"。1368—1644年（明代），大宗淡水鱼养殖技术更加完善，已有文字详细记载了鱼池建造、鱼种搭配、饵料投喂、鱼病防治等（见黄省曾著《养鱼经》、徐光启著《农政全书》）。估计在1537年前后，浙江绍兴开始河道养鱼（又称外荡养鱼）（见《绍兴府志》）。到了1644—1911年（清代），我国劳动人民对鱼苗生产季节、鱼苗习性、过筛分养和运输等技术的掌握更加成熟，屈大均著《广东新语》记载了两广用"撇鱼"来去除捕捞鱼苗中的凶猛性鱼类的具体方法。并从清代开始，进行鲂、鳊和鲮的养殖（见清光绪《农学报》245期）。

明清时期，我国的养鱼区主要在江苏、浙江等地，到 20 世纪上半叶也不例外，其养鱼以江苏、浙江为多，广东其次。江苏省的养鱼区主要在苏州、无锡、镇江、昆山、高淳、南通、如皋、泰兴、泰县及南京等地；浙江省的养鱼区主要在吴兴、嘉兴、绍兴、萧山、诸暨、杭州和金华，尤其吴兴所属邻近太湖各乡镇，养鱼技术为全国之冠。江浙两省的鱼种主要由吴兴的菱湖供给。安徽的养鱼区主要在芜湖、安庆；江西的养鱼区主要在吉安、新安、赣县、南昌、上饶、贵溪、弋阳、河口、袁州、武宁、上高、临川、南城和宁都等地，以养草鱼为主；广东的养殖区主要在九江、汕头、梅溪等地。此外，河南、四川、广西、台湾也都有鱼类养殖。大部分地区是采用小规模经营方式，很多地区则作为农业的副业。大宗淡水鱼养殖是在面积比较狭小的池塘水体中进行，其养鱼生产和管理比较方便，便于人工控制环境的变化，能全面控制生产过程。养鱼的周期，即由鱼苗养成食用鱼的过程，鲢、鳙常 2 年；青鱼、草鱼、鲤为 3 年或 3 年以上。

新中国成立后，大宗淡水鱼养殖技术得到了快速的发展。1958 年家鱼人工繁殖成功，从根本上改变了长期依靠天然鱼苗的被动局面，满足养鱼生产按计划发展的需要，开创了淡水渔业新纪元。南海水产研究所钟麟等于 1958 年 6 月 2 日第一次人工孵出 1 万余尾鲢、2 万余尾鳙鱼苗，钟麟也被尊称为家鱼之父。1960 年，以江苏省无锡市河埒乡为主要总结地区，总结出"八字精养法"，成为鱼类养殖的技术核心。1964 年，"赶拦刺张"联合捕鱼法创造成功，解决了水库中鲢、鳙的捕捞问题，促进了水库渔业的发展。改革开放以来，我国确立了"以养为主"的渔业发展方针，培育出了建鲤、异育银鲫、团头鲂"浦江 1 号"等一批新品种，促进了水产养殖向良种化方向发展。配合饲料、渔业机械也得到广泛应用，使得大宗淡水鱼养殖业取得了显著的成绩，不但解决了长期困扰我们的吃鱼难问题，而且满足了人们对优质鱼类的需求，丰富了菜篮子。大宗淡水鱼养殖业，已成为农民致富、解决三农问题的强势产业。

# 第二节　大宗淡水鱼生产现状

## 一、大宗淡水鱼产业的贡献

大宗淡水鱼类，主要包括青鱼、草鱼、鲢、鳙、鲤、鲫、鲂 7 个品种，这七大品种是我国主要的水产养殖品种，其养殖产量占内陆养殖产量的较大比重，是我国食品安全的重要组成部分，也是主要的动物蛋白质来源之一，在我国人民的食物结构中占有重要的位置。据 2013 年统计资料显示，全国淡水养殖总产量2 794.7万吨，而上述七种鱼的总产量1 873.8万吨，占全国淡水养殖总产量的 67.0％（图 1-1）。其中，草鱼、鲢、鳙、鲤、鲫产量均在 250 万吨以上（图 1-2），分别居我国鱼类养殖品种的前五位。大宗淡水鱼类的主产省，分别为湖北、江苏、湖南、广东、江西、安徽、四川、山东、广西、辽宁等（图 1-3）。

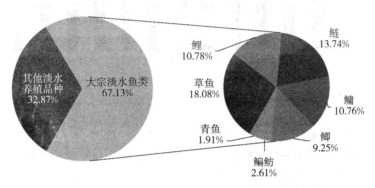

图 1-1　2013 年大宗淡水鱼与淡水养殖产品的产量比较

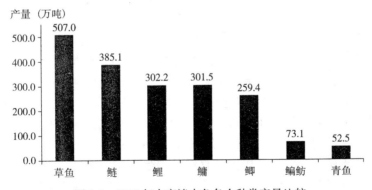

图 1-2　2013 年大宗淡水鱼各个种类产量比较

青鱼、草鱼、鲢、鳙、鲤、鲫、鲂，是我国主要的大宗淡水鱼类养殖品种，也是淡水养殖产量的主体，产业地位十分重要：

（1）这七大养殖品种的产量均占内陆养殖产量的较大比重，对保障粮食安全、满足城乡居民消费发挥着非常重要的作用。在我国主要农产品肉、鱼、

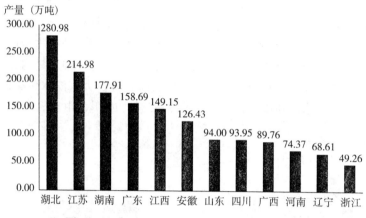

图 1-3　2013 年大宗淡水鱼主产省份产量比较

蛋、奶中，水产品产量占到 31%，而大宗淡水鱼产量占我国鱼产量的 51.4%，在市场水产品有效供给中起到了关键作用。值得一提的是，近年来我国猪肉、禽蛋等动物性食品价格大起大落时，大宗水产品价格却保持相对稳定，有效平抑了物价，满足了部分中低收入家庭的消费需求，得到社会的普遍肯定。美国著名生态经济学家布朗高度评价我国的淡水渔业，认为在过去二三十年，"中国对世界粮食安全的贡献是计划生育和淡水渔业"。而大宗淡水鱼类养殖业是"淡水渔业"的重要组成部分，占淡水产品产量的 63%。

（2）大宗淡水鱼满足了国民摄取水产动物蛋白的需要，提高了国民的营养水平。大宗淡水鱼几乎 100% 是满足国内的国民消费（包括港、澳、台地区），是我国人民食物构成中主要蛋白质来源之一，在国民的食物构成中占有重要地位。发展大宗淡水鱼养殖业，对提高人民生活水平，改善人民食物构成，提高国民身体素质等方面发挥了积极的作用。大宗淡水鱼作为一种高蛋白、低脂肪、营养丰富的健康食品，具有健脑强身、延年益寿、保健美容的功效。发展大宗淡水鱼养殖业，增加了居民膳食结构中蛋白质的来源，为国民提供了优质、价廉、充足的蛋白质，提高了国民的营养水平，对增强国民身体素质有不可忽视的贡献。

（3）大宗淡水鱼类养殖业已从过去的农村副业，转变成为农村经济的重要产业和农民增收的重要增长点，对调整农业产业结构、扩大就业、增加农民收入、带动相关产业发展等方面发挥了重要作用。2013 年，全国渔业产值为10 104亿元，其中，淡水养殖和水产苗种的产值合计达到5 216亿元，占到渔业产值的 52%。根据当年平均价格的不完全计算，2013 年大宗淡水鱼成鱼的产值是 2 806 亿元，占渔业产值的 27.8%。现在渔业从业人员有 1 443 万人，其中，约 70% 是从事水产养殖业。2013 年，渔民人均纯收入达 13 039 元，高于农民人均纯收入 4 143 元（2013 年我国农民人均纯收入 8 896 元），渔民人均纯收入是全国农民人均纯收入的 1.47 倍。大宗淡水鱼养殖的发展，还带动了水产苗种繁育、水产饲料、渔药、养殖设施和水产品加工、储运物流等相关产业的发展，不仅形成了完整的大宗淡水鱼产业链，也为全社会创造了大量的就业机会。

此外，大宗淡水鱼养殖业在提供丰富食物蛋白的同时，又在改善水域生态环境方面发挥了不可替代的作用。我国大宗淡水鱼养殖是节粮型渔业的典范，因其食性大部分是草食性和杂食性鱼类，甚至以藻类为食，食物链短，饲料利用效率高，是环境友好型渔业。另外，大宗淡水鱼多采用多品种混养的综合生态养殖模式，通过搭配鲢、鳙等以浮游生物为食的鱼类，来稳定生态群落，平衡生态区系。通过鲢、鳙的滤食作用，一方面可在不投喂人工饲料的情况下生产水产动物蛋白，另一方面可直接消耗水体中过剩的藻类，从而降低水体的氮、磷总含量，达到修复富营养化水体的目的。因此，近年来鲢、鳙成为我国江河湖库主要的放流鱼类，在修复生态环境方面发挥了重要作用。据研究，只要水体中鲢、鳙的量达到 $46 \sim 50$ 克/米$^3$，就能有效地遏制蓝藻。2013 年，鲢、鳙产量为 686.6 万吨，从水中带出氮 18.5 万吨、磷 5.5 万吨。以鱼类每增重 1 千克消耗藻类 30 千克的标准计，2013 年鲢、鳙约摄食藻类 20 598 万吨。

## 二、大宗淡水鱼的研究进展

**1. 大宗淡水鱼类优良新品种培育、扩繁及示范推广** 通过群体选育、雌核发育、杂交选育和分子标记辅助等育种技术，培育出了异育银鲫"中科 3 号"、福瑞鲤、长丰鲢、松浦镜鲤、松浦红镜鲤和芙蓉鲤鲫 6 个通过国家审定的水产养殖新品种（图 1-4 至图 1-9），并培育了团头鲂、草鱼等新品系，这些良种已在中国大部分地区进行了推广养殖。构建了完善配套的新品种苗种大规模人工扩繁技术体系，使育苗三率（催产率、孵化率和出苗率）平均达到 80% 以上；同时，建立分子标记结合形态差异的新品种亲本鉴定技术和保种技术体系，保证亲本优良性状稳定遗传，确保繁殖的良种子代质量。截至 2012 年，6 个新品种累计新建成良种扩繁基地 20 余个，累计繁育新品种良种鱼苗

350亿尾以上。在全国28个省市进行推广养殖,推广养殖面积达380万亩*以上,平均亩产增加达20%以上。累计新增产量30万吨以上,新增产值达30多亿元,产生了显著的经济效益和社会效益,提高了大宗淡水鱼类的良种覆盖率,为大宗淡水鱼类产业结构调整、渔民增收做出了积极的贡献。

图1-4 异育银鲫"中科3号"

图1-5 松浦镜鲤

图1-6 福瑞鲤

图1-7 长丰鲢

---

* 亩为非法定计量单位,1亩=1/15公顷。——编者注

图 1-8　芙蓉鲤鲫

图 1-9　松浦红镜鲤

**2. 突破了大宗淡水鱼主要病害防控技术瓶颈，开展主要病害流行病学调查与防控，建立病害远程诊断系统**　在全国范围内开展大宗淡水鱼类流行病学调查，结果显示，2010 年我国大宗淡水鱼类流行的主要病害 21 种，包括病毒性疾病 3 种、细菌性疾病 9 种、寄生虫引起的疾病 9 种。研制了"淡水鱼嗜水气单胞菌、温和气单胞菌二联灭活疫苗"和"草鱼烂鳃、败血、赤皮三联灭活疫苗"2 种新产品。草鱼出血病活疫苗（GCHV-892 株）获得农业部颁发的一类新兽药证书［证书号：（2010）新兽药证字 51 号］。研发了新渔药"美婷"，在水霉病防治应用试验方面取得一定效果。寄生虫研究方面，胃瘤线虫的生活史研究获得突破，第一次弄清了我国鱼类寄生胃瘤线虫的完整生活史过程，还首次对我国鱼类寄生胃瘤线虫的种类、在鱼类和鸟类中的发育过程和所需时间、对鱼类和鸟类的致病性进行了全面研究。

采用实时荧光定量 PCR、多重 PCR、基因芯片以及基于单克隆抗体的 ELISA 等新技术，针对草鱼出血病、嗜水气单胞菌等病原的快速检测技术进行了较深入的研究，建立了快速检测技术，在此基础上开发了远程诊断专家系统。

**3. 开发池塘养殖环境调控技术，建立池塘循环水养殖模式，创制数字化信息设备，建立区域化科学健康养殖技术体系**　围绕大宗淡水鱼养殖生产方式，开展养殖池塘菌相、藻相与水质理化指标形成及影响机制研究，着重把握溶氧、光照、水温、pH、碳、氮和磷等关键影响因子，并以工程化手段强化池塘初级生产力、有益微生物群落，形成了异位、原位池塘生态调控技术及工程化设施模式，可有效控制水质、减少排放；提升初级生产力，减少磷肥投入，缓解池底淤积；改善水质，降低饲料系数。以生物絮团、复合生物浮床和生态沟渠、微生物调控等技术为核心的节水型池塘养殖模式，在全国华东、华中、华南、东北地区得到推广应用，技术辐射超过 300 万亩，近 3 年效益增加 150 亿元以上，节水 120 亿米$^3$，减排 COD 64.8 万吨以上，为我国淡水池塘改造和模式升级提供了强有力的技术支撑。

养殖设备方面，研制了 1 套日产 2 吨级的"料仓式饲料集中投喂设备"，开展了"基于视频监控的池塘饲养管理系统"试验研究，设计安装了"智能增氧、精准投喂"系统，完成了"饲料集中投喂设备"和"池塘机械捕捞设备"的优化试验运行。同时，重点围绕精准投喂、高效调控和机械化生产、信息化管理，开展新装备、软件研发和系统构建，应用远程通讯与多点控制技术、多管分配与气力输送技术为核心，结合投喂策略，研发了具有智能增氧、精准投喂、预测预警、远程管理等功能的池塘养殖监控与信息管理系统，实现了精准养殖，并以此形成水产养殖物联网技术基础，初步形成养殖生产机械化与信息化技术体系。

**4. 开展高效安全饲料配方研究，建立精确投喂模型**　对大宗淡水鱼类的营养需求、饲料原料利用率等方面开展了一系列研究，开展了鱼类脂肪肝的营养学控制技术研究，饲料中合理的胆碱、泛酸、甜菜碱和溶血卵磷脂含量，可以有效增加异育银鲫的增重率，降低饲料系数，提高营养物质表观消化率和肌肉中蛋白质的含量，改善脂肪利用，降低肝脏、肌肉中脂肪含量，为鱼类脂肪肝的营养调控奠定了基础。初步建立池塘草鱼养殖的配合饲料与青草相结合的投喂技术；在浙江、安徽、江西落实青鱼、草鱼池塘环境友好型养殖示范点 3

个，推广应用青鱼池塘环境友好型养殖技术面积6 000余亩。

通过鱼类摄食-生长规律的研究，初步建立了鱼类摄食与其不同生长阶段营养需求、环境因子等动态关系，逐步阐明对饲料营养需求、摄食量、摄食频率、摄食节律、营养补充和营养补偿等变化规律，建立了异育银鲫、青鱼、草鱼和鲤等的精确投喂技术。建立的异育银鲫投喂系统可以通过合理投喂，生产1吨鱼产品可减少0.86吨饲料投入，降低31千克氨氮排放。构建了以高质量的青鱼膨化饲料为基础的青鱼养殖新模式，饲料系数降低0.93。合理投喂体系的应用，降低了饲料用量，提高了饲料效率，改善了水质，经济、生态效益明显。

**5. 开发淡水鱼类加工系列产品，发酵鱼糜加工技术获得突破**　针对我国大宗淡水鱼种类多、鱼体大小差异大，鱼刺多、出肉率低、有些存在土腥味等加工共性关键技术难题，研究建立了以有益安全食品微生物进行成熟增香、凝胶增强和蛋白改性为主的生物发酵加工技术。将精选菌株进行鱼体发酵，明确了影响鱼体发酵增香的关键因素和风味形成规律，揭示了鱼肉发酵增香机制，建立了鱼体发酵增香工艺和技术，在鱼体快速增香的同时软化骨刺和生物抑菌，是对醉鱼传统糟醉工艺的创新性技术改造和品质提升；利用微生物发酵技术，增强鱼糜凝胶强度和益生作用，构建了7种淡水鱼鱼糜发酵工艺和技术体系，阐明了发酵鱼糜凝胶形成机制，开发了发酵鱼肉香肠、发酵鱼糕、发酵鱼肉火腿等新型鱼糜制品，比传统工艺制备的鱼糜得率高10%以上，凝胶强度高达800克/厘米$^2$以上；根据淡水鱼蛋白的分子特性，建立了淡水鱼蛋白定向可控酶水解技术体系，开发了淡水鱼低聚肽粉、营养蛋白粉、复合氨基酸等系列营养食品；针对传统热杀菌过程中鱼肉质构软烂的难题，建立了鱼块大小、预处理工艺对鱼肉热物理性质、热分布的影响模型及杀菌强度与工艺对鱼肉质构品质的影响模型；通过控制水分活度、鱼块大小和杀菌工艺，建立了基于质构口感的最小加工强度杀菌技术，开发了适合我国饮食习惯和消费特点具有长保质期的系列方便熟食食品、风味休闲食品。技术成果在全国9个省15家企业进行了转化应用，截至2012年，新增经济效益超过10亿元，对提升我国淡水鱼加工产业的整体技术水平具有重大促进作用。

**6. 大宗淡水鱼的流通、贸易和消费情况**　大宗淡水鱼是中国水产品的重要组成部分，其在居民食品消费中所占比例高，对整个渔业发展的影响大。大宗淡水鱼属易腐农产品，主要以鲜活形式消费，这便要求其流通结构应该尽量减少实体周转，提高流通效率。从调查情况来看，目前，中国大宗淡水鱼的流通主体多元、销售渠道多元，批发市场是主要的分销环节。

大宗淡水鱼主要以满足国内居民消费为主，国际贸易规模相对于整个产业规模非常小。不过，随着国内水产养殖业的迅速发展，以及世界亚洲移民社区对大宗淡水鱼需求的增长，鲤科鱼类（包括大宗淡水鱼类）国际贸易发展势头良好。2012年，中国鲤科鱼类出口总量达到4.25万吨，出口额为1.324亿美元。从出口市场分布来看，中国香港、中国澳门、韩国是中国鲤科鱼类的前三大出口市场，2012年中国对上述市场的出口量合计4.24万吨，出口额合计1.321亿美元，分别占中国鲤科鱼类出口总量的99.82%和出口总额的99.83%。从出口来源省份看，广东省由于输港条件便利，鲤科鱼类出口量、出口额分别达到3.89万吨和1.22亿美元，占鲤科鱼类出口总量和出口总额的91.6%和91.93%。出口量在800吨以上的省份，还有湖南、辽宁和山东。

# 第三节　大宗淡水鱼的发展对策

虽然大宗淡水鱼养殖业在我国渔业中占有重要的地位，但由于长期以来缺乏足够的重视，科技对产业发展的支撑作用没有得到有效的体现，表现在养殖设施老化、设备陈旧，良种的覆盖率低，病害频发、损失比较严重，养殖模式比较落后，效益提升乏力，产业发展与资源、环境的矛盾加剧，水产品质量安全和养殖水域生态安全问题突出等问题。

**1. 养殖设施陈旧，集约化程度不高**　在我国，设施化程度较高的主要养殖模式，包括养殖池塘、流水型养殖设施、循环水养殖设施和网箱养殖设施等。上述主要的养殖设施，除最为低级的池塘养殖设施在养殖生产中占主体地位外，其他几种模式在生产量上都还处于相对弱小的地位，而且设施化程度越高，应用程度越低，这是由养殖设施的投资、生产成本和运行管理要求等因素造成的。因此，这些设施多用来养殖经济价值比较高的水产品，在大宗淡水鱼养殖中应用较少。

池塘养殖作为我国水产养殖的主要生产方式，属于开放式、粗放型的生产系统，其设施化和机械化程度低，技术含量少，装备水平差。池塘养殖设施以"进水渠＋养殖池塘＋排水沟"模式为代表，成矩形，依地形而建，纳水养殖，用完后排入自然水域。池塘水深一般1.5～2.0米，面积0.3～1公顷，大者十几至几十公顷。主要配套设备为增氧机、水泵和投饲机等。目前，淡水养殖的池塘多数建于20世纪80年代，随着时间的推移，这些池塘并没有得到有效的治理与整修，反而因生产承包方式的转变，变得越来越不符合现代渔业生产的要求。以大宗淡水鱼第一主产省湖北省为例，约有 330 万亩的精养池塘，均为20 世纪八九十年代修建，淤积现象严重，急需改造，约占全省精养面积的70%。落后的池塘设施系统，不能为集约化的健康养殖生产提供保障；而现代化的养殖设施的构成和维护，还缺乏必要的技术支撑。另外，我国的池塘养殖基本上沿袭了传统养殖方式中的结构和布局，仅具有提供鱼类生长空间和基本的进排水功能，池塘现代化、工程化和设施化水平较低，根本不具备废水处理、循环利用和水质检测等功能。

针对以上问题，未来的池塘养殖必须创新理念，改革池塘养殖的传统工艺，建立池塘生态环境检测、评估和管理技术。但目前池塘养殖水生态工程化控制设施系统尚需进一步研究完善，即建立不同类型池塘养殖水生态工程化控制设施系统模式；研究系统在主要品种集约化养殖前提下，不同水源和气候变化条件下水生态环境人工控制技术，形成系统设计模型。在上述技术、设施和设备集成的基础上，还应组合智能化水质监控系统、专家系统和自动化饲料投喂系统等，建立生产管理规范，在不同地域，分不同类型进行应用示范。另外，我国的池塘养殖水生态工程化控制系统关键设备研制技术也相当落后，须进一步研究。

**2. 良种选育研究滞后，种质混杂现象严重**　在良种体系建设初期，国家主要投资建设了"四大家鱼"、鲤、鲫、鲂原种场、良种场。到目前为止，全国"四大家鱼"养殖用亲本基本来源于国家投资建设的 6 个原种场，即基本实现了养殖原种化。但除鲢外，青鱼、草鱼和鳙还没有良种。而鲤、鲫已经基本实现了良种化，即全国养殖的鲤、鲫鱼大多是人工改良种。近年来，团头鲂"浦江 1 号"在全国各地得到了一定的推广，但原种的使用量仍然较大。

水产良种是水产养殖业可持续发展的物质基础，推广良种、提高良种覆盖率，是促进水产养殖业持续健康发展的重要途径之一。但我国大宗淡水鱼类的良种选育和推广工作，仍存在以下几方面的问题：

（1）种质混杂现象严重　苗种场亲本来源不清，近亲繁殖严重，导致生产的"四大家鱼"（青鱼、草鱼、鲢、鳙）和鲤、鲫、鲂苗种质量差，生产者的收益不稳定。

（2）良种少　到目前为止，在我国广泛养殖、占淡水养殖产量 45% 的"四大家鱼"只有长丰鲢、津新鲢 2 个品种为人工选育的良种，其他全部为野生种的直接利用，所谓"家鱼不家"。鲤、鲫、鲂虽有良种，但良种筛选复杂，良种更新慢，特别是高产抗病的新品种极少。

（3）保种和选种技术缺乏　当前，不少育苗场因缺乏应有的技术手段和方法，在亲鱼保种与选择方面仅靠经验来选择，使得繁育出的鱼苗成活率低，生长慢，抗逆性差，体型、体色变异等。

（4）育种周期长、难度大　由于"四大家鱼"的性成熟时间长（一般需要3~4年），而按常规选择育种，需要经过5~6代的选育，所以培育一个新品种约需20年以上。同时，由于这些种类的个体大，易死亡，保种难度很大，因此，需要有一支稳定的科研团队和稳定的科研经费支持。

**3. 病害频发、造成较大经济损失，药物滥用、引起质量安全问题**　目前，大宗淡水鱼类品种养殖过程中，病毒性、细菌性和寄生虫等疾病均有发生。据统计，淡水养殖鱼类病害种类达100余种，其中，主要病害种类有病毒性疾病（草鱼出血病、鲫出血病等），细菌性疾病（如出血性败血症、草鱼肠炎和烂鳃病等），寄生虫性疾病（孢子虫病、小瓜虫病等）以及其他类疾病（主要为真菌性疾病、藻类性疾病等）。如四川省2006—2008年对大宗淡水鱼类常见疾病进行监测，发现其常见病害主要包括病毒性1种、真菌性1种、细菌性11种和寄生虫10种。主要有草鱼出血病、出血性败血症、烂鳃病、肠炎病、赤皮病、打印病、腐皮病、白头白嘴病、烂尾病、溃疡病、水霉病、蛙红腿病、车轮虫病、小瓜虫病、中华鳋病、鲺病、三代虫病、锚头鳋病、指环虫病、孢子虫、杯体虫和斜管虫等。病害频发引发了较大的经济损失，据统计，2006年水产养殖因病害造成的直接经济损失为115.08亿元。其中，鱼类53.86亿元，占46.81%。淡水养殖鱼类损失45.42亿元，占鱼类病害损失的84.32%；其中主要淡水养殖鱼类损失占淡水养殖鱼类病害损失的87.34%，分别为草鱼21.26亿元、鲤3.35亿元、鲫7.88亿元、鲢鳙7.18亿元。

由于病害频发，导致渔药被滥用。因为绝大多数养殖户对病害防控知识了解甚少，只能听任药物经销人员的意见，而药物销售人员由于缺乏基本的专业技术知识，往往不能准确诊断疾病和对症下药，而是滥用药、随意更换药，有的甚至使用违禁药物。目前，养殖生产中普遍存在使用抗生素、激素类和高残留化学药物的现象，且用药不规范、不科学，导致水产品药物残留问题日趋严重。近几年发生的硝基呋喃类、氯霉素、孔雀石绿等残留事件，使水产品的生产、出口、消费都不同程度地受到负面影响和冲击，暴露出现行淡水池塘养殖模式的安全隐患。

要减少病害发生，必须采取综合防控技术，提高对疾病的预警能力，加强研制高效、低毒、针对性强的渔药产品，制定现有渔药的科学使用标准。目前，在市场上流通的水产养殖用药有近 600 种，98％以上是从畜禽药或人用药转换过来的，但这些药物在水产养殖上使用的休药期规定仍然大都是参照畜禽，由于载体不同，代谢情况也不同，因此即使是可用药，仍存在药残的可能。另外，从科学的防疫角度讲，疫苗的使用技术是关键，但目前我国能适合于大规模鱼群免疫接种的商品化疫苗尚处于空白状态。

**4. 自然资源消耗较大，制约水产业可持续发展** 我国传统的池塘养殖是以不断消耗自然资源为代价来开展的，具体表现为：

（1）池塘养殖对土地资源占有越来越大 由于许多地方不断盲目追求养殖产量，而养殖产量的提高又依赖于不断扩大养殖面积，其结果是池塘养殖占用了越来越多的有限土地资源。据估计，2009—2013 年 5 年间虽然我国的池塘养殖总产量增加了 440 万吨，但同时养殖面积也增加了 29 万公顷。

（2）池塘养殖对水资源消耗越来越大 一般情况下，鱼类池塘养殖后期由于密度加大，每 7 天左右需换水 1 次来改善水质。全年换水 20 次，每次换水率在 20％～30％左右，平均为 25％。起捕时全池抽干，池塘水深按 1 米计，这样每亩池塘养殖年需水量约为 4 000 米$^3$。全国淡水池塘每年用水量可达 1 573.9 亿米$^3$，相当于我国淡水资源总量的 5.6％。我国的淡水资源总量为 28 000 亿米$^3$，占全球水资源的 6％，仅次于巴西、俄罗斯和加拿大，名列世界第四位。但是，我国的人均水资源量只有 2300 米$^3$，仅为世界平均水平的 1/4，是全球人均水资源最贫乏的国家之一。因此，如果不采取节水养鱼，淡水养殖的发展将受到限止。

（3）池塘养殖对生物资源消耗越来越大 在传统的池塘混养模式中，常投以大量的草、有机肥、植物性饼粕及低质量饲料，饲料利用率低，其结果产生大量养殖废物并导致池塘水质恶化，需要通过机械增氧或换水加以缓和，这样做既耗能源又耗水。

针对以上问题，只有增加单位面积产量，才能在有限的土地资源上生产足够多的水产品来满足大众的消费；只有采用循环水养殖，才能在我国这样一个水资源缺乏的国家使淡水养殖得到可持续发展；只有在养殖全过程中使用高效环保渔用配合饲料，才能使我们的淡水养殖走上良性发展的轨道。但目前发展节地、节水、节能、减排的池塘养殖模式还不成熟，增加单位面积产量还面临着养殖成本升高、养殖风险加大和群众难以接受等矛盾，高效环保渔用配合饲料研制尚处于起步阶段，有关影响鱼类对营养要素消化吸收的机理尚未摸清，这些技术瓶颈问题不攻克，就很难支撑行业的可持续发展。

**5. 环境破坏较为严重，影响水域生态安全**　由于我国传统的池塘水产养殖方式基本上都是开放型的，相关养殖废水排放标准还没有建立，养殖废水大量排放到周围环境中，对周围环境造成了很大的压力。根据农业部 2002 年太湖流域农业面源污染调查资料显示，每年长三角地区鱼类池塘养殖向外排放总氮 10.08 千克/亩、总磷 0.84 千克/亩。如果依此计算，2013 年全国淡水池塘每年向外排放总氮 39.66 万吨、总磷 3.31 万吨。因而，传统池塘养殖对环境的影响是不可低估的：

（1）水产养殖自身废物污染日益严重，造成水环境恶化问题也日益突出，使养殖水产品的有毒有害物质和卫生指标难以达到标准及规定。

（2）只注重高价值水生生物的开发，忽视了对水域生物多样性的保护，造成渔业水域生物种类日趋单一，生物多样性受到严重破坏，水域生态系统的自我调控、自我修复功能不断丧失，养殖水域的生态安全问题日益突出。

（3）传统养殖水域养殖布局和容量控制缺乏科学依据和有效方法，养殖生产片面追求经济效益，养殖水域超容量开发，盲目扩大养殖规模，忽略了对水域生态环境的保护。如 2007 年夏天太湖蓝藻暴发，已成为轰动全球的水危机事件，这将给淡水池塘养殖的可持续发展敲响了警钟。

针对以上问题，只有采取对养殖废水进行净化处理的技术，才能达到减排的目的。目前，淡水池塘中开展循环水养殖和水质净化的方式已在一些地区开展，但技术还不很成熟，是否可以将工厂化养殖系统和技术移植到池塘养殖中，变革现行的池塘养殖模式，应值得探讨研究。

经过 30 多年的快速发展，目前中国大宗淡水鱼的养殖技术日臻成熟，已经形成大宗淡水鱼繁育、养殖、加工、销售纵向一体化的完整产业链和技术体系。可以说，中国是世界上大宗淡水鱼养殖技术水平最高的国家。今后，中国将进一步提升产业素质，加强科研投入，开发和推广大宗淡水鱼产品标准化生产技术，保持大宗淡水鱼产业的健康可持续发展，为实现资源节约和环境友好型的水产养殖做出应有的贡献。

# 第二章
# 新品种养殖模式

## 第一节　异育银鲫"中科3号"养殖模式

异育银鲫"中科3号"，是中国科学院水生生物研究所淡水生态与生物技术国家重点实验室桂建芳研究员等在国家973计划、国家科技支撑计划和国家大宗淡水鱼产业技术体系等项目的支持下培育出来的异育银鲫新品种。它是在鉴定出可区分银鲫不同克隆系的分子标记，证实银鲫同时存在雌核生殖和有性生殖双重生殖方式的基础上，利用银鲫双重生殖方式，从高体型（D系）银鲫（♀）与平背型（A系）银鲫（♂）交配所产后代中筛选出少数优良个体，再经异精雌核发育增殖，经多代生长对比养殖试验评价培育出来的。该品种已获全国水产新品种证书，品种登记号为GS01-002-2007。

异育银鲫"中科3号"是大宗淡水鱼产业技术体系第一个推介的养殖新品种，同时，连续5年被农业部列为主推水产养殖品种。异育银鲫"中科3号"已经建立了规模化人工繁殖和苗种繁育技术，并迅速在全国得到了大规模推广养殖，产生了巨大的经济和社会效益。在大宗淡水鱼产业技术体系多个综合实验站的大力协作下，新品种选育单位开展了异育银鲫"中科3号"的养殖模式研究，尤其是适合不同地区养殖条件下的养殖模式研究。经初步反馈统计，异育银鲫"中科3号"表现出明显的生长优势，增产显著，目前已经成为最主要的鲫养殖品种。从养殖模式来看，主养、套养和混养仍然是异育银鲫"中科3号"最常见的养殖模式，同时，还因地制宜建立了网箱养殖、"鱼-菜-菌"生态养殖、山塘成鱼池混养以及鱼种池套养、稻田养殖等养殖模式。

## 一、异育银鲫"中科 3 号"主养模式

异育银鲫"中科 3 号"主养模式是最主要的养殖模式，鉴于异育银鲫"中科 3 号"的生长优势，并借助目前各种先进的养殖设施和养殖技术，主养异育银鲫"中科 3 号"的养殖产量得到了大幅度提高。主养模式的养殖密度，一般以亩放 50 克/尾左右的鱼种 3 000～5 000 尾，夏花培育成鱼种一般为 10 000 尾左右。为了净化和调控水质，一般需要适当投放一定数量的鲢和鳙，投放密度为鲢 400 尾左右、鳙 100 尾左右。

郫县综合试验站开展了主养异育银鲫"中科 3 号"成鱼和鱼种养殖模式试验（表 2-1）。主养成鱼养殖模式中，在 11 月亩投放规格 50～75 克/尾的鱼种 5 000 尾，搭配投放规格 150～350 克/尾的鲢 300 尾，规格 200～400 克/尾的鳙 100 尾，翌年 5 月起捕 150 克/尾以上异育银鲫"中科 3 号"商品鱼 800 千克。主养鱼种养殖模式中，5 月投放夏花 6 000 尾，配合分别投放鲢、鳙夏花 400 尾和 125 尾，年底收获 50～75 克鱼种共计 260 千克。

**表 2-1 主养异育银鲫"中科 3 号"养殖统计**

| 鱼种 | 时间（月） | 放养规格（克/尾） | 尾数 | 成活率(%) | 时间 | 收获规格（克/尾） | 重量（千克） |
|---|---|---|---|---|---|---|---|
| 鲫 | 11 | 50～75 | 5 000 | 90 | 5 月起 | 150 起捕 | 800 |
| | 5 | 夏花 | 6 000 | 80 | 11 月 | 50～75 | 260 |
| 鲢 | 11 | 150～350 | 300 | 95 | 8 月起 | 1 500 起捕 | 450 |
| | 6 | 夏花 | 400 | 80 | 11 月 | 150～350 | 60 |
| 鳙 | 11 | 200～400 | 100 | 95 | 8 月起 | 2 000 起捕 | 190 |
| | 6 | 夏花 | 125 | 80 | 11 月 | 200～400 | 30 |
| 合计 | | | 11 925 | | | | 1 790 |

北京综合试验站 5 月每亩投放异育银鲫"中科 3 号"乌仔 10 000 尾，搭配规格 100 克/尾的白鲢 500 尾、规格 100 克/尾的鳙 60 尾、规格 1 500 克/尾的锦鲤 60 尾。11 月收获 60 克尾异育银鲫"中科 3 号"鱼种 510 千克。

福州综合试验站邵武示范县开展以异育银鲫"中科 3 号"为主养鱼，配养鲢、鳙养殖模式，亩放养 15 克/尾的鱼种 4 000 尾，同时，亩搭配尾重 250 克/尾左右的鲢、鳙鱼种 200 尾，年均产量 1 550 千克/亩。

扬州综合试验站 1 月中旬投放异育银鲫"中科 3 号"1 500 尾（16 尾/千

克)，另外，搭配养殖鲢 50 尾（3 尾/千克）、鳙 50 尾（2 尾/千克）、草鱼 25 尾（2 尾/千克）和青鱼 20 尾（4 尾/千克），8 月底异育银鲫"中科 3 号"规格普遍在 300 克/尾以上。

## 二、异育银鲫"中科 3 号"套养模式

异育银鲫"中科 3 号"套养模式也是重要的养殖模式之一，充分利用异育银鲫"中科 3 号"与其他套养品种食性的差异，异育银鲫"中科 3 号"能在多种淡水鱼类中套养，如草鱼、团头鲂、鲤和黄颡鱼等，并取得了很好的养殖效果和经济效益。

长春综合试验站采用在主养草鱼和团头鲂的池塘中套养异育银鲫"中科 3 号"，亩投放夏花 200 尾，成活率 80％左右，出池规格 130～150 克/尾，每亩产量 15～20 千克。

郫县综合试验站在 5 月中旬至 6 月在主养草鱼和团头鲂池塘放养规格为 5 克/尾左右的当年鲫鱼种，亩放养 2 000 尾，到 11 月基本能达到 150 克/尾以上的商品规格，成活率在 80％以上，可亩产异育银鲫"中科 3 号"240 千克。

天津综合试验站开展主养乌克兰鳞鲤，套养异育银鲫"中科 3 号"、南美白对虾生态养殖模式。试验面积共计 1 245 亩。鱼种放养密度分别为：乌克兰鳞鲤 500 尾/亩，异育银鲫"中科 3 号"300 尾/亩，鲢 200 尾/亩，鳙 15 尾/亩，南美白对虾 1.2 万尾/亩。苗种规格为乌克兰鳞鲤 120 克/尾，异育银鲫"中科 3 号"30 克/尾，鲢 125 克/尾，鳙 400 克/尾，南美白对虾平均体长 1.0 厘米。养殖产量为亩产 925 千克，其中，异育银鲫"中科 3 号"75 千克，规格 250 克/尾。

在广东还尝试了主养黄颡鱼套养异育银鲫"中科 3 号"的养殖模式，亩放养黄颡鱼夏花 5 000 尾，套养异育银鲫"中科 3 号"夏花 300 尾，并配养规格为 500 克的鳙 30 尾。经过 5 个月养殖，异育银鲫"中科 3 号"平均规格为 608 克。

## 三、异育银鲫"中科 3 号"混养模式

混养模式是指在主养某种品种的同时兼养其他一种或多个品种的混合养殖模式，主要通过合理搭配不同品种及数量比例，实现养殖品种的高产。通过多

种混养品种的尝试,表明:异育银鲫"中科3号"能与团头鲂、鲢、鳙、鲤和草鱼等多种大宗淡水鱼类混养。

在湖北武汉东西湖开展了异育银鲫"中科3号"混养试验,其他鱼类品种包括团头鲂、白鲢以及少量的鳙和青鱼(表2-2)。在其他鱼类放养量不变的条件下,异育银鲫"中科3号"的产量和生长速度,与原有鲫养殖品种相比皆提高了1倍以上,养殖效果十分明显。

表2-2　混养异育银鲫"中科3号"养殖统计

| 种类 | 放养 | | | 收获(12月28日) | | 平均产量 (千克/亩) |
|---|---|---|---|---|---|---|
| | 时间(月.日) | 数量(尾/亩) | 规格(厘米) | 成活率(%) | 规格(克/尾) | |
| 鲫 | 5.12 | 4 000 | 2.5 | 98.2 | 100 | 392.9 |
| 团头鲂 | 5.28 | 3 000 | 3.0 | 80.0 | 143 | 342.9 |
| 白鲢 | 5.28 | 2 500 | 3.0 | 90.0 | 103 | 231.4 |
| 花鲢 | 6.3 | 360 | 3.0 | 94.5 | 165 | 55.7 |
| 青鱼 | 6.30 | 200 | 3.0 | 35.0 | 143 | 10.0 |
| 合计 | | 10 060 | | | | 1 032.9 |

福州综合试验站开展异育银鲫"中科3号"混养模式,平均每亩放养异育银鲫"中科3号"1 500尾、草鱼越冬种1 800尾、白鲢越冬种120尾、团头鲂"浦江1号"夏花苗500尾、花鲢越冬种300尾,年底养成异育银鲫"中科3号"规格在10~13厘米。

福州综合试验站明溪示范县开展多种新品种混养,混养密度为异育银鲫"中科3号"500尾/亩、草鱼600尾/亩、福瑞鲤200尾/亩、团头鲂"浦江1号"100尾/亩、鳙40尾/亩、鲢100尾/亩。经过186天养殖,异育银鲫"中科3号"平均个体重415克。

同时,结合以丘陵山坳池塘健康养殖(山塘)及草鱼为主的养殖特色,因地制宜建立了以山塘成鱼池混养异育银鲫模式,放养量为山塘成鱼池200尾/亩,经5~8个月养殖,出塘规格0.3~0.65千克(因池塘条件、投饵量、出塘时间的不同,其规格均有不同程度的差异),平均规格0.4千克。

## 四、异育银鲫"中科3号"其他养殖模式

除了常见的异育银鲫"中科3号"养殖模式以外,还进行了其他养殖模式的尝试,如水库网箱养殖模式、"鱼-菜-菌"生态养殖模式和稻田养殖模式等。

异育银鲫"中科 3 号"均显示出其高度的适应性和明显的生长优势。

丹江口水库水质透明，水面宽阔，风平浪静，非常适合进行网箱养殖。采用 6 米×6 米×3 米的网箱进行投饵养殖，也分别采用单养和混养两种方式，养殖效果明显。

福州综合试验站同时也开展异育银鲫"中科 3 号""鱼-菜-菌"生态养殖模式，希望通过跟踪检测养殖过程中的氮/磷循环，分析该养殖模式的产排污系数，反馈该模式对养殖污染物排放的改善效果，进而优化"鱼-菜-菌"养殖模式的结构，使其将产排污系数降至理想范围。

成都综合试验站开展了异育银鲫"中科 3 号"稻田培育苗种养殖模式试验，经过近 80 天的养殖培育，苗种存活率达到 85%，增重比例为 500%～900%。

在异育银鲫"中科 3 号"推广养殖过程中，也有学者进行了不同地区的养殖模式研究，并初步获得了适合当地的养殖模式。但随着异育银鲫"中科 3 号"新品种需求量的不断增长，必须探索异育银鲫"中科 3 号"新的养殖模式，尤其是结合养殖设施创新的生态健康养殖模式，是异育银鲫"中科 3 号"养殖模式的主要追求目标，并最终形成适合推广的异育银鲫"中科 3 号"高效养殖模式。

# 第二节　芙蓉鲤鲫养殖模式

芙蓉鲤鲫为湖南省水产科学研究所选育的大宗水产新品种，于 2009 年 12 月通过国家水产原、良种审定委员会的审定。品种登记号 GS-02-001-2009。2010 年 5 月通过湖南省级成果登记。该品种经鲤鱼品种间杂交、鲤鲫种间杂交和系统选育相结合的综合育种技术，经 20 年研究而来，具有体型像鲫、生长快、肉质好、抗逆性强、性腺败育等优良特性。1997 年以来，先后在全国 24 个省（自治区、直辖市）进行养殖推广，得到养殖场（户）的好评，累计养殖面积超过 50 万亩，产生了显著的经济和社会效益。

## 一、人工繁殖技术

**1. 水质环境**　芙蓉鲤鲫亲鱼培育及繁殖用水水质应符合 GB 11607 和 NY5051 的规定，水源充足，排灌方便。

**2. 亲本**　包括祖代亲本（散鳞镜鲤和兴国红鲤）、母本芙蓉鲤、父本红鲫。散鳞镜鲤应符合 GB 16873 的规定，兴国红鲤应符合 GB 16875 的规定，芙蓉鲤应符合 DB43 T181 的规定。

**3. 制种繁殖**　芙蓉鲤鲫的制种繁殖，应严格遵守水产苗种管理办法和鱼类杂交制种的技术规范。

（1）亲本培育　父本和母本必须严格分开，专池培育。母本每亩放养 200～250 尾，父本每亩放养 1 500～2 000 尾，每亩放养量以不超过 500 千克为宜，可搭配少量鲢、鳙调节水质。应根据亲鱼发育的不同阶段，实行不同的饲养管理措施。特别注意之处是，在开春后，亲鱼池应避免频繁冲水，并将池周水边杂草和水面漂浮物打捞干净，以免刺激亲鱼流产。

（2）繁殖条件　芙蓉鲤鲫制种繁殖季节与常规鲤鲫相同，3 月下旬至 5 月上旬为繁殖期，湖南最适繁殖期为 4 月上中旬。制种繁殖水温为 16～25℃，适宜水温 18～22℃。

（3）催产亲鱼的选择　母本芙蓉鲤（♀）2 龄成熟，体重 1.5 千克以上，体色青灰，全鳞整齐，体型较肥硕，无伤病；父本红鲫应种质纯正，1 龄成熟，体重 150 克以上，体色鲜红，体态匀称，无杂色斑点，外形无畸变。

特别是红鲫在体色、体型方面发生变异的个体，应坚决淘汰；对性别的选择要绝对准确，避免将发育不好的红鲫雌鱼误作雄鱼催产，更要防止母本中混入雄性鲤。

（4）人工催产　雌鱼每千克注射 LRH-A 3～5 微克，必要时加入鲤鱼垂体 1～2 毫克或 DOM 2～3 毫克；雄鱼注射剂量减半。一般采用一次注射。

（5）产卵孵化　注射催产激素后的亲本（芙蓉鲤♀和红鲫♂），按 1：（3～5）放入产卵池，设置人工鱼巢，自然产卵受精，亦可人工采卵授精后上巢孵化或脱黏流水孵化。

将附有鱼卵的鱼巢移入孵化池，微流水孵化。孵化期间要注意预防水霉和缺氧，鱼苗点腰后适时下塘培育。

# 二、养殖技术和管理

芙蓉鲤鲫的生物学习性与普通鲤鲫相似，在养殖技术上没有特别之处，而且适应性更强，适宜在全国范围人工可控的淡水水域，进行池塘养殖、网箱养殖和稻（莲）田养殖。

**1. 苗种培育**

（1）鱼苗培育

①池塘准备：鱼苗培育池以长方形、面积 1～3 亩为宜，水深 1.5 米左右，水源充足，注排水方便，池底平坦，淤泥适度。用生石灰或漂白粉清塘消毒后，在鱼苗下池前 5～7 天注水 0.5～0.6 米，每亩施用 150～200 千克有机肥，培育充足适口的天然饵料。在鱼苗下池前 1 天，用密网拖除塘内的水生昆虫及蝌蚪等有害生物。

②饲养管理：鱼苗下池密度 10 万～15 万/亩，条件好的池塘可放 20 万～30 万/亩。尽量选择晴好天气，在鱼苗池的上风处放苗，应注意池水温差不超过 2℃。

在鱼苗饲养过程中，每 5～6 天加注新水 10～15 厘米；每天巡塘观察鱼苗摄食生长情况，防止缺氧泛塘；随着鱼苗生长，当水中天然饵料不足时，每亩每天泼洒豆浆 2～3 千克；适时追施有机肥，或加喂粉状精饲料。

③夏花锻炼和分池：芙蓉鲤鲫鱼苗经 10 天左右培育，一般可长成 2 厘米左右的乌仔，15～20 天可达 3 厘米夏花规格。乌仔或夏花分池前须停食，并经 2 次拉网锻炼。如需长途运输，最好增加拉网锻炼次数，并在运输前放在清水网箱内暂养过夜，以使其排出粪便和黏液，增强体质，减少伤亡。

（2）鱼种培育

①池塘准备：鱼种池一般 1～5 亩，水深 1.5～1.8 米，淤泥不超过 20 厘米，有独立的进排水系，可配置增氧机。夏花放养前，以生石灰清塘，5～7 天后注水并施有机肥 300～500 千克/亩。

②夏花鱼种放养：选择体质健壮、无病无伤的夏花鱼种，并经过筛选，规格整齐。

A. 单养：每亩放芙蓉鲤鲫夏花 8 000～10 000 尾，可搭配 5%～10%的鲢、鳙、鲂等品种。

B. 混养：以鲢、鳙、草鱼为主，每亩搭配芙蓉鲤鲫夏花 500～1 000 尾，混养芙蓉鲤鲫的池塘不宜放养鲤、鲫等底层杂食性鱼类。

③鱼种饲养管理：夏花鱼种放养前期，可用饼粕和三粉等粉料混合投喂，2 周后改用粗蛋白 30%～32%的鱼种用颗粒饲料，后期投喂粗蛋白 28%～30%的成鱼用颗粒饲料，日投喂 3～4 次，定期加注新水，必要时开动增氧机增氧。6～9 月，定期泼洒 1 克/米$^3$漂白粉消毒防病，并用 0.5 克/米$^3$晶体敌百虫防治寄生虫。

**2. 池塘成鱼养殖**

（1）池塘准备　成鱼池塘面积3～20亩，或更大亦可，水深2米以上，生石灰清塘，鱼种放养前7～10天注水并施足基肥，条件许可时应配有增氧机和自动投饵机。

（2）鱼种放养

①池塘主养芙蓉鲤鲫：规格75～100克的冬片鱼种，每亩放养1 500～2 500尾，搭配10％～15％的鲢、鳙和少量鳊鱼种。

②池塘混养芙蓉鲤鲫：以草鱼为主的成鱼池，每亩放草鱼种800～1 000尾，规格0.2～0.4千克，混养规格50克以上的芙蓉鲤鲫鱼种300～400尾；鱼种池混养芙蓉鲤鲫夏花，比例为10％左右，当年可达商品规格。混养芙蓉鲤鲫的池塘不再搭配鲤、鲫。

（3）饲养管理　芙蓉鲤鲫生长快，摄食能力强，应使用优质饲料，坚持"四定"投饵，不同阶段的投饲率见表2-3。日常管理中，要坚持早晚巡塘，观察水质及鱼类摄食、生长与活动情况，适时加注新水，定期泼洒生石灰或漂白粉杀菌防病，缺氧浮头时及时启动增氧设备。正常情况下，池塘主养芙蓉鲤鲫每亩可产800～1 000千克，高产池塘可达1 200千克/亩。

**表2-3　芙蓉鲤鲫投饲率参照（％）**

| 温度（℃） | 规格（克） | | | | | | | | |
|---|---|---|---|---|---|---|---|---|---|
| | 25 | 50 | 75 | 100 | 150 | 200 | 250 | 300 | 400 |
| ≤15 | 1 | 1 | 1 | 1 | 1 | 1 | 1 | 1 | 1 |
| 16～19 | 2.1 | 1.9 | 1.8 | 1.7 | 1.6 | 1.4 | 1.3 | 1.2 | 1 |
| 20～23 | 2.8 | 2.6 | 2.4 | 2.2 | 2.1 | 1.8 | 1.7 | 1.5 | 1.3 |
| 24～29 | 3.5 | 3.2 | 3.0 | 2.8 | 2.6 | 2.3 | 2.1 | 1.9 | 1.6 |
| 30～32 | 2.8 | 2.6 | 2.4 | 2.2 | 2.1 | 1.8 | 1.7 | 1.5 | 1.3 |

**3. 网箱养殖**

（1）网箱设置　选择水质清新、无污染的湖泊水库，网箱设置地点水深5米以上，水体透明度0.5米以上，通风向阳。网箱由聚乙烯线编织的网片织成，单层。鱼种箱规格为5米×5米×2.5米，3×3线，目大2a为2厘米；成鱼箱5米×5米×3米，3×6线，目大4厘米；夏花箱为目大0.8厘米的无结网片，规格5米×5米×2米。网箱按非字或田字形设置，各网箱相距1米，网箱入水深度2米。网箱在鱼种入箱前10天沉好，以便附着藻类及沉积物，提高鱼种入箱后的成活率。

（2）鱼种投放　芙蓉鲤鲫夏花规格为3～5厘米，经8个月培育达50～125克的鱼种，每口5米×5米×3米的网箱投放6 000～10 000尾，鱼种规格越大，放养量越小。鱼种放养前，用30克/升的食盐水浸泡消毒10～15分钟。

（3）饲料投喂与管理　饵料要求为全价配合颗粒饵料。粗蛋白含量：夏花阶段为28%～30%，达到25克以后改为26%～28%。日投饵次数，鱼种规格小于100克/尾时6次，100克/尾以上时4次，水温低于20℃时日投食1～2次。生长季节，每次投饵量为鱼体重的2%～3%，每次以80%～90%的鱼吃饱为宜。每天做好养鱼日记，记录投饵、用药、水温和天气等情况，及时清除箱外漂浮物及箱内死鱼；经常检查修补网衣；保持一个宁静的饲养环境；一旦发病，立即治疗；做好防逃防盗防风浪等工作。

（4）鱼病防治　鱼种入箱时，用30克/升的食盐水溶液浸泡10～15分钟；在高温季节，每隔15天按100千克鱼用10克大蒜素、三黄粉等拌入饵料中投喂，连续3次；每隔15天，用生石灰、PV-菌毒嘉、晶体敌石虫、硫酸铜与硫酸亚铁等在网箱四角轮流挂袋；定期对工具、食台消毒，积极做好鱼病的预防工作。

**4. 稻田养殖**

（1）养鱼稻田的条件和准备

①条件：水质应符合渔业水质标准，水源充足，排灌方便，放鱼前应修补田埂，保证田埂扎实不漏水，田埂高度高出水稻田50～60厘米。

②消毒：耕田加施基肥后，每公顷泼洒生石灰350～500千克，6～8天药性消失后，灌水耙平插秧。

③鱼溜：在紧靠进水口的田角处开挖长方形鱼溜，培育鱼种的鱼溜面积占稻田的3%～5%，深度70～80厘米；养殖食用鱼的鱼溜面积占稻田的8%～10%，深度80～100厘米。

④鱼沟：主沟在稻田中央，宽30～50厘米、深25～30厘米，呈十字或井字形分布；围沟在稻田四周，距田埂50～100厘米，宽100～200厘米、深70～80厘米；垄沟在插秧前开好，一般垄宽52～105厘米、沟宽40～50厘米、沟深25～30厘米。

⑤遮阳：在鱼溜埂上栽种瓜豆，搭成一个高出田面150～200厘米的荫棚，利于鱼类避暑降温。

⑥防逃：在进出水口，视鱼种规格安装用竹篾、塑料、金属丝或枝条编织的拦鱼栅。

（2）鱼种放养　以芙蓉鲤鲫为主，培育大规格鱼种，每亩放养3～5厘米的鱼种1 000～1 300尾；养食用鱼的稻田，每亩放养15～25厘米的芙蓉鲤鲫鱼种300～500尾，搭配15%～20%的鲢、鳙鱼种。

育秧田撒种，早稻田插秧、开沟、装好拦栅后，即放鱼苗；中、晚稻田待秧苗返青后即放3～5厘米的鱼种；养食用鱼或大规格鱼种的稻田，待秧苗返青放芙蓉鲤鲫，在收割稻穗后即灌水淹没稻草，及时补放鲢、鳙鱼种。

（3）饲养管理

①管水：水稻生长期间，水深3.5厘米以上；收稻后养食用鱼或大规格鱼种时期，水深应保持50厘米以上。

②防逃：经常检查田埂、拦鱼栅有无漏洞，大雨时要防止水淹田埂。

③投饵：生长季节要适当补充饵料，可投喂糠麸或饼粕，每天投喂量占鱼体总重量的5%～10%。

④施肥：根据稻禾生长，适时施肥，肥料不得直接撒在鱼沟、鱼溜内。

⑤用药：稻田防治病虫，应选用高效、低毒、低残留的农药，并注意药物对鱼类的安全性。施药前先疏通鱼沟、鱼溜，加深田水至7～10厘米，粉剂趁早晨稻禾沾有露水时用喷粉器喷，水剂宜在晴天露水干后用喷雾器以雾状喷出，应尽量把药喷在稻禾上，减少药物落入水中。

（4）收鱼　稻谷将成熟或晒田割谷前，放水捕鱼；冬闲水田和低洼田养的食用鱼或大规格鱼种，可养至翌年插秧前捕鱼。

捕鱼前应疏通鱼沟、鱼溜，在夜晚缓慢放水，使鱼在鱼沟、鱼溜内集中，在出水口设置网具，将鱼顺沟赶至出水口，即落网捕起。

## 三、适宜养殖区域

芙蓉鲤鲫的生物学习性与普通鲤鲫相似，其适应性更强，适宜在全国范围人工可控的淡水水域进行池塘养殖、网箱养殖和稻（莲）田养殖。

## 四、注意事项

①必须保证制种亲本种质纯正，特别是红鲫，在体型、体色方面发生变异的个体，应坚决淘汰，对性别的选择要绝对准确，避免将发育不好的红鲫雌鱼误作雄鱼催产，更要防止母本中混入雄性鲤；②芙蓉鲤鲫应在人工可控的水域

养殖，严防其进入天然水域。

# 第三节 松浦镜鲤养殖模式

松浦镜鲤不同阶段养殖技术规范如下：

## 一、鱼苗培育技术

**1. 鱼苗培育池** 要求池底平坦，淤泥 10～15 厘米，注排水方便，池塘面积在 2～6 亩为宜。鱼苗下塘前 5～10 天，用生石灰彻底清塘消毒。清塘消毒是鱼苗培育的一项重要措施，切不可疏忽。清塘后施基肥，发酵粪肥 2 250～3 000 千克/公顷；或肥水肽生物肥 9 千克/公顷。施肥后池水逐渐变成茶褐色或淡绿色的肥水，其目的是培养轮虫，作为鱼苗下塘后的生物饵料。

**2. 鱼苗放养** 鱼苗平游后能摄食小型浮游动物（轮虫等），可下塘。下塘时要注意孵化池（容器）水温与池塘水温差不超过 3℃，并选择池塘背风处下塘，遇上大风天气，推迟放养或在背风处放置人工鱼巢或草帘等物，一是降低风浪，二可使鱼苗附着避风浪。放养密度以 50 万～450 万尾/公顷，依池塘条件适当调整。每个池塘放养鱼苗应是同批繁殖的，要一次放足。另外，在鱼苗放养前，用鱼苗网拉网检查或彻底清除池中的水生昆虫、杂鱼等有害生物。

**3. 饲养管理** 鱼苗下塘 3～5 天后要适时追肥，或泼洒豆浆，每天用黄豆 30～45 千克/公顷，浸泡磨浆后全池泼洒，每天分 2 次投喂；同时，每隔 1～2 天追肥 1 次，使池水保持褐绿色或油绿色。部分地区采用利饵多 1.5～2.4 千克/公顷和水产诱食酵母 1.5 千克/公顷合用，每天分 2 次泼洒。10 天后随鱼体长大，适当调整投喂量或增加投喂微粒饵料，同时要分期注水。鱼苗下塘时池水一般在 50～70 厘米，以后每隔 5 天注水 1 次，每次注水 15～20 厘米，改善水质，促进生物饵料的繁殖和鱼苗生长。注水时要在注水口安密网，以防野杂鱼和其他敌害随水混入。坚持每天早、中、晚巡塘观察水色变化，鱼苗活动情况，以决定施肥和投饵量。要随时清除池边的杂草，杂物及蛙卵等。

**4. 分池** 鱼苗经 20～25 天饲养，全长达 1.5～3 厘米即可分池、出售。为提高出塘的成活率，要进行鱼体锻炼。方法是：北方地区选晴天 10：00 左右拉网密集锻炼，拉网前要停食，操作要细，鱼苗开始出现轻微浮头现象立即放回原池。

## 二、鱼种培育技术

**1. 鱼种培育池**　鱼种培育池条件与鱼苗培育池要求基本相同。面积以 6～12 亩为宜，水深 1.5～3 米。夏花放养前要认真清整，彻底清塘消毒，并施肥、注水。夏花鱼种还需摄食大型浮游动物，因此要肥水下塘，方法与鱼苗饲养阶段相似。

**2. 夏花放养**　夏花放养尽可能提早，以延长鱼种生长期。鱼苗要健壮，规格整齐。放养密度因不同地区的气候、生产条件、养殖方式和技术水平以及预期鱼种达到的规格有很大差异，具体放养密度可参照松浦镜鲤 1 龄鱼池塘养殖模式（表 2-3）进行适当调整，并搭配适量鲢、鳙鱼苗。

**3. 饲养管理**　投喂充足的饲料和保持良好的水质，是该饲养阶段的关键。夏花入池后即应采用驯化养殖技术，投喂含蛋白质 35% 以上的颗粒饲料，饲料的粒径必须随鱼的生长发育逐步调整，做到适口。投饲应坚持执行"四定"原则：①定位，投喂饲料应有固定的位置——投料点；②定时，天气正常时，每天投饲时间应固定；③定量，投喂饲料应做到适量、均匀，防止过多或过少；④定质，所投饲料必须新鲜，不可用腐败的饲料投喂，以免发生鱼病。日投饵量为体重的 5%～12%，但要根据天气、水温和鱼摄食情况灵活调整。定期加注新水，在 7～9 月生长高峰期依水质状况进行换水，次数依实际情况确定，每次 20～30 厘米，一是补充渗漏和蒸发的水分；二是调节鱼池的水质，防止池水过肥，以保证鱼类有一个良好的生存环境，促进鱼类的生长。该阶段历时数月，经历多个季节气候变化，防止浮头、泛塘和其他事故发生亦十分重要。采用增氧机进行机械增氧，密度较大的池塘，晴天中午使用多功能涌浪机或叶轮式增氧机，2～3 小时/次进行水层交换改良水质。坚持每天早晚巡塘，注意观察水色、水质以及鱼的摄食情况，及时调节水质和投喂量，尤其是在闷热天气的情况下，更应加强注意，以免鱼类发生浮头，造成不必要的经济损失。

## 三、成鱼饲养技术

**1. 池塘条件**　鱼池面积视各自养殖场的情况最好在 6 亩以上，但超过 30 亩操作起来也不方便。水深 2.0～3.5 米，水源要充足，水质要良好。池埂要牢固，不漏水，不倒塌，放养鱼种前要清整消毒。

**2. 鱼种放养和饲养管理**　鱼种放养规格、数量，应依所预期达到的成鱼产量指标、商品鱼规格的大小以及池塘和生产的实际条件而定。提早放养鱼种是生产的重要措施之一，放养的鱼种要体质健壮，同塘放养的要求是同一品种，规格要整齐，一次放足。

具体放养殖密度，可参照松浦镜鲤 1 龄鱼池塘养殖模式（表 1）进行适当调整。多数地区的放养密度为 1 000～1 600 尾，放养规格在 88～153 克/尾，再套养 30%～40%鲢、鳙、鳊等鱼种。饲养管理重点是，着重抓好投饵和水质等管理工作。

投喂饲料对加速松浦镜鲤生长、提高产量非常重要。因此，要保证饲料的品质，同时改进投饲技术，现多为投饵机供饵，但应勤检查以保证饲料不被浪费，日饵量一般掌握在鱼体重的 3%～5%，可根据水温、天气、水质和鱼的活动（鱼病）情况灵活调节。4、5 月水温较低，应减少投饲量；6、7、8 月是鱼类摄食旺盛期，生长快，可增加投饲量。在投饲技术上，与鱼种试养一样应实行定质、定位、定时、定量的"四定"原则。

在日常管理上要做到经常巡塘，一般每天早、中、晚巡塘 3 次。特别是 8、9 月阴雨天黎明时分，鱼池非常容易缺氧使鱼浮头甚至死亡，一旦发生浮头现象，应及时开增氧机，无增氧机可用水泵循环增氧。

经常适量加注新水调节水质，每次加注 20～30 厘米。还要定期检查鱼体生长情况，判断饲养效果，调节投饲量。如发现鱼病，应及时采取防治措施。

# 四、病害防治技术

## 1. 水霉病

【病症及病因】病原体为水霉菌。在鱼卵孵化过程中，没经消毒的死卵极易得水霉病，如果不及时处理，水霉菌也会将活卵包裹，造成大量死亡。水温较低时，鱼体受伤，也易发生此病。在感染初期，肉眼看不出什么症状，当肉眼看到时，菌丝已向鱼体伤口侵入，并向肌肉内部蔓延扩展，向外生长的菌丝似灰白色棉毛状。

【防治方法】①鱼池用生石灰清塘，可以减少此病发生；②在捕捞、搬运和放养过程中要尽量仔细，勿使鱼体受伤，同时注意合理的放养密度，能预防此病的发生；③人工繁殖期间所用的鱼巢和工具等，都应使用 37%福尔马林溶液浸洗消毒后再用；④受伤的鱼体用碘酒涂抹鱼体；⑤鱼种用 0.04％的食盐和 0.04％的小苏打合剂全池遍洒，受精卵用浓度为 1 100.00 毫克/升的次甲基蓝或 6 000.00 毫升/米³的 37％的福尔马林溶液，浸泡 15 分钟。

**2. 肠炎病**

【病症及病因】病原体为肠型点状气单胞菌。病鱼发病不久即失去食欲，随着病情发展，腹部膨大，体色变黑，离群缓游，一般腹部有红斑，肛门红肿，用手轻压腹部，常有脓血流出，不久死亡。

【防治方法】①每立方米水体用 1 克的漂白粉全池泼洒；②生石灰全池泼洒，平均水深 1 米用量为 225～400 千克/公顷；③每千克鱼体重用大蒜 5 克，每天 1 次，连续投喂 3 天。

**3. 烂鳃病**

【病症及病因】病原体为柱状屈桡杆菌。发病时体色发黑，鳃丝腐烂，鳃表面有黄色黏液和污物。严重时鳃丝软骨裸露，末端缺损，鳃丝内面的皮肤往往发炎充血，中间部分常被腐蚀成一透明小窗。

【防治方法】①放养时用 2％～2.5％的食盐水浸洗 10～15 分钟；养殖期间每 15 天全池泼洒 1 次正离子酮 0.7 克/米³和聚维酮碘溶液 1 克/米³。②口服烂鳃灵，每 100 千克干饲料中加 250～500 克，1～2 次/天，连用 3 天。

**4. 赤皮病**

【症状及病因】病原体为荧光假单胞菌。病鱼体表局部或大部充血发炎，鳞片脱落，特别是鱼体两侧及腹部最为明显，各鳍基部或整个鳍充血，鳍条末端腐烂，鳍条间的组织常被破坏。

【防治方法】捕捞、放养过程中避免鱼体受伤，放养时每立方米水体用 5～10 克浓度的漂白粉浸洗 30 分钟左右。

**5. 车轮虫病**

【症状及病因】寄生在鱼的皮肤和鳃组织吸取营养，刺激组织分泌过多黏液，严重影响呼吸。主要危害稚鱼和鱼种，大量感染时鱼体消瘦、发黑，游泳迟缓至死亡。

【防治方法】①放鱼前用生石灰彻底清塘；②用 2％食盐水浸洗 2～10 分钟进行鱼体消毒，车轮净 0.5 克/米³全池泼洒。

**6. 锚头鳋病**

【症状及病因】锚头鳋在水温 12℃以上时都可繁殖，故流行季节较长，其虫体用头部钻入鱼的肌肉组织，引起慢性增生性炎症，在伤口处出现溃疡。对小鱼危害较大，少量寄生对成鱼伤害较小，大量寄生可使鱼死亡。

【防治方法】①用生石灰清塘杀死锚头鳋的幼虫。②每立方米水体用0.3～0.5克的晶体敌百虫全池泼洒，杀死水体中锚头鳋的幼虫；③用0.00125%～0.002%浓度的高锰酸钾溶液，水温20～28℃时浸洗鱼体1小时左右。

**7. 鱼虱病**

【症状及病因】鱼虱一般寄生在鱼体的体表、口腔，肉眼可见。由于在鱼体上爬行，撕破体表形成许多伤口。鱼呈现极度不安，急剧狂游和跳跃，严重影响食欲，鱼体消瘦，并引发其他疾病，常引起幼鱼死亡。

【防治方法】①用生石灰彻底清塘，杀死水中鱼虱的成虫和幼虫；②每立方米水体用0.5克的晶体敌百虫进行全池泼洒，杀死虫体。

**8. 孢子虫**

【症状及病因】鱼虱一般寄生在鱼体的体表、口腔，肉眼可见。在鱼体引起瘤状突起，后期溃烂。极易感染其他疾病，导致死亡。

【防治方法】①清除池底过多的淤泥，并用生石灰或漂白精彻底清塘，杀死休眠的孢子；下塘前用聚维酮碘或高效的苗种浸泡剂浸泡消毒，以切断传染源。②每千克饲料加孢虫克10克，连喂3～5天，同时，每立方米水体用0.5克的晶体敌百虫进行全池泼洒，杀死虫体。

# 五、越冬管理

**1. 越冬池塘选择和清整**　北方地区在9下旬至10月上旬应加强鱼种培育，多喂些精料，增强鱼的体质，这是保证鱼种安全越冬的内在物质基础。秋末、冬初，水温降到8～10℃时，鱼已很少吃食。为了便于管理，要进行并塘，将鱼种蓄养在池水较深的池塘里越冬；保水性好的养殖池塘，亦可原池越冬。

越冬池应选择池底平坦、保水性好、淤泥少、向阳背风、注排水方便、不渗漏、面积在6～30亩和水深达2.5～3.5米的池塘，最厚冰下水深应保持1.5米以上。放鱼前10天，将池水排干，清除池中污物及杂草，并曝晒1～3天，注新水10～20厘米进行清塘。酸性水体用生石灰化浆全池泼洒，用量为1 200千克/公顷；碱性水体用含氯量为30%的漂白粉，用量为225千克/公顷。24小时后注新水，3～5天后水深达1米左右便可放鱼，逐渐将水位注到最高水位。也可利用保水性好、深水池原池越冬，将老水排出1/3或2/3，每立方米水体用 0.5～0.7 克敌百虫全池泼洒，杀死浮游动物和鱼体寄生虫；1 周后每立方米水体用 1.0 克漂白粉全池泼洒，补注新水到最高水位。

**2. 越冬密度**　根据越冬池底质和补水条件，来确定放养密度。池底保水性好、淤泥少、水质好、补水方便的越冬池可放 0.75～1 千克/米³，一般越冬池放养密度在 0.5 千克/米³。

**3. 冬季越冬期间管理**　在北方地区，冬季气温低，有的地方封冰期长达几个月，冰层厚度在 20～100 厘米，越冬期间的管理尤为重要。

（1）专人负责，及时检查越冬情况　定期检查水质、水色、指标鱼的活动情况，特别要定期测定、分析水中溶氧量，一般每周检查 1 次，当氧量低、下降较快时，应每天检查 1 次。当溶氧量降到 4 毫克/升时，应采取增氧措施。

（2）池塘封冰及溶氧测定　越冬池塘能否结成明冰是越冬效果好坏的关键，直接影响到越冬池塘中浮游植物产生氧量的多少。在下雨雪封池时要采取措施，用增氧机搅水使其不结冰，待晴天重新封冰；如封冰较厚，无法用增氧机破冰，则需要采取破冰机选取一定面积进行破冰处理，再重新结冰，破冰面积不少于池塘面积的 40%，以利于冰下水体中浮游植物光合作用，增加水体中的溶氧。经常测定水的溶氧量，前期溶氧变化较小，可 10～15 天测定 1 次，12 月下旬至翌年 2 月底，池塘溶氧变化较大期间需 3～5 天测定 1 次。如溶氧日降幅达 2 毫克/升以上时，需每天测定 1 次。当溶氧量下降到 4 毫克/升左右时，要采用钻孔潜水泵提水或增氧机曝气，进行原池循环补氧措施，保证鱼安全越冬。在越冬期间，还要经常观察水色及冰下鱼活动的情况，发现鱼病要及时防治。

（3）扫雪　越冬结冰后下雪要及时扫雪，雪对阳光的穿透力影响很大，清雪面积应达池塘冰面的 80% 左右。越冬量较小时，可按正常应清扫面积适当减少一部分，以便改善光照条件，增加浮游植物的光合作用，增加水中溶氧量。

（4）定期补注新水　经常补水，使越冬池保持较高水位。一般 20～30 天注 1 次水，并根据水位下降程度、溶氧量、水质情况等，适当调节注水间隔和注水量。

## 六、推广情况

对国内各示范点松浦镜鲤养殖的饲养条件、生长速度、饲料利用率、病害防控等方面进行跟踪调研，初步建成不同地区、不同养殖条件相适应的高效池塘养殖模式。①1 龄鱼种养殖（表 2-4）：黑龙江地区松浦镜鲤乌仔放养密度为 3 万～4.5 万尾/公顷，搭配鲢、鳙 1.5 万尾（依池塘条件调节比例），养殖期为 60～100 天，产量为 7 950～8 700 千克/公顷；长春、贵州等地养殖密度与黑龙江相近，生长期较长为 120～147 天；北京、上海、呼和浩特和新疆相近，放养密度为 10.05 万～15 万尾/公顷，养殖期为 120～150 天，产量为 7 950～22 500 千克/公顷；辽宁沈阳等地放养密度为 17.55 万尾/公顷，养殖期为 153 天左右，产量为 20 500 千克/公顷。②2 龄鱼养殖（表 2-5）：国内多数地区的放养密度为 1.5 万～2.4 万尾/公顷，放养规格为 88～153 克/尾，养殖期为 150 天左右，产量为 20 370～24 480 千克/公顷；长春地区放养密度为 0.75 万～0.9 万尾/公顷，放养规格 195～210 克/尾，养殖期为 150 天左右，产量为 9 600～15 500 千克/公顷。

**表 2-4　松浦镜鲤 1 龄鱼池塘养殖模式**

| 养殖地区 | 放养量（万尾/公顷） | 产出规格（克/尾） | 鲤产量（万千克/公顷） | 成活率（%） | 饵料系数 | 备　注 |
|---|---|---|---|---|---|---|
| 黑龙江、长春、贵州等地 | 3～4.5 | 200～250 | 0.8～0.87 | 85～95 | 1.38～1.58 | 搭配鲢、鳙 1.5 万～4.5 万尾/公顷，比例为（2～3）∶1 |
| 北京、上海、呼和浩特,新疆地区 | 10.05～15 | 125～170 | 0.8～2.25 | 70～96 | 1.43～1.51 | |
| 辽宁地区 | 17.55 | 91～119 | 2.05 | 98 | 1.3～1.35 | |

**表 2-5　松浦镜鲤 2 龄鱼池塘养殖模式**

| 养殖地区 | 放养量（万尾/公顷） | 放养规格（克/尾） | 产出规格（克/尾） | 鲤产量（万千克/公顷） | 成活率（%） | 饵料系数 | 备　注 |
|---|---|---|---|---|---|---|---|
| 多数地区 | 1.5～2.4 | 88～153 | 1 099～1 400 | 2.04～2.45 | 92～99 | 1.58～1.94 | 搭配鲢、鳙 0.45 万～1.5 万尾/公顷，比例为（2～3）∶1 |
| 长春 | 0.75～0.9 | 195～210 | 1 300～1 760 | 0.96～1.55 | 95～98 | 1.6～1.78 | |

# 第四节　福瑞鲤养殖模式

福瑞鲤是以建鲤和野生黄河鲤为基础选育群体，借助 PIT 标记技术，运用数量遗传学 BLUP 分析和家系选育等综合育种新技术，以生长速度为主要选育指标，经 1 代群体选育和连续 4 代 BLUP 家系选育获得的鲤新品种。该品种 2011 年 4 月获得了水产新品种证书，品种登记为 GS-01-003-2010。截至 2013 年 12 月，福瑞鲤已在全国 20 多个省（自治区、直辖市）进行示范推广，推广面积超过 60 万亩，新增产值达 5.1 亿元。福瑞鲤的池塘养殖技术模式，主要包括鱼苗养殖、鱼种养殖和商品鱼养殖。

# 一、鱼苗养殖技术

**1. 鱼苗池的选择和清整**　鱼苗池要求注排水方便，环境安静，阳光充足，水质清新。面积在 3～7.5 亩，使用前 7～15 天用生石灰彻底清塘。进水必须经 40 目的筛网过滤，与孵化池基本相同。鱼池在使用前要认真检查和整修，并彻底清塘消毒。

**2. 施基肥**　在鱼苗下池前 3～5 天，向池内加注新水 0.5～0.7 米（要严防野杂鱼及有害生物进入池内），并施放基肥。通常，每公顷施发酵的畜粪3～6 吨，加水稀释后均匀泼洒，也可施无毒的绿肥，堆放在池子的边角处。如需快速肥水，可使用无机肥料，一般氨水每公顷施用 75～1500 千克，硫酸铵、硝酸铵等每公顷施用 37.5～75 千克。施基肥后，以水色逐渐变成浓淡适宜的茶褐色或油绿色为好。孵化池兼做培育池的，在孵出苗后也要逐渐施肥、肥水。

**3. 鱼苗放养**　鱼苗的放养密度是每公顷 225 万～300 万尾（池塘孵化的要估计鱼卵数和出苗数）。每个池塘放养的鱼苗，应该是同批繁殖的。放养前应用密网反复拉网，彻底除去池中的蝌蚪、水生昆虫和杂鱼等有害生物。最好在池中插 1 个小网箱，放入少量鱼苗试水，证实池水无毒性时再放鱼苗。

**4. 饲养管理**

（1）喂食　鱼苗除了靠摄食肥水培养的天然饵料生物外，还必须人工喂食。主要是泼洒豆浆，每天上下午各泼洒 1 次。

投喂量通常以水体面积计算，一般每公顷每天用黄豆 45～60 千克，可磨成豆浆1 500 千克左右。当天磨、当天喂。1 周后增加到 60～75 千克，并在池边增喂豆饼糊。

（2）分次注水　随着鱼体的增长，要分次加注新水，增加鱼体活动空间和池水的溶氧，使鱼池水深逐渐由 0.5～0.7 米增加到 1～1.2 米。

（3）巡塘　每天早晚坚持巡塘，严防泛塘和逃鱼，并注意鱼苗活动是否正常，有无病害发生，及时捞除蛙卵和杂物等。

（4）锻炼和分塘　鱼苗经过半个月左右的饲养，长到 1.7～2.6 厘米的乌仔时，即可进行出售或分塘。出售或分塘前要进行拉网锻炼，目的是增强鱼的体质，使其能经受操作和运输。

锻炼的方法是：选择晴天 9：00 以后拉网，把网拉到鱼池的另一头时，在网后近池边插下网箱，箱的近网一端入水中，然后将网的一端搭入网箱，另一端逐步围拢，并缓缓收网，鱼即自由游入箱中。鱼在网箱内捆养几小时后，即可放回池中。锻炼前鱼要停食 1 天。操作时要细心，阴雨天或鱼种浮头时不宜进行。

## 二、鱼种养殖技术

### 1. 夏花鱼种的培育

（1）鱼种池的选择和清整　与鱼苗池基本相同，面积以 1.5～4.5 亩为宜，水深 1～1.2 米。使用前必须认真清整，彻底消毒。

（2）施基肥　放养鱼种前 5～7 天，一般每公顷施腐熟的粪肥 4 500～6 000 千克和绿肥 3 600 千克，或由 4 000 千克畜粪、4 500 千克绿肥和 80 千克生石灰堆制发酵的混合堆肥。

（3）鱼种放养　鱼种尽可能地提早放养，以延长鱼种生长期。放养密度为每公顷 90 000～100 000 尾。单养福瑞鲤，一般不混养其他鱼类。鱼种要健壮，规格整齐。

（4）饲养管理　乌仔下塘后，因鱼体尚小，仍需喂几天豆浆。豆浆进行泼洒，豆渣投施池边，每天喂 2 次。几天后改喂豆饼糊，投在池边的固定位置，每天每万尾鱼 3～4 千克。

在饲养过程中，鱼种还需摄食大量的大型浮游动物和底栖生物等天然饵料。因此，水质要保持一定肥度。除施基肥外，还要根据水质情况适当追肥，每次数量不宜太多。

要坚持早晚巡塘，注意事项与鱼苗饲养相同。

### 2. 1 龄鱼种的培育

（1）鱼种放养　福瑞鲤 1 龄鱼种的培育，是鱼苗养成夏花鱼种（3 厘米左右）的阶段，分塘后每公顷放养 15 万尾左右，养成冬片或春片鱼种。也可以采用混养方式，以福瑞鲤夏花为主，混养草鱼、鲢、鳙等鱼种。

每公顷可放养福瑞鲤鱼种 90 000～100 000 尾，草鱼、鲢、鳙种 45 000～60 000 尾。

（2）饲养管理　1 龄鱼种培育池的面积以 3～6 亩、水深 1.5～2 米为宜。鱼池清整消毒，施基肥，追肥及其他管理措施与鱼苗培育和大规格夏花鱼种的培育措施基本相同。不过，由于鱼的不断长大，投喂充足的饲料和保持良好的水质更显得重要。该阶段历时数月，经历多种季节气候变化，防止浮头泛塘和其他事故发生，亦十分重要。

福瑞鲤是杂食性鱼类，除投喂精料外，菜叶和底栖生物都是它们喜吃的食物。经常投喂萍莎，效果也很好。大暑前鱼生长得快，要多投喂饲料；盛夏期间投饵量要适当减少，并定期加注新水；秋分后适当增加饵量，并多喂些豆饼、菜饼，以增强体质。

（3）并塘越冬　秋末、冬初，水温降到 10℃ 左右，鱼已停止或很少吃食，为了便于管理，要进行并塘，将鱼种蓄养在较深较肥池塘里越冬。秋季加强培育，多喂些精料，增强鱼的体质，是保证鱼种安全越冬的内在物质基础。冬季越冬期间，在我国南方地区，逢到天气晴朗、水温较高时，福瑞鲤还是要吃食，应适当投些精料。在北方地区，冬季气温低，有的地方封冰期长达几个月，冰层厚度达几十厘米，采取破冰和增氧措施，防止鱼种窒息致死尤为重要。

**3. 商品鱼池塘养殖**　池塘条件因地理区域而异，要求水源充足，排灌方便，通常单个池塘面积为 4.5～10.5、水深为 1.5～2.5 米，池底淤泥厚度小于 0.2 米。

（1）放养前的准备　鱼种放养前应做好池塘的维修、清整、消毒、注水、施基肥及试水等工作。

（2）鱼种放养　鱼种要求健壮、无伤、无病。同塘放养的同种鱼种要求规格整齐，并一次放足。

（3）投饵管理　投饵量一般是根据预计的净产量，结合饵料系数，计算出全年的投饵量。然后，依据各月份的水温和鱼的生长规律，制订出各月份的饵料量。全年投饵量，可以根据饲料的饲料系数和预计产量计算：

$$全年投饵量 = 饲料系数 \times 预计净产量$$
$$月份投饵量 = 全年投饵量 \times 月份配比例$$

鲤成鱼投饵量月份分配及日投饵次数见表 2-6，月投饵量逐旬分配见表 2-7。

表 2-6　鲤成鱼投饵量月份分配及日投喂次数

| 月份 | 5 | 6 | 7 | 8 | 9 |
|---|---|---|---|---|---|
| 月份分配占全年比例（%） | 10 | 15 | 30 | 30 | 15 |
| 日投喂次数 | 2～3 | 4 | 4 | 4 | 3～4 |

表 2-7　鲤成鱼月投饵量逐旬分配（%）

| 月份 | 5 | 6 | 7 | 8 | 9 |
|---|---|---|---|---|---|
| 上旬 | 20.0 | 30.0 | 31.3 | 36.7 | 46.7 |
| 中旬 | 33.3 | 33.3 | 33.3 | 33.3 | 33.3 |
| 下旬 | 46.7 | 36.7 | 35.4 | 30.0 | 20.0 |

注：日投饵量按旬投饵量的10%计算。

以配合饲料为主的投喂方式，除了计算月投饵百分比外，还应根据池塘吃食鱼的重量、规格、水温确定日投饵量。每隔 10 天，根据鱼增重情况调整 1 次。日投饵量＝水体吃食鱼总重量×日投饵率。

影响投饵率的因素，有鱼的规格、水温、水中溶氧量和饲养管理水平等，投饵率在适温下随水温升高而升高，随鱼规格的增大而减少。鱼种阶段日参考投饵率约为吃食鱼体重的 4%～6%，成鱼阶段日参考投饵率约为吃食鱼体重 1.5%～3%。不同鱼规格、水温的日投饵率与投饵次数见表 2-8。

表 2-8　不同鱼规格、水温的日饵率（%）与投饵次数

| 尾重（克） | 水温（℃） | | | |
|---|---|---|---|---|
| | 10～15 | 15～20 | 20～25 | 25～30 |
| 1～10 | 1.0 | 5.0～6.5 | 6.5～9.5 | 9.0～11.7 |
| 10～30 | 1.0 | 3.0～4.5 | 5.0～7.0 | 5.0～9.0 |
| 30～50 | 0.5～1.0 | 2.0～3.5 | 3.0～4.5 | 5.0～7.0 |
| 50～100 | 0.5～1.0 | 1.0～2.0 | 2.0～4.0 | 4.0～5.3 |
| 100～200 | 0.5～0.8 | 1.0～1.5 | 1.5～3.0 | 3.1～4.3 |
| 200～300 | 0.4～0.7 | 1.0～1.7 | 1.7～3.0 | 3.0～4.0 |
| 300～500 | 0.2～0.5 | 1.0～1.6 | 1.8～2.6 | 2.6～3.5 |
| 日投饵次数 | 2～3 | 3～4 | 4～5 | 4～5 |

注：当水温上升到35℃以上时，要适当减少投饵次数和投饵量。

每天投饵量的确定：精养鱼池每天的实际投饵量，要根据池塘的水色、天气和鱼类的生长及吃食情况来定，即所谓"三看"。

（4）放养方式　福瑞鲤有套养、混养、主养和单养多种类型。放养鱼种的品种、规格和密度，应依据各地养殖习惯及所预期达到的成鱼产量指标、商品鱼规格的大小以及池塘和生产的实际条件而定。

以鲤为主的混养模式，是我国东北、华北等较寒冷地区普遍采用的模式。放养时鲤用 1 龄鱼种入池，至收获时都能达到最低的食用规格（表 2-9）。鲢、鳙放养两种规格，大者当年养成上市；小者则养成大规格供翌年的放养之用。本模式采取施肥和商品饲料结合的饲养方式。

表 2-9　以鲤为主养亩放养收获模式

| 鱼类 | 放　　养 | | | 成活率（%） | 收　　获 | | |
|---|---|---|---|---|---|---|---|
| | 鱼种规格（克） | 尾数 | 重量（千克） | | 规格（千克） | 毛产（千克） | 净产（千克） |
| 鲤 | 100 | 650 | 65 | 90 | 0.75 | 438.75 | 373.75 |
| 鲢 | 40 | 150 | 6 | 96 | 0.77 | 111 | 105 |
| | 夏花 | 200 | | 81 | 0.04 | 6.5 | 6.5 |
| 鳙 | 50 | 30 | 1.5 | 98 | 0.75 | 22 | 20.5 |
| | 夏花 | 50 | | 80 | 0.05 | 2 | 2 |
| 合计 | | | 72.5 | | | 580.25 | 507.75 |

说明：①鲤产量占总产 75% 以上；②由于北方鱼类的生长期较短，要求放养大规格鱼种，鲤由 1 龄鱼种池供应，鲢、鳙由原池套养夏花解决；③以投鲤配合饲料（加工成颗粒饵料）为主，养鱼成本较高；④近年来该混养类型已搭配异育银鲫、团头鲂等鱼类，并适当增加鲢、鳙的放养量，以扩大混养种类，充分利用池塘饵料资源，提高经济效益。

南方地区鲤大多作为搭养品种，主要有以下养殖方式：

以鲢为主的成鱼高产塘，肥源丰富、水质较肥或可以利用生活污水的塘，可主养鲢。放养的比例大体是：鲢占 60%，鳙不超过 10%，草鱼占 10%，鳊、鲂不超过 10%，鲤占 10%。

以草鱼为主的成鱼高产塘，水源充沛，水草、旱草资源丰富或草鱼颗粒饲料价格低且来源足的地区，可以草鱼为主。草鱼和团头鲂占 60%，鳙占 25%，鲢占 5%，福瑞鲤占 10%。

放养时间：鱼种的提早放养，是提高产量的重要措施之一。大规格鱼种一般是秋冬季或早春放养，当年夏花鱼种在 5、6 月放养。

饲养管理：单养或主养福瑞鲤时，以投喂适口颗粒配合饲料为主。配合饲料应营养全面，日投喂 2～3 次。配备增氧机增氧，以保持水质新鲜，溶氧正常。同时，每隔半个月亩泼洒生石灰 10～20 千克，以澄清水质。透明度最好保持在 25～30 厘米。

福瑞鲤当年养成商品鱼和周年养成商品鱼的养殖效益见表 2-10 和表 2-11。

**表 2-10　福瑞鲤当年养成商品鱼亩效益**

| 放养规格（克） | 尾数 | 养殖时间（天） | 存活率（%） | 收获规格（克） | 成本（元） | 效益（元） | 投入产出比 |
|---|---|---|---|---|---|---|---|
| 0.1 | 1 500 | 225 | 96.5 | 925 | 13 397 | 5 349 | 1∶1.40 |

**表 2-11　福瑞鲤周年养成商品鱼亩效益**

| 放养规格（克） | 尾数 | 养殖时间（天） | 存活率（%） | 收获规格（克） | 成本（元） | 净产值（元） | 投入产出比 |
|---|---|---|---|---|---|---|---|
| 0.1 | 2 000 | 350 | 99.2 | 800 | 15 270 | 6 950.8 | 1∶1.46 |

（5）病害防治　鱼种放养前彻底清塘消毒，鱼种入池前应检疫、消毒，每半个月池水消毒 1 次，常用药物及其用量：漂白粉 1 克/米³、敌百虫 0.50 克/米³、生石灰 20 克/米³，以上各类药物交替使用，效果较好。经常对食场进行清洁消毒，发病季节可采用药物挂袋或挂篓的方法预防鱼病。发现鱼病应及时检查确诊，对症下药。鲤易得疾病有鲤春病、孢子虫病、竖鳞病和痘疮病等。

①鲤春病：由鲤春病毒引起，发病时鱼体色发黑，呼吸缓慢，侧游，腹部膨胀，腹腔内有渗出液，眼突出，肛门红肿突出。每年春季水温上升至 13～22℃时开始流行。

【防治方法】调节水质，换出池塘中 1/3～1/2 的水体，无换水条件的池塘可以全池泼洒水质改良剂。如具有水温 30℃以上且可直接用于养殖的水源，可将池水水温调至 22℃以上，注意一次调节水温不能超过 5℃。调水后选择晴天时全池泼洒水体杀虫药物和抗病毒药物，第二天再用一次抗病毒药物。在饲料中拌入大黄（每千克鱼体重 5～10 克）、土霉素（每千克饲料 0.5～1 克）、维生素 C（每千克饲料 1～1.5 克），每天 2 次，连用 5～7 天。用药 1 周后，再将池水换出 1/2。

②小瓜虫病（又称白点病）：小瓜虫病的病原体是多子小瓜虫。多子小瓜虫身体柔软可塑，当它钻进鱼的皮肤或鳃组织内时，剥取寄生组织作营养，引起组织增生，形成脓包，肉眼可见许多小白点，同时，还产生大量的黏液引起死亡。

【防治方法】用生石灰彻底清塘消毒。

③黏孢子虫病：在我国淡水鱼中已发现的黏孢子虫包括 8 属、100 多种，

往往大量侵袭皮肤、鳃瓣，寄生在鳃表皮组织里不断生长繁殖，形成许多灰白色的点状胞囊，使鳃组织受破坏，影响鱼的呼吸机能，严重感染，使鱼致死。

【预防方法】用生石灰 125 千克/亩彻底清塘，以杀灭淤泥中的孢子；用石灰氮 100 千克/亩清塘杀灭；鱼种放养前，用高锰酸钾 500 毫克/升浸洗 30 分钟，或用石灰氮 500 毫克/升悬浮液浸洗 30 分钟，能有效杀灭 60%～70% 的孢子。

【治疗方法】用晶体敌百虫 0.5～1.0 克/米³ 全池泼洒，连用 2～3 天为一个疗程，连续使用两个疗程。治疗鲤碘泡虫病有效；用灭孢灵 1～2 克/米³ 全池泼洒，可有效防治此病。

④竖鳞病（又称鳞立病、松鳞病）：竖鳞病的病原体有人初步分离到水型点状极毛杆菌。病鱼体表粗糙，多数在尾部的部分鳞片像松球似地向外张开，而鳞片基部的鳞囊水肿，其内部积聚有半透明或含有血的渗出液，以致鳞片竖起，伴有表皮充血、眼球突出、腹部膨胀等症状。病鱼游动迟钝，呼吸困难，身体倒挂，腹部向上，2～3 天后即死亡。

【防治方法】人工扦捕、运输、放养等操作的过程中，要避免鱼体受伤；用 3% 食盐水溶液浸洗鱼体 10～15 分钟；用 5 克/米³ 硫酸铜、2 克/米³ 硫酸亚铁和 10 克/米³ 漂白粉混合液浸洗鱼体 5～10 分钟。

⑤痘疮病：鲤痘疮病是由一种疱疹病毒类群引起的病毒性鱼病。主要危害 1～2 龄鲤鱼种。一般流行季节在秋末至初冬或春季，水温在 15℃ 以下易发病。在发病期间同池其他鱼类都不感染。病鱼在发病初期，病鱼的皮肤表面出现许多乳白色的小斑点，并覆盖有一层白色黏液，随病情的发展，白包斑点的数目逐渐增多和扩大，以至蔓延至全身，患病部位表皮逐渐增厚，形成石蜡状的"增生物"。增生物可高出体表 1～2 毫米，其表面光滑，后来变为粗糙。"增生物"如占据鱼体大部分，就会严重影响鱼的正常生长，对脊椎骨的生长损害严重，出现骨软化，同时病鱼消瘦，游动迟缓，造成鱼类大批死亡。

【预防方法】鱼池用生石灰彻底清塘，以控制有病原的水体。隔离病鱼，严禁把有病的鲤运到其他鱼场或水体中去饲养；不能把病鱼作亲鱼使用。做好越冬池和越冬鲤种消毒工作，注意调节好水体的 pH，使之保持在 8 左右。

【治疗方法】将病鱼放在含氧量较高的清水中（流动的水体更好），体表"增生物"可逐渐自行脱落而痊愈。投喂三黄粉配制成药饵连喂 5 天，同时，全池泼洒 0.4 克/米³ 的二溴海因，每天 1 次。2 天为一个疗程。每 50 千克饲料加诺氟沙星 100 克配制成药饵连喂 5 天，同时全池泼洒 0.5 克/米³ 溴氧海因，每天 1 次，2 天为一个疗程。

# 第五节　团头鲂"浦江 1 号"养殖模式

团头鲂（*Megalobrama amblycephala*）又称"武昌鱼"，原产于我国长江中游一带通江的湖泊中，属于草食性鱼类。具有生长快、易起捕、适应性强和疾病少的优点，目前已成为我国重要的养殖对象。但自 20 世纪 80 年代以来，我国各地团头鲂养殖群体先后出现了种质退化、生长速度慢、性成熟早和抗逆性差等现象，大大降低了养殖效益，其养殖规模也出现了全国性萎缩。

为了解决上述问题，上海海洋大学首席教授李思发带领该校种质资源与养殖生态重点开放实验室，于 1986 年从湖北省淤泥湖引进团头鲂原种，采用传统的群体选育方法，经过 20 余年的努力，培育出了团头鲂优良品种"浦江 1 号"。它具有遗传性状稳定（多态座位比例为 5.88%，平均杂合度为 0.0258）、生长快（比原种长势快 30%）、体型好（体长/体高比为 2.1~2.2）、体色佳（鳞被珠光闪亮）、抗病力强和适应性广的优点。经全国水产原良种审定委员会审定，农业部审核确认，公布团头鲂"浦江 1 号"为适宜推广的优良品种（农业部公告 2000 年第 134 号）。自从推广养殖以来，"浦江 1 号"普遍受到各地养殖户的青睐，特别是北方地区，养殖周期缩短了 1 年，显著提高了团头鲂的养殖效益。

上海市松江区水产良种场作为上海海洋大学的产学研基地，是以团头鲂"浦江 1 号"为主的保种、选育和良种生产的水产良种场。于 2003 年 9 月 28 日通过国家级水产良种场资格验收，并于 2008 年 10 月 25 日通过国家级水产良种场 5 年复查。上海市松江区水产良种场（上海市松江区质量技术监督局备案）2010 年发布团头鲂"浦江 1 号"生产企业标准（Q/IQPI 1—2010、Q/IQPI 2—2010、Q/IQPI 3—2010、Q/IQPI 4—2010），对团头鲂"浦江 1 号"无公害亲本培育与繁殖技术、鱼苗鱼种培育和商品鱼养殖实行规范化操作。本文将详细介绍上海市松江区水产良种场在团头鲂"浦江 1 号"夏花鱼苗培育、1 龄鱼种培育、商品鱼养殖方面的无公害养殖及病害防治技术。

# 一、无公害团头鲂"浦江 1 号"1 龄鱼种培育

**1. 池塘准备**　池塘表形条件与培育夏花鱼苗相同，池塘大小以 3~5 亩为宜，水深为 1.5~2.0 米。光照充足，保水性好，进排水方便，水源充足，淤

泥少。引进水源的水质符合国家渔业水质标准。鱼种放养前池塘需杀菌消毒，一般采用浓度为 100～150 克/米³ 生石灰化水全池泼洒，或用 20 克/米³ 的漂白粉来清塘。放养前 1 周注水 80 厘米，注水口用 60～80 目筛网过滤，以防敌害生物进入。每亩施入发酵的有机肥 200 千克左右来培育天然饵料，并依据池塘大小配备增氧机。

**2. 鱼种放养**

（1）鱼种质量　所放鱼种质量应符合团头鲂鱼苗、鱼种质量标准（GB 10030—1988），且是团头鲂"浦江 1 号"亲本繁育鱼苗培育的夏花。放养时，选择体色正常、体表无伤、体质健壮、活动力强、规格整齐并进行过致病菌检疫的夏花鱼种。

（2）放养时间　夏花苗种放养时间一般在 6 月上、中旬，可采用主养和混养两种不同的养殖方式。主养每亩可放养规格为 2～3 厘米的夏花 8 000～10 000 尾，15 天后再套养规格均为 3 厘米左右的白鲢夏花 400 尾左右、花鲢夏花 200 尾左右和鲫夏花 1 000 尾左右。混养每亩放养 3 000～5 000 尾，其他鱼类混养规格均为 3 厘米左右，白鲢夏花 2 000 尾左右、花鲢夏花 1 000 尾左右和鲫鱼夏花 1 000 尾左右。

（3）苗种放养　夏花苗种放养前必须用鱼苗试水，以测定清塘药物药性是否已完全消失。选择晴好天气进行放养。若是长途运输的夏花下塘时，要注意调节温差，水温差不能超过 2℃。

**3. 饲养管理**

（1）投饵管理　放养前期可用豆粕加 50％菜饼磨成厚浆，投喂于塘边浅滩脚处（20 厘米左右深处），每天投喂量为 3～5 千克/亩。鱼苗开始上滩摄食后，可投喂鳊专用颗粒配合饲料。利用投饲机进行投喂，由于华东地区在夏、秋季以东南风为主，所以投饲机应设置在池塘的东面或南面，以防止因逆风而影响投饲距离及投饲"扇面"。投饲机应安装在木板或其他建筑材料搭建的固定"水桥"上，防止投饲机开启时振动，"水桥"应延伸至距塘埂 3 米外的池塘内；如遇顺风，饵料喷射至对面塘埂时，可在投饲机出料口上方加设挡板，降低投饵角度，缩短投饵距离。在投饵前期少量投喂，将投饲机投喂间距调至 14～20 秒/次，驯食工作完成后，逐步调整投饵量，将投喂间距调至 5～8 秒/次。同时，强化检查摄食情况，定期检测鱼体生长情况，并根据摄食、规格、天气、水温变化情况灵活掌握投饵量，每天投喂 2 次（上、下午各 1 次），日投喂量为鱼体重的 3％～5％，同时，投喂足量的瓢莎和小浮萍（品萍）。

（2）水质管理 定期检测水质，平时每周 1 次，高温季节每周 2 次。将检测结果与渔业水质标准（GB 11607—1989）相对照，如出现问题及时采取措施。池塘水体溶解氧保持在 4 毫克/升以上，透明度保持在 25～40 厘米，pH 在 7～8.5，非离子氨 ≤ 0.02 毫克/升，亚硝酸盐 ≤ 0.15 毫克/升。每周加（换）水 1 次，每次注水 30～50 厘米，高温季节换水量可达 50～80 厘米。养殖期间每 20 天全池泼洒 EM 菌 1 次，以改善水质。也可每月 1 次采用浓度为 20～25 毫克/升的生石灰，溶解后滤去残渣，全池泼洒，调节水质。

（3）日常管理 每天早、中、晚巡塘各 1 次。清晨巡塘，主要观察鱼类的活动、有无浮头和渔机设备是否正常运转，清除敌害和杂草污物；午间巡塘，观察鱼类摄食情况，便于下午调整投饵量；傍晚巡塘，主要检查有无残剩饵料和水色变化，有无浮头预兆，便于晚上做好应急措施。正确开启增氧机，做到晴天午后开，阴天清晨开，连绵阴雨半夜开，傍晚不开，浮头早开。

（4）鱼病管理 应坚持"预防为主、防治结合"的原则，每月 1 次全池泼洒 0.6 克/米³ 强氯精消毒水体，定期使用漂白粉消毒清洁食场、草台。团头鲂"浦江 1 号" 1 龄鱼种常见疾病，主要有车轮虫病、锚头鳋病和细菌性肠炎，其发病季节、症状及防治方法见表 2-12。

表 2-12 1 龄鱼种培育期间常见病害防治情况

| 病　名 | 发病季节 | 症　　状 | 防治方法 |
|---|---|---|---|
| 车轮虫病 | 5～8 月 | 鳃组织损坏 | 0.5～0.7 克/米³ 硫酸铜和硫酸亚铁合剂（5：2）全池泼洒 |
| 锚头鳋病 | 6～11 月 | 肉眼可见虫体；病鱼不安，寄生处组织发炎 | 0.2～0.5 克/米³ 灭虫精（主要成分是溴氰菊酯）全池泼洒 |
| 细菌性肠炎 | 水温 20～30℃ 时易发生 | 肛门红肿，呈紫红色，轻压腹部有黄色黏液流出，腹腔内可见肠壁充血发炎等 | 0.2～0.3 克/米³ 的二氧化氯全池泼洒，连续 2～3 次，并按每千克饲料中添加 1～2 克大蒜素，连续喂 5～7 天 |

**4. 拉网出鱼** 1 龄鱼种一般在冬季拉网起捕，拉网前 2 天可大量冲水，以增加鱼体抗逆能力，利于提高运输成活率。采用氧气包或活水车运输。

**5. 效益测算** 以较具代表性的养殖模式为例，按每亩养殖面积来计算经济效益。放养团头鲂 8 000 尾，成活率为 75% 时，收获的规格为 0.1 千克/尾，产量可达 600 千克，单价为 10 元/千克时，产值为 6 000 元；白鲢放养 400 尾，成活率为 90%，收获规格为 0.25 千克/尾时，产量可达 90 千克，单价为 6 元/千克，产值为 540 元；花鲢放养 200 尾，成活率按 90% 计算，收获规格为

0.25 千克/尾时，产量为 45 千克，单价为 8 元/千克时，产值为 360 元；鲫放养 1 000 尾，成活率为 90%，收获规格为 0.1 千克/尾时，产量为 90 千克，按照单价为 10 元/千克计算，产值为 900 元。以上所有放养品种的总产值可达 7 800 元。成本为 5 770 元/亩，其中，苗种成本 200 元，饲料成本 3 450 元，药物成本 100 元，塘租 1 200 元，人工费用 720 元及电费 100 元。

若饲料成本按每千克团头鲂和鲫的产量为 5 元计算，投喂足量的青饲料，饲料成本还可降低。人工费用按每个工人每月 1 200 元管理 20 亩水面测算。正常情况下，培育团头鲂"浦江 1 号"1 龄鱼种每亩可获利 2 000 余元。

## 二、无公害团头鲂"浦江 1 号"商品鱼养殖

**1. 池塘准备** 商品鱼养殖池面积应在 5~10 亩，水深 2.0~2.5 米。池塘以长方形、东西长、南北宽为好。进排水方便并各池独立，水源水质无污染，水源充足，并符合国家渔业水质标准。池塘底质良好，无渗水、漏水现象。塘底平坦，淤泥厚度不超过 20 厘米。池塘排干曝晒，堵漏整修后，采用生石灰和漂白粉杀灭野杂鱼、敌害生物和寄生虫等病原菌。用浓度为 100~150 克/米$^3$ 生石灰干法清塘，或用浓度为 200~250 克/米$^3$ 生石灰带水清塘。漂白粉清塘，则采用浓度为 2 克/米$^3$ 的干法清塘。放养前 1 周注水 1 米，注水口需用 60~80 目筛网过滤。每亩施入经发酵的有机肥 200~500 千克培养天然饵料。准备好增氧设备。

**2. 鱼种放养**

（1）放养时间 鱼种放养时间一般在冬季或早春，选择晴好的天气进行。

（2）放养密度 放养密度视池塘条件和养殖技术而定。主养一般每亩放养规格为 100 克左右的 1 龄鱼种 1 500~2 000 尾，塘中可搭养规格为 250 克左右的 1 龄白鲢鱼种 100 尾、规格为 250 克左右的 1 龄花鲢鱼种 50 尾左右、规格为 100 克左右的 1 龄鲫鱼种 400 尾左右，搭养鱼的比例不要超过放养总数的 30%。套养一般为每亩放养 50~100 尾。

（3）鱼体消毒 鱼种放养时用 1%~3% 食盐浸浴 5~20 分钟，或用 10~20 毫克/升的高锰酸钾浸浴 15~30 分钟，浸浴药物不得倒入养殖水体中。

**3. 饲养管理**

（1）投饵管理 所采用的饲料为鳊专用颗粒配合饵料，依据鱼体的大小选择适宜粒径的饲料进行投喂。一般 150~250 克团头鲂"浦江 1 号"投喂的饲料粒径为 2.5 毫米；250~500 克团头鲂"浦江 1 号"的适宜粒径为 3 毫米；

500 克以上团头鲂"浦江 1 号"的适宜粒径为 4 毫米。

通常采用投饲机进行投喂，投饲机的安装同 1 龄苗种培育。在养殖前期需驯化摄食颗粒饲料，采用少量投饵的方式，将投饲机投饵间距调至 11～17 秒/次。待驯化摄食工作完成后，逐渐加大投饵量，将投饲机投饵间距调至 3～7 秒/次，检查摄食情况并及时做出调整。定期检测鱼体生长情况，并适当调整投喂量。每天投喂 2 次（上、下午各 1 次），日投喂量为鱼体重的 3％～4％，同时，投喂足量浮萍（紫背浮萍）和其他青料。日投饵率可参考表 2-13。

表 2-13　团头鲂"浦江 1 号"商品鱼养殖投饲率

| 鱼体规格 | 水温（℃） | | | | | | | | |
|---|---|---|---|---|---|---|---|---|---|
| （克/尾） | 16 | 18 | 20 | 22 | 24 | 26 | 28 | 30 | 32 |
| 100～200 | 1.8 | 2.0 | 2.2 | 2.4 | 2.7 | 3.0 | 3.2 | 3.5 | 3.5 |
| 200～300 | 1.5 | 1.7 | 2.0 | 2.2 | 2.4 | 2.7 | 3.0 | 3.2 | 3.3 |
| 300～600 | 1.2 | 1.4 | 1.7 | 1.9 | 2.2 | 2.5 | 2.8 | 3.0 | 3.0 |
| 600 以上 | 0.8 | 1.1 | 1.3 | 1.5 | 1.7 | 1.9 | 2.0 | 2.1 | 2.2 |

（2）水质管理　每周检测 1 次水质，高温季节每周 2 次。主要检测水温、溶解氧、pH、透明度、氨氮和亚硝酸盐等指标，并将检测结果与渔业水质标准相对照，如有数值与其不符则采取措施立即解决。池塘正常水质指标如下：溶解氧保持在 4 毫克/升以上，透明度保持在 25～40 厘米，pH 在 7～8.5，非离子氨≤0.02 毫克/升，亚硝酸盐≤0.15 毫克/升。每周加（换）水 1 次，每次注水 30～50 厘米，高温季节换水量可达 50～80 厘米。养殖期间，每 20 天全池泼洒 EM 菌 1 次，以改善水质。也可每月 1 次用浓度为 20～25 克/米³ 的生石灰溶解后全池泼洒，调节水质。松江区水产良种场浦南分场经过上海市标准化水产养殖场改造后，建有潜流式池塘形的人工湿地。湿地底部铺设一层防渗膜，防止养殖排放水渗入地下而污染地下水源；底部上方铺有基质（又称填料），是由大小不同的砾、沙、土颗粒等按一定厚度铺设而成，具有过滤、沉淀、吸附和絮凝等作用，同时，为植物、微生物生长以及氧气传输提供了必备条件；基质上种有水生植物，也是构建人工湿地的重要组成部分，具有拦截、过滤和同化吸收污染物的作用。养殖前期湿地种植伊乐藻，高温季节种植苦草，同时为增加景观，还可种植美人蕉。养殖排放水进入人工湿地前，先经沉淀池预处理，而后再经过填料表面处往下渗流，并充分利用填料表面及植物根系上的生物膜来吸附、分解、吸收养殖排放水中的有机物，从而对养殖排放水进行了净化处理。经过人工湿地的养殖排放水又可重复循环使用，既节约了养

殖用水，又起到了环保作用。

（3）日常管理　加强巡塘，观察水色和鱼群活动情况，监测水质的溶氧、氨氮等指标，严防缺氧浮头，合理使用增氧机。

（4）鱼病管理　鱼病管理应坚持"预防为主、防治结合"的原则，每月1次全池泼洒0.7克/米$^3$敌百虫杀虫，内服2%大蒜素一个疗程杀菌（5～7天），每隔15天用浓度为0.7克/米$^3$漂白粉泼洒消毒食场、草台等场所。渔药的使用和休药期严格遵守《无公害食品　渔用药物使用准则》（NY 5071—2002），做到不乱用药、少用药。团头鲂"浦江1号"商品鱼养殖常见的疾病，主要有寄生虫病、细菌性疾病和真菌病。寄生虫病又分为车轮虫病、小瓜虫病、斜管虫病和锚头鳋病；细菌性疾病主要是肠炎；真菌病主要是水霉病。其疾病暴发的季节、症状及防治方法见表2-14。

**表2-14　团头鲂"浦江1号"商品鱼养殖期间常见病害防治情况**

| 病名 | 发病季节 | 症　状 | 防治方法 |
|---|---|---|---|
| 车轮虫 | 5～8月 | 鳃组织损坏 | 0.5～0.7克/米$^3$硫酸铜和硫酸亚铁合剂（5：2）全池泼洒 |
| 小瓜虫 | 12月至翌年6月 | 体表、鳍条或鳃部布满白色囊胞 | 3.5%食盐、1.5%硫酸镁，浸浴15分钟，或0.38克/米$^3$干辣椒粉与0.15克/米$^3$生姜片混合，加水煮沸后全池泼洒 |
| 斜管虫 | 12月、3～5月 | 皮肤和鳃呈苍白色，体表有浅蓝或灰色薄膜覆盖 | 0.5～0.7克/米$^3$硫酸铜和硫酸亚铁合剂（5：2）全池泼洒，或2.5%食盐浸浴20分钟 |
| 锚头鳋 | 常年可见，6～11月易发生 | 肉眼可见虫体；病鱼不安，寄生处组织发炎 | 0.2～0.5克/米$^3$灭虫精（主要成分是溴氰菊酯）全池泼洒 |
| 水霉病 | 2～5月易发生 | 体表菌丝大量繁殖如絮状，寄生部位充血 | 2%～3%食盐浸浴10分钟，或400克/米$^3$食盐、小苏打（1：1）全池泼洒 |
| 细菌性肠炎 | 水温20～30℃时易发生 | 肛门红肿，呈紫红色，轻压腹部有黄色黏液流出，腹腔内可见肠壁充血发炎等 | 0.2～0.3克/米$^3$的二氧化氯全池泼洒，连续2～3次，或按每千克饲料中添加1～2克大蒜素，连续喂5～7天 |
| 出血性暴发病 | 5～9月 | 体表充血、肠炎、烂鳃等 | 鱼用血立停（主要成分氰戊菊酯）0.01～0.013克/米$^3$施药3天，若病情严重，3天后再施药1次 |

**4. 拉网出鱼** 由于团头鲂"浦江1号"生长优势明显，商品鱼养殖一般到8、9月就可长到500克左右，此时便可捕捞上市。如果此前鱼池用过药，须确保已过休药期。收获时正处高温季节，操作需谨慎，可采用大水位拉网。在拉网前须停食2~3天，以利于提高运输成活率。一般采用活水车运输。

**5. 效益测算** 因套养模式较多，难以进行效益测算，所以，只进行主养模式的效益测算。若池塘中放养团头鲂1 500尾、白鲢100尾、花鲢50尾和鲫400尾时，每亩池塘面积其放养成本为2 150元。收获团头鲂675千克、白鲢142.5千克、花鲢72千克、鲫190千克时，总产值可达10 081元。成本合计为7 845元，其中，放养成本2 150元，饲料成本3 375元，药物成本200元，塘租成本1 200元，人工费720元，电费200元。其详细情况见表2-15、表2-16。饲料成本按每千克团头鲂和鲫净产量为5元计算，如投喂足量的青饲料，饲料成本还可降低。人工费按每个工人每月1 200元管理20亩水面测算，塘租以每年1 200元/亩水面测算，并包括配套设施和工具的折旧。在正常情况下，团头鲂"浦江1号"商品鱼养殖每亩可获利2 000余元。

**表2-15 团头鲂"浦江1号"放养成本计算**

| 放养品种 | 放养量<br>（尾） | 放养规格<br>（千克/尾） | 放养量<br>（千克） | 单价<br>（元/千克） | 放养成本<br>（元） |
|---|---|---|---|---|---|
| 团头鲂 | 1 500 | 0.1 | 150 | 10 | 1 500 |
| 白鲢 | 100 | 0.25 | 25 | 6 | 150 |
| 花鲢 | 50 | 0.25 | 12.5 | 8 | 100 |
| 鲫 | 400 | 0.1 | 40 | 10 | 400 |
| 合计 | 2 050 | | 227.5 | | 2 150 |

**表2-16 团头鲂"浦江1号"总产值计算**

| 放养品种 | 产量<br>（千克） | 规格<br>（千克/尾） | 尾数 | 成活率<br>（%） | 单价<br>（元/千克） | 产值<br>（元） |
|---|---|---|---|---|---|---|
| 团头鲂 | 675 | 0.5 | 1 350 | 90 | 10 | 6 750 |
| 白鲢 | 142.5 | 1.5 | 95 | 95 | 6 | 855 |
| 花鲢 | 72 | 1.5 | 48 | 96 | 8 | 576 |
| 鲫 | 190 | 0.5 | 380 | 95 | 10 | 1 900 |
| 合计 | 1 079.5 | | 1 873 | | | 10 081 |

# 第 三 章
# 现代生态养殖模式

## 第一节　人工湿地——池塘循环水生态养殖模式

### 一、技术背景

随着人类的生产及生活活动对于环境开发利用及破坏性活动造成了水体及土地资源的短缺，同时也造成了自然渔业资源的枯竭，产品的供应越来越多的依赖于水产养殖业，而水产养殖业本身也产生大量的废水，不经处理的排放进一步加剧了水产养殖用水资源的萎缩。水产品需求的加大与渔业生产能力提升困难，严重地影响到水产养殖的可持续发展，而养殖废水的净化处理及回收利用就成为解决这一问题的关键。

近年来，国内外应用于养殖废水处理的异位及原位处理的常规技术，有浮床技术、生态沟渠技术、生态护坡技术、氧化塘技术、"稻鱼共生"技术、"鱼藕共生"技术和"鱼菜共生"技术。其中，浮床技术应用于水库、湖泊、河道及池塘等水体的生态修复，起到一定的效果，但其对于池塘水质的改善能力有限，气候、植物及搭配比例对其在养殖中的应用前景影响较大，生态护坡也主要作为配套技术，生态沟渠技术依赖于沟渠植物搭配、水流速度及停留时间，净化效果波动较大，"稻鱼共生""鱼藕共生"及"鱼菜共生"技术，可以达到节水、节肥、控水的目的，但是其应用具有局域性及局限性。

人工湿地技术作为一种有效的水处理技术，从 20 世纪 80 年代开始由试验阶段进入应用阶段，按照湿地中的水流方式，人工湿地可以分为表面流湿地（surface flow wetland，SFW）、潜流式湿地（subsurface flow wetland，SSFW）和垂直流湿地（vertical flow wetland，VFC）。目前，美国更多地采用表面流湿地，约有 600 多处表面流人工湿地工程用于处理市政、工业和农业废水；欧洲、澳大利亚则较多采用潜流人工湿地工艺，丹麦、德国、英国等国家至少有200个系统在运行，整个欧洲地区已经有超过5 000个潜流型人工湿地用于污水处理。

国外人工湿地运行管理较好，其使用寿命也较长，如美国密歇根州的湿地运行达25年，法国某垂直流人工湿地运行达20年。表面流湿地具有投资少、操作简单、运行费用低等优点，但存在不能充分发挥填料和植物根系的作用、占地面积较大、水力负荷率较小、去污能力有限、易产生臭味和滋生蚊蝇等缺点；潜流式湿地具有对BOD、COD、SS去除效果好、保温性能好、处理效果受气候影响小和卫生条件较好等优点，是目前研究和应用较多的一种湿地处理系统，但是由于自身的构造，潜流式湿地存在供氧不足的缺陷，限制了脱氮效果；垂直流湿地系统中的水流兼有地表流湿地系统和潜流湿地系统的特性，硝化能力强，尤其是复合垂直潜流湿地的占地面积较小，比常规人工湿地净水效果、景观效果更好。

人工湿地引入池塘养殖的历史比较短，但是由于该技术较常规技术有着明显的优势，在养殖用水的前处理及废水循环利用方面较为实用。随着这一技术的引入，一种新型的池塘生产方式产生，即人工湿地-池塘循环水生态养殖模式（constructed wetland-pond recirculating aquaculture system），该模式将人工湿地作为净水核心与养殖池塘合理配比，构建了一种新型的生态养殖系统。该系统可有效解决养殖系统对于水体及土地资源的依赖性，有效解决养殖废水的排放问题，大大减少养殖废水排放对环境的污染，同时，循环水养殖系统内部水质稳定，有效地改善养殖环境，并可有效防止因外源性引水而造成的病害传播及污染物的引入，改善养殖品种的品质，提高水产品的食品安全性，对于促进水产养殖的可持续发展具有切实的理论及实践意义。

**1. 人工湿地-池塘循环水生态养殖模式构建的关键性技术**

（1）人工湿地-池塘循环水生态养殖模式构建流程　人工湿地-池塘循环水生态养殖模式构建过程中，主体部分为人工湿地的设计构建，然后，就是与池塘养殖系统的参数整合优化集成。其具体的构建流程见图3-1。

（2）模式中湿地与池塘面积的配比关系（$A_w/A_p$）的确定　按照人工湿地-池塘循环水生态养殖模式的定义，湿地作为净水核心参与养殖用水的循环处理过程，在选定地点构建湿地的前期过程中，首先要考虑到时建设地点的实际情况，即池塘系统养殖品种的产排污系数、湿地本身的处理能力，当然也要充分考虑湿地本身的负荷问题。

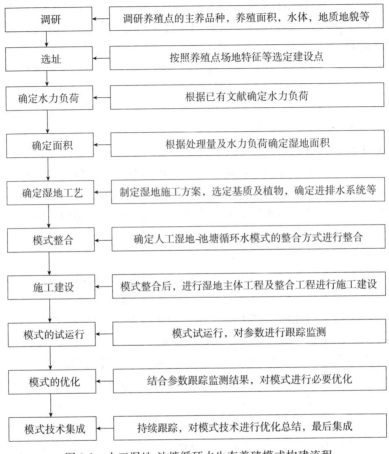

图 3-1　人工湿地-池塘循环水生态养殖模式构建流程

　　湿地面积与鱼塘面积比 $A_w/A_p$，是人工湿地-池塘循环水生态养殖模式建立过程中首先遇到的问题，也是判断和提高其运行效率的重要指标。因此，通常要尝试通过一个数学模型对系统所需湿地面积进行预测，为建设及优化系统的配置提供依据。

　　人工湿地对污染物的去除，可采用一元推流动力学模型来模拟，若忽略污染物的背景浓度，此模型可表征为：

$$C_e/C_i = \exp(-k_t) = \exp(-k\varepsilon h_w/\mathrm{HLR}) \tag{1}$$

式中　$C_i$——进水污染物浓度（毫克/升）；

　　　　$C_e$——出水污染物浓度（毫克/升）；

　　　　$t$——水力停留时间（天）；

　　　　$k$——一元去除率常数（天$^{-1}$）；

　　HLR——水力负荷（米/天）；

　　　　$\varepsilon$——湿地孔隙率；

　　　$h_w$——湿地深度（米）。

　　由于湿地的水力负荷为日处理水量与湿地面积之比，所以式（1）经变换可以得到式（2）：

$$A_w = Q\,(\ln C_i - \ln C_e)\,/\,k\varepsilon h_w \qquad\qquad (2)$$

　　式中　$Q$——每天湿地处理的水总量（米$^3$/天）；

　　　　$A_w$——湿地面积（米$^2$）。

　　在循环水养殖系统中，$Q$可由下式计算得到：

$$Q = rA_p h_p \qquad\qquad (3)$$

　　式中　$r$——养殖池塘的日换水率（天$^{-1}$）；

　　　　$A_p$——养殖池塘面积（米$^2$）；

　　　　$h_p$——养殖池塘的深度（米）。

　　将式（3）代入式（2），即可得到湿地与养殖池塘的面积比例$A_w/A_p$：

$$A_w/A_p = rh_p\,(\ln C_i - \ln C_e)\,/k\varepsilon h_w$$

　　将湿地理论水力停留时间$t$、湿地进出水中某种污染物的浓度$C_i$、$C_e$代入式（1），可以得到湿地对于这种污染物的一元去除率常数 k。而有研究表明，在一定的水力负荷范围内，一元去除率$k$与水力负荷 HLR 的幂函数有着很强的相关性。循环水养殖系统需要的湿地面积，取决于去除率常数、日循环水量、湿地和养殖池塘的深度进出水中污染物浓度等因素。对于湿地设计而言，去除率常数最为重要，而其他因素都是可控的。一般来讲，随着水力负荷的增大，去除率常数也随之增加，湿地的预测面积也就越小。但是湿地本身的水力负荷能力也是有限度的，而且过高的水力负荷会导致去除率下降、湿地堵塞等问题，并且在实际的生产过程中往往忽视了悬浮物与藻类对于湿地功能的负面影响，这些势必会影响湿地的持续功效能力及寿命。因此，在湿地设计之初要充分利用已有参数及模型，结合实际的池塘循环水的处理要求，对于湿地的面积进行初步的预测。

　　（3）湿地系统设计需要的参数　人工湿地系统同其他生态系统一样，由生物群落与无机环境构成，特定的空间内生物群落与周边环境相互作用的统一体组成了生态系统。整个系统的功能依赖于系统的结构，同样遵循能量流动与物质循环的原则。在进行系统设计时，需充分考虑到其实用性、安全性及地域性，并需要完备的设计参数，具体包括水文、基质及生物指标。

①地质条件：湿地本身要求一定的处理能力即保证出水量，那么，在湿地的构建过程中要充分调研建设点的地质条件，确定湿地底部的处理方法，以防止湿地的渗漏及湿地本身的龟裂带来无法正常循环的问题。通常情况下，湿地底部会做防渗处理，主要是用土工膜，也可以考虑混凝土整版技术。

②水文指标：湿地设计过程中，最重要的变量是水文指标，一般要求的水文指标有水深及进水周期、水力负荷、水力暂留时间、进水方式及前处理。

水深与进水周期：水深及进水周期直接影响到湿地植物的生长及分布，典型的湿地植物会表现出对于水浸的明显变化，特别是对缺氧的不同敏感性，因此，干湿交替的水周期变化非常重要，一般湿地的水深要求在 0.8 米以下，并考虑间歇性的对植物根部进行复氧。

水力负荷：湿地水力负荷，是湿地设计建设过程中优先考虑的一个问题。即单位时间单位面积多大体积的水体进入湿地才能达到理想的处理效果，同时这也是建设之初要考虑的参数。

水力暂留时间：水力在湿地中的停留时间和其处理净化效果直接相关，但是并不是直线相关，有一个最佳的水力暂停时间问题，需要在处理的过程中去摸索，同时，也可参考已有报道进行确定。

进水方式及前处理：湿地的进水方式有连续和间歇两种，这也直接影响到湿地的运行状态，通常间歇式进水有利于复氧，但是却容易堵塞，对于垂直湿地系统来讲，短暂、经常、大量投放的投配方式是有利的。另外，在水体进入湿地之前可适当增加前处理过程，主要是考虑湿地的堵塞及缺氧问题，主要是采用沉淀池及曝气池的方式进行。

③基质指标：湿地基质一般采用沙石、陶粒、砾石、鹅卵石、沸石、方解石和火山石等。也有一些新型滤料被持续开发用于湿地净水，如炉渣、钙化海藻和浮石层土壤等。多种滤料也常被搭配应用，以增加湿地的处理效果。

除新型滤料的开发外，天然滤料的改性技术也被广泛研究，以增加其吸附性、通透性及滤化效率。主要改性的方法，有酸处理、碱处理、热处理、离子交换、表面改性、骨架改性和微波处理等。通过改性天然滤料的除污能力，得到不同程度的改进。

作为过滤的基质，应满足以下要求：要有足够的机械强度；具有足够的化学稳定性；外形接近球形，表面积大，吸附力强。除上述要求外，基质在湿地中的深度，也要充分考虑到植物的生长问题，不宜过深，否则植物的根部无法到达底部，一般为 0.6 米左右。

④植物指标：植物在人工湿地处理废水中的污染物扮演着重要的角色，其作用主要有：直接吸收利用废水中可利用态的营养物质，吸附和富集重金属和一些有害物质；为根区好氧微生物输送氧气；增强和维持介质的水力传输。

目前，湿地植物的选择趋于多元化，常用湿地植物有芦苇、菖蒲、香蒲、美人蕉、席草、大米草、水花生、水葱和灯心草等。而像木本植物红树林、两栖榕等也被用作湿地植物。植物的选择过程中，除重点考虑去污能力外，景观效果、经济价值及环境适应性等也都被作为重要的参考因素。

另外，多种植物的搭配，也成为进行湿地植物选择时参考的重要方面。原因是：①不同湿地植物对于 N、P 等废物的吸收能力存在差异，合理的搭配可取长补短，使湿地的净化能力优化增强；②植物的生命过程及周期不同，合理利用植物生命周期的时间差，保证湿地的长久运行；③单一植物不易保证湿地生态系统的稳定性，也直接影响到湿地的寿命。已有研究表明，湿地植物合理搭配，比单一植物净水能力更加有效且稳定。

**2. 人工湿地-池塘循环水生态养殖模式实例** 已有的国内报道较早的人工湿地-池塘循环水生态养殖模式，由中国科学院水生生物研究所 2004 年春季建成于该所在武汉官桥的养殖基地。由池塘、湿地水处理单元、曝气池和水道组成。湿地水处理单元由两组（Wa 与 Wb）并联的复合垂直流人工湿地（integrated vertical flow constructed wetland，IVCW）构成，总面积 320 米$^2$，每组湿地由串联的 2 个池（10 米×8 米×0.8 米）组成，分别称为下行流池和上行流池。其中，Wa 湿地下行流池种植红花美人蕉和水竹，上行流池为在收集管上铺垫一层沙土后种植绿色草皮；Wb 湿地下行流池种植黄花美人蕉和水竹，上行流池种植香蒲、菖蒲、风车草和剑麻。湿地中基质由粒径不同的沙石组成。养殖池塘循环水通过 UPVC 管均匀布于下行池表面，经过湿地处理后由上行池表面的 UPVC 管收集形成出水。湿地出水首先进入曝气池（2.3 米×1.5 米×1.3 米），由空气压缩机进行曝气复氧后进入水道。水道（60 米×0.5 米×0.25 米、坡降 0.5%）将湿地出水循环流入池塘，内布鹅卵石，起到一定的复氧作用。系统中共有 5 口池塘（P1～P5），其中，P1～P4 为养殖塘，P5 为补水塘。池塘近椭圆形，各塘面积均为 200 米$^2$，水深 1.2 米，P1 为水泥底，P2、P3、P4 为泥底，池壁砖混结构。塘一端布设功率为 25 千瓦的水泵 1 台，另一端设循环水的入口。P2、P3、P4 塘在水泵处接三通，当池塘溶氧低时，开启水泵，转换三通开关让池塘水直接在池内循环，起到搅动水体、曝气增氧的作用。另配有 1 台功率为 1.5 千瓦的空气压缩机，为养殖池塘做应急充氧用（图 3-2）。

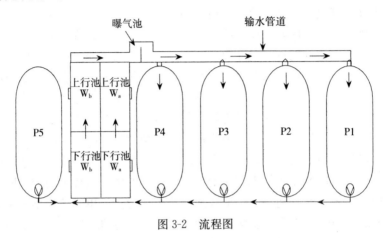

图 3-2　流程图

整个模式的运行从 2005 年 6 月 12 日开始，至 10 月 30 日结束。运行过程中湿地的水力负荷为 420 毫米/天，运行结果显示，总悬浮固体物（TSS）平均去除率达到 85%，总氨氮、亚硝态氮、硝态氮和总磷的去除率分别为 53%、83%、54% 和 89.1%。而且模式下主养品种黄颡鱼在养殖容量、控制病害、成活率以及鱼体生长速度等方面，均优于常规池塘养殖。该模式作为较为成功的模式，凸显了其实际使用价值，而且还在不断地优化。

基于上述的人工湿地-池塘循环水生态养殖模式，大宗淡水鱼华东养殖岗位在中国水产科学研究院淡水渔业研究中心大浦实验基地，于 2012 年 11 月建立了一套人工湿地-池塘循环水生态养殖系统，摸索这种模式在大宗淡水鱼生态健康养殖过程中的应用效果及前景。模式具体建成及运行状况的相关研究工作如下：

（1）人工湿地-池塘循环水生态养殖系统的整体规划　以上行-下行复合潜流湿地作为循环净化系统，以长江下游常规养殖鱼类（团头鲂、鲫、鲢、鳙、草鱼）作为主养品种建立精养池塘，湿地设计规划建设了日处理能力为 100 吨的复合人工湿地，构建了人工湿地-池塘循环水养殖模式。整体规划图见图 3-3。

（2）模式循环主体-人工湿地的规划建设　2012 年 11 月，开始湿地建设，湿地主体由上行-下行垂直潜流湿地复合而成。建设过程主要分 3 步：①利用混凝土整板技术建设湿地池体部分，铺设管道，并根据进水量打孔后布置在池

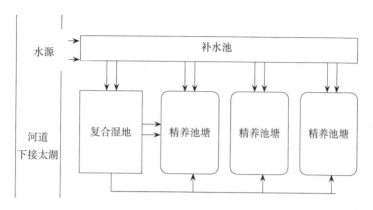

图 3-3　人工湿地-池塘循环水生态养殖系统

底，用青石管道保护；②填充滤料，滤料共 3 层，由下向上依次为直径 8～10
厘米大鹅卵石、4～6 厘米小鹅卵石和 2～4 厘米生物陶粒；③种植再力花、美
人蕉和梭鱼草等湿地植物。2013 年 6 月，植物根系基本固定正常生长后，复
合湿地投入试运行，湿地运行采用阀门控制，处理流程为沉淀池-调节池-上行
湿地-下行湿地-预警池-清水池（图 3-4 至图 3-7）。

图 3-4　池体建设及管道铺设

图 3-5　滤料填充

图 3-6　生物陶粒填充

图 3-7　植物种植

（3）模式下大宗淡水鱼池塘放养情况　精养池塘的放养模式采用团头鲂为主，混养异育银鲫、鲢、鳙和草鱼的模式（表 3-1）。

表 3-1　鱼种放养情况

| 品　种 | 规格（克/尾） | 放养量（尾/亩） |
|---|---|---|
| 团头鲂 | 80～90 | 2 900 |
| 异育银鲫"中科 3 号" | 60～70 | 400 |
| 鲢 | 160～170 | 250 |
| 鳙 | 120～130 | 60 |
| 草鱼 | 60～70 | 10 |

（4）模式下循环水工艺流程　复合湿地的水处理工艺流程，分为外源性取水和内源性循环利用两个部分，处理流程图见图 3-8。

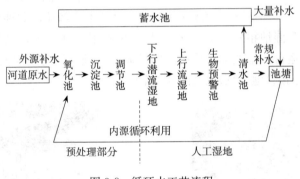

图 3-8　循环水工艺流程

①外源取水：渔场水源取自与太湖相连的河道，水体首先进入湿地前端的氧化池内（氧化生物处理），经调节池、初沉池（过滤、沉淀）进入湿地主体处理，然后进入生物预警池（监测、预警），随后进入清水池内经检测后，由水渠管道进入池塘或蓄水池。

②内源循环利用：直接从养殖池塘内取水，进行处理，由水渠管道进入池塘。

（5）人工湿地-池塘循环水生态养殖模式运行效果监测及评价　从 2012 年 12 月起，开始对团头鲂精养池塘的水质情况进行了年度监测工作，为模式运行提供参考。监测结果显示，6 月，精养池塘内总氮上升迅速，湿地植物根系固定；6 月底，复合湿地开始直接连接池塘投入试运行；7～8 月，湿地满负荷运行，每天处理能力 100 吨，每天运行 8～10 个小时；8 下旬，总氮下降了 87.6%；9 月，随着饲料投喂量的增加及持续高温，总氮升高；9 月下旬，总氮回落。$NH_3-N$ 及 $NO_2^--N$ 同时在 8 月出现高峰，9 月下旬开始降低（表 3-2）。

**表 3-2　池塘循环水生态养殖模式运行效果监测**

| 指标 | 6 月下旬 | 7 月下旬 | 8 月下旬 | 9 月中旬 | 9 月下旬 | 10 月中旬 |
|---|---|---|---|---|---|---|
| T（℃） | 29.1 | 32.1 | 27.8 | 28.2 | 22.5 | 24.0 |
| pH | 8.04 | 7.78 | 7.33 | 7.44 | 6.59 | 6.45 |
| DO（毫克/升） | 5.20 | 3.05 | 3.19 | 4.31 | 3.54 | 3.59 |
| TP（毫克/升） | 0.289±0.015 | 0.329±0.008 | 0.198±0.027 | 0.210±0.026 | 0.417±0.012 | 0.360±0.003 |
| TN（毫克/升） | 8.550±0.068 | 9.774±0.072 | 1.213±0.174 | 4.634±0.054 | 1.339±0.065 | 1.272±0.027 |
| $NH_3-N$（毫克/升） | 3.897±0.043 | 1.142±0.209 | 2.465±0.153 | 1.564±0.056 | 0.910±0.045 | 0.508±0.085 |
| $NO_2^--N$（毫克/升） | 0.237±0.008 | 0.897±0.022 | 2.544±0.043 | 0.039±0.003 | 0.147±0.029 | 0.038±0.003 |

①人工湿地的净水效果：湿地的处理能力为 100 吨/天，每天的处理量约占池塘总体水量的 1/30，经复合湿地净化后，可达到Ⅲ类水，复合湿地对于 $PO_4^{3-}-P$、$NH_3-N$、$NO_2^--N$ 三种物质的去除效果明显。

②池塘的水质状况：7 月下旬，池塘总氮出现了峰值，湿地开始满负荷运行；8 月下旬，总氮下降了 87.6%，确保了高密度养殖，尤其是在气温持续异常升高的情况下，整个养殖小区的水质稳定。

（6）放养模式成活率及效益分析　鱼体生长、健康状况及存活状况：3 月下旬放养鱼种。10 月初的采样结果显示，主养品种团头鲂的规格达到 450～500 克/尾，结合每月取样，鱼体健康状况良好，无寄生虫。混养鱼类除 10 月初少数异育银鲫出现锚头鳋，其他品种未见寄生虫及病害现象。养殖期间，鱼类死亡数为 27 尾，主要是鲢，原因是缺氧。

塘口面积约为 5 亩，养殖期间塘口平均水深为 1.5～1.6 米。12 月出塘，投入产出情况具体见表 3-3。

**表 3-3　养殖成本与效益表**

| 项　目 | 团头鲂 | 鲫 | 鲢、鳙 | 草鱼 |
|---|---|---|---|---|
| 产量（千克） | 6 433 | 685.4 | 1 214.8 | 79.5 |
| 均重（千克） | 0.475 | 0.412 | 0.883 | 1.728 |

（续）

| 项　目 | 团头鲂 | 鲫 | 鲢、鳙 | 草鱼 |
|---|---|---|---|---|
| 总尾数 | 13 544 | 1 664 | 1 376 | 46 |
| 放养量（尾/千克） | 14 500/1 160 | 2 000/120 | 1 550/236 | 50/3.6 |
| 成活率（%） | 93.4 | 83.2 | 88.8 | 92.0 |
| 塘口价（元/千克） | 9.4 | 10.6 | 5 | 12 |
| 收益（毛利）（元） | 60 470.2 | 7 265.24 | 6 074 | 954 |
| 总投入（元） | 饲料＋电费＋鱼种＋渔药＋人工＝45 000（9.375吨）＋6 000（增氧机/水泵）＋6 900＋150＋4 000（亩均800元）＝62 050 | | | |
| 总产量/净利润（千克/元） | 8 412.7/12 713.44 | | | |
| 亩产/利润（千克/元） | 1 682.54/2 542.688 | | | |
| 饵料系数（鳊/鲫） | 1.61 | | | |

　　整个塘口亩均产量为1 682.54千克，亩均净利润2 542.688元，饵料系数约为1.61。

　　（7）模式存在的问题及优化方案的确定　选择了再力花、美人蕉、梭鱼草3中水生植物作为湿地植物（图3-9至图3-11）。美人蕉前期长势良好，后期出现烂根现象，植物生长季节已过去，等翌年进行统一更换；梭鱼草与再力花生长旺盛，但梭鱼草出现虫害，持续时间短，人工捕捉，没有用药。

图3-9　再力花　　　　　图3-10　美人蕉　　　　　图3-11　梭鱼草

　　藻类堵塞：因为大浦科研实验基地水源连接太湖，藻类比较丰富，尤其是蓝藻，这就可能存在潜在风险和隐患：大量藻类进入湿地系统增殖，造成系统堵塞；藻类衰亡期在系统中死亡、腐烂，易造成水质恶化及湿地系统厌氧和堵塞；由于藻类含有藻毒素，对鱼类生长有抑制作用。针对上述问题制订了优化方案：将原有沉淀池划分为3个功能区，即混凝反应区、混凝沉淀区及强化曝气区；调整混凝沉淀区出水位置及标高，将原有底部出水孔封闭，采用溢流跌水方式出水，并在隔墙顶部设置过滤网，拦截可能残留的漂浮物质。通过进一步优化湿地处理工艺，完善人工湿地-池塘循环水养殖模式。

**3. 结论**  人工湿地-池塘循环水生态养殖模式可有效处理养殖用水中的主要污染物，如 TSS、CODcr、BOD$_5$、TAN、NO$_2$-N、NO$_3$-N 等。能够满足水产养殖用水的要求，与常规循环水养殖系统相比，具有净化能力多元化、低能耗和维护管理方便等优点。作为一项有效的水处理技术，用于水产养殖用水的净化回用和无污染排放，可有效地改善养殖环境，防止因外源性引水而造成的病害传播及污染物的引入，改善养殖品种的品质，提高水产品的食品安全性，对于促进水产养殖的可持续发展，具有切实的理论及实践意义。

# 第二节  "生物浮床＋生态沟渠"技术在精养池塘水质改良中的应用

随着我国国民经济建设的高速发展，水环境污染已经严重影响到水产养殖用水安全。而另一方面，有研究表明，目前池塘养殖普遍采用"高投入、高产出"的养殖模式，投入饲料中的氮，被鱼类吸收利用的约为49%，而有51%的氮通过不同的方式滞留在池塘的水和底泥中。进而导致了养殖水体的富营养化，影响鱼类生长，引发病害，用药增加，导致水产品药物残留等质量安全问题；养殖废水的排放还会产生环境污染。俗话说"养鱼先养水"，探索一种没有二次污染、成本低廉、简单易行的养殖水质修复技术，成为水产养殖业可持续发展的关键。生态沟渠＋生物浮床养殖水质修复技术，便是在这种背景下应运而生。

## 一、"生物浮床＋生态沟渠"净水技术及改良水质的原理

**1. 生态沟渠**（ecological ditch）  在输水沟渠中，通过架设生物浮床、移植高等水生维管束植物及螺、蚌类等底栖滤食性动物等措施，构成具有自身独特结构并发挥相应生态功能的沟渠生态系统。池塘养殖废水引入生态沟渠后脱离了原来的池塘，故称为"异位修复"。

**2. 生物浮床**（biological floating bed, artificial floating raft）  利用有机或合成材质制作成一定形状的载体，漂浮于水面，其上栽植植物，通过植物根

系的吸收、吸附作用和物种竞争相克机理，削减水体中的氮磷及有机、有毒物质、净化水质。这种修复过程在池塘中进行，因此称为"原位修复"。

利用生态沟渠修复水质，通常在池塘养殖废水引入沟渠后，立即加注新水，因此，可以迅速降低池塘废水浓度，为鱼类生长创造一个良好的生长环境。此外，养殖废水在生态沟渠修复后，可以循环利用，提高了水的利用率，节约了水资源。原位修复虽然达不到异位修复那样"立竿见影"的效果，两者结合可以达到水的循环利用，节约水资源，可使池塘水质保持相对良好的状态（图 3-12）。

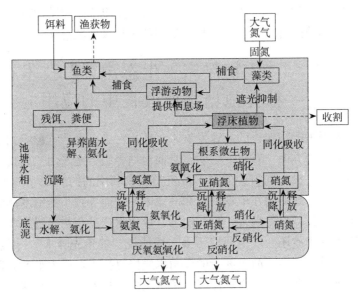

图 3-12　水生植物净化水质机制示意图

无论是生态沟渠还是生物浮床，主要通过以下途径达到净化水质的作用：

（1）沟渠生物和浮床生物的移入，增加了沟渠和池塘的生物多样性，提高了水体生态系统的稳定性。

（2）通过植物和土壤截留、吸附，降低水体中悬浮物的浓度。

（3）植物在生长过程中，通过吸收，降低水体和底泥中的氮、磷等营养元素含量和氨氮等有害物质浓度。通过收获浮床植物，以植物产品形式将 N、P 等营养物质以及吸附在根系表面的污染物质移出养殖池塘。

（4）浮床植物根系通过吸附和絮集等作用可形成根系微生态环境，根系表面的微生物对水体中的有机污染物和营养盐进行分解和利用。

（5）底栖动物和浮游动物通过摄食，消除水体中的浮游植物、细菌和有机碎屑。

（6）使水体中的富营养化物质大幅度减少，达到改良水质、修复池塘水生态环境的目的。

## 二、生态沟渠构建

**1. 养殖场沟渠布局** 新建养殖场在规划建设时，应做到进排水渠道独立，严禁进排水交叉污染，防止鱼病传播。设计规划养殖场的进排水系统还应充分考虑场地的具体地形条件，尽可能采取一级动力取水或排水，合理利用地势条件设计进排水自流形式，降低养殖成本。现有养殖场进排水系统通常只具有进水和排水的功能，为了适应净化水质的目的，应对现有沟渠进行适当的整修，特别是沟渠生物群落的改造。

**2. 生态沟渠整修** 进水渠道由进水总渠逐级分支为进水渠和进水支渠。总渠应按全场所需要的水流量设计，总渠承担一个养殖场的供水，进水渠有总渠发出向一个养殖区的供水，进水支渠从进水渠发出至每口池塘。各级进水渠大小应满足水流量要求，保持水流畅通。理想的排水系统应分为排水涵管、排水渠和排水总渠。平原地区的养殖场，多为利用湖汊或低洼田建成，排水渠和排水总渠自然水位较高，排水涵管难以发挥自流排水的作用。多数养殖场采用动力提排，特别是平原地区的养殖场，排水渠与进水渠实际上是共用。

（1）进水渠沟渠改造 进水沟渠通向养殖场外部水源，承担整个养殖场用水供应。根据养殖场池塘面积和用水量，按照一定深度、宽度和坡比，将沟渠的两堤与沟底整平即可。如土质松软需要护坡，可在两堤坡面水下1米以下用水泥预制板，水下1米以上至堤面用水泥镂空预制块，以利于湿生和陆生植物的生长，增加生物多样性。

（2）排水渠的改造 根据养殖场池塘面积和排水量，按照一定深度、宽度和坡比将沟渠整修，为了尽可能为植物生长创造空间，提高修复效果，堤坡可不必硬化。排水渠分为沉淀渠和净化渠两部分。沉淀渠设在远离沟渠出口一端，约沟渠全长的1/5，其余部分为净化渠。两者之间可建一低于水面20~30厘米的低坝。低坝坝面密集种植挺水植物，起到拦截浮渣的作用。沉淀渠主要作用是接纳池塘排出的养殖废水，沉淀废水中的泥浆和其他悬浮物。净化渠的主要作用是，消除废水中 N、P 和其他有害物质（氨氮、亚硝酸盐、硝酸盐）。

针对多数养殖场的进排水系统没有严格分开的实际情况，在沟渠改造中，应在排水渠与进水（总）渠之间建设控制闸门，避免净水与养殖废水混杂。

**3. 沟渠生物群落构建**　构建沟渠生物群落的目的是，利用生物对水体中营养物的吸附、吸收与转换，并以植物等产品的形式将过剩营养物质移出水体，起到改良水质、提高生物多样性、美化景观和保护水环境生态。采用自然形成和人工移植相结合方法构建生物群落。

（1）沟渠整修后，经过一段时间，在渠底和堤坡上不同部位会形成当地原有沉水植物、湿生植物、陆生植物，螺、蚌等的水生和陆生动植物群落。堤坡上生长这些"土著"动植物通常适宜当地环境，生命力强，生长旺盛。

（2）当自然形成的生物群落结构不理想，应人工移植生长旺盛或具有观赏性的多年生植物。如在渠底移植苦草，在堤坡水下部分移植茭白、水葱、水芹、慈姑和香蒲等挺水植物，陆上部分种植花叶芦竹、再力花、美人蕉等观赏性植物。

（3）为了强化沟渠的净水功能，当渠底底栖动物密度小时，移植当地自然分布的螺类和三角帆蚌，使其达到较为理想的密度。水面架设生物浮床（岛），水层中吊养珍珠蚌。

（4）生态沟渠在运行期间，应定期清除杂物，检查沟渠生物生长情况，发现病害及时防治。防治用药应符合 GB3301/T007.1 的规定。每年冬季对沟渠植物进行一次修整。

通过上述改造，形成立体的消除水体中营养物的生物群落。

# 三、生物浮床的制作与架设

## 1. 生物浮床的制作与安装

（1）生物浮床的制作　生物浮床由浮床床体、浮床床架和保护网箱三部分组成（图 3-13）。

①浮床床体：通过自身浮力或借助其他方式浮于水面的一个平面体，类似于养殖网箱的盖网，用于固着浮床植物。床体可以是心形、花朵形等多种形状，在净化水质的同时还具有美化环境的作用。制作材料包括温室种植经济植物的有孔泡沫塑料板、可固定培养钵的刚性网格架、四周有挡板的实心薄板等。

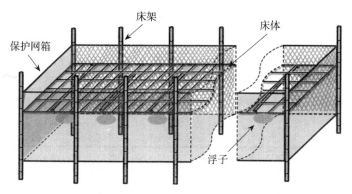

图 3-13　生物浮床结构示意图

　　在养殖池塘架设的生物浮床，其主要功能是净化水质，为了便于采收植物，通常采用宽度 2.5～3 米的长条形，长度则依池塘宽度而定。长条形的优点是便于：空气与水体之间不会产生大面积阻隔；制作简单，经济实用。采用废弃的渔用网片（网目 4～10 厘米），四周穿上纲绳，便于架设即可，不仅与其他材料制作的床体具有同样的效果，还达到废物利用和节省费用的目的。

　　②浮床床架：用于固定浮床床体，类似于养殖网箱的框架，有刚性和柔性两类。刚性框体用钢管、PVC 管、毛竹制作成与床体同样的大小和形状，床架周围每隔 1.5 米捆扎 1 个 1.75 升密封饮料瓶或 1 个直径 15 厘米的塑料泡沫浮球，使其可以漂浮在水面之上；柔性框体需在浮床床体四周各边装配上纲绳，并在床体周围装配浮力，使其浮于水面后用锚固定好，或直接固定在插在池底的竹竿上。

　　③保护网箱：由边网和底网组成，制成顶端开口的长方体网箱结构，其性状和大小与浮床床体长度和宽度一致，高度 1.0 米。网目大小以能够防止养殖鱼类进入箱内为准，通常网目为 2 厘米的网片即可，不宜过密。设置保护网箱的目的是，为了防止草鱼、团头鲂等草食性鱼类啃食浮床植物的根茎，在未套养草食性鱼类的池塘中可不设外层网箱，其操作更简易，成本更低。

　　（2）生物浮床的安装　在岸上用纲绳将床体、床架和保护网箱缝合在一起，保护网箱的上缘高出床体 0.25 米左右。

　　根据池塘水质、放养鱼类的数量，确定架设生物浮床的面积（表 3-4）。预先设计好生物浮床架设位置，生物浮床架设位置离池塘岸边距离不少于 2 米，不提倡沿池塘岸边架设。生物浮床的放置位置，以不干扰投饵机和增氧机使用为宜。

表 3-4　池塘鱼产量与浮床面积关系

| 鱼产量（千克） | 浮床覆盖率（%） | 浮床面积（米²） |
| --- | --- | --- |
| 750 | 7.5～8.0 | 51～54 |
| 1 000 | 10～12 | 67～80 |
| 1 250 | 12～15 | 80～100 |
| 1 500 | 20 | 133 |

①刚性框架浮床的安装：按照设计位置摆好，箱体四周用木桩固定，或箱体两端用纲绳固定于池堤即可。以 3 米为距，通过床体下部，在两侧框架之间架一横杆，防止床面过度下垂。对箱体进行整理，使浮床床体与池塘水面平，保护网箱边缘高出水面 0.25 米左右。

②柔性框架浮床的安装：将箱体置于池塘，在设计放置位置的两端，按照箱体长度各固定一竹（木）杆，将箱体一侧的纲绳固定于竹（木）杆，拉紧绷直捆扎好。沿纲绳，以 3 米为距将竹（木）杆固定于池底，再将网箱系于竹（木）杆，注意保持纲绳在一条直线上。以箱体宽度为基准，同样地完成另一侧的固定安装。注意保持纲绳在一条直线上，并与另一侧纲绳平行；两侧竹（木）杆处于对应位置。通过床面底部，在两侧竹（木）杆之间架一竹（木）杆，将该竹竿的两端水面处固定于两侧固定竹（木）杆上，使其与水面平行，防止床面过度下垂。对箱体进行整理，使浮床床体与池塘水面平，保护网箱边缘高出水面 0.25 米左右。

**2. 浮床植物的选择与育苗**

（1）植物品种选择　可用于浮床栽培的植物达 130 余种，大致上可以归为水果蔬菜类、观赏花卉类和经济作物类。种植浮床植物的主要目的是，利用植物消除水体中过剩的营养物质。因此，选择浮床植物的首要标准是，生长速度快，长势茂盛；分蘖力强；根系发达，吸收能力强；适合水培和当地气候适宜环境。次要标准是，具有一定经济价值和观赏性植物的种植。水蕹菜（俗称空心菜或竹叶菜），具备喜湿耐热、生长迅速、经济易得等优点，在华中地区一般选定水蕹菜中的大叶白梗品种作为养殖池塘浮床植物。

（2）浮床植物育苗　浮床植物需要在陆地将种子培育至一定规格的幼苗后，再移植到浮床中。华中地区的播种期一般在 4 月中下旬。育苗前就近选择较肥、平整、水源便利、不积水的地块作为育种场地。播种前深翻土壤，施足基肥，每亩施腐熟有机肥2 500～3 000千克，与土壤混匀后耙平整细。播种可采用露地直播的方式进行条播或点播，行距25～30厘米，穴距15～20厘米。每穴点播3～4粒种子；播种后随即浇水，覆盖塑料薄膜增温、保湿，期间要早晚浇水，待幼苗出土后把薄膜撤除。

育苗床面积根据需苗量，在移植密度和单位面积鱼苗量一定的情况下，可根据浮床面积估算育苗床面积。表3-5是移植密度15株/米²、育苗密度100株/米²时，育苗床面积与浮床面积的关系。

**表3-5　育苗床面积与浮床面积的关系**

| 浮床覆盖比例（%） | 浮床面积（米²） | 育种床面积（米²） |
|---|---|---|
| 7.5 | 50 | 7.5 |
| 10 | 67 | 10 |
| 15 | 100 | 15 |

（3）浮床植物移栽　土培水蕹菜生长30～40天（茎长≥20厘米）后适合移栽。将植株插入浮床床体的稀网中，保持植物根系在水面以下。水质较肥、饲料投入较多的池塘，水蕹菜移栽株距为25厘米×25厘米，用苗量约为0.2千克/米²。移栽密度，可以根据池塘水质肥瘦和饲料投入情况进行调整。移栽时间一般在4月下旬或者5月上旬移栽到浮床上，浮床上的种植时间可以一直延续到10月下旬。

（4）生物浮床的管理　移植初期避免植物根系离水，暴露在空气中。当水体较"瘦"时，在水蕹菜移栽数日后，内层浮床基质上可能出现较多的青苔（即"水绵"）。青苔会阻塞网孔，造成晴天午时床体上浮，致使水蕹菜生长瘦弱或晒死。解决方案：当青苔发生量不多时，可以通过适当肥水解决；当青苔过量繁殖、明显影响水蕹菜生长时，可在晴天9：00～10：00，每平方米浮床用0.75克的硫酸铜溶解后泼洒（不宜喷洒）杀灭，泼洒后十几分钟左右即可见效。

移栽时，如果池塘水质较瘦，造成植株生长缓慢，可喷洒叶面肥。具体做法是：按每平方米氮：磷：钾为15克：6克：10克的比例，充分溶解于1 000克水后，喷洒于叶面。每天9：00左右喷洒1次，雨天停止喷洒。

定期检查浮床生物生长情况，防治鱼类啃食植物根系；发现病害及时防治，防治用药应符合GB3301/T007.1的规定。

适时采收，是水蕹菜高产、优质的关键。当水蕹菜水面以上茎长达25厘米以上时，即可采收。第1～2次采收时，茎基部要留足2～3个节，以利采收后新芽萌发，促发侧枝，争取高产；采收3～4次之后，应对植株进行1次重采，即茎基部只留1～2个节，防止侧枝发生过多，导致生长纤弱缓慢。每次采收后，尽可能将枯枝、残叶捞除，无害化处理，详细记录采收日期和采收量以及处理方式。

当气温下降，浮床植物开始凋谢时，撤除保护网，让池塘中的草食性鱼类摄食浮床植物。当所有浮床植物被鱼类摄食完后，撤除浮床，清洗、晾干、保存，备翌年使用（图3-14）。

### 3. 循环水运行管理

（1）原水应达到 GB 11607 要求，进入进水总渠后应经过净化，达到 NY 5051 标准后，由水泵抽提经进水支渠进入池塘。净化时间根据原水水质确定。

（2）当池塘水质过肥需要换水时，关闭排水渠与进水渠之间的节制闸，废水进入净水生态沟渠沉淀池，并向池塘内加入等量净化水。

图3-14 生长茂盛的浮床植物

（3）进入沉淀池废水通过沉淀后进入净化池，在净化池滞留一定时间后（净化时间因废水污染源强而异），达到养殖用水标准，开启节制闸，净化后的水进入进水总渠，循环使用。

（4）如此往复，达到养殖废水的净化和循环利用。在整个养殖过程中，只补充因蒸发等损失的水量，不向外界排放养殖废水。

### 4. 修复效果

在湖北省公安县崇湖渔场，进行了"生态沟渠＋生物浮床"水质修复技术的研究和示范。根据多年监测的数据，该技术具有以下优点：

（1）生态沟渠丰富了高等植物生物多样性，提高了环境稳定性 生态沟渠高等植物种类，水泥硬化沟渠7科7属7种，自然沟渠7科23属24种；泥硬化沟渠高等植物种类最大生物量为391.00克/米$^2$；自然沟渠为4008.08克/米$^2$。自然沟渠的水生植物种类较多，生物多样性丰富，群落结构相对稳定。

（2）生态沟渠有些降低氮/磷含量，水质修复效果显著 养殖废水中总氮和总磷含量分别为 1.97 毫克/升和 0.43 毫克/升,经生态沟渠净化后的总氮和总磷含量分别为(0.97±0.32)毫克/升和(0.13±0.06)毫克/升,总氮和总磷消除率分别达到 50.76% 和 69.77%。净化后水体中总氮和总磷含量均低于《国家地表水环境质量标准》(GB 3838)规定的 1.00 毫克/升和 0.20 毫克/升。表明自然沟渠的水生植物丰富,净化水质效果显著。

(3)生物浮床对悬浮物具有显著的吸附作用,显著提高水体透明度　浮床植物根系生物群落加速了根系附着物的降解,检测结果显示,生物浮床池塘中浮游植物和浮游动物 Shannon-Wiener 指数分别介于 1.39~1.62 和 0.50~1.95,大于对照塘的 1.16~1.48 和 1.08~1.45。浮游植物密度和生物量分别为 247.68~1133.31(×10⁴ 个/升)和 3.07~10.83 毫克/升;浮游动物密度和生物量分别为 72~708.11 个/升和 0.41~1.69 毫克/升,均显著低于对照塘。每平方米生物浮床,可吸附(400.94±199.85)克悬浮物(干重),试验池透明度显著提高,对减少沉积物产生有积极意义。

(4)生物浮床有效降低水体营养物和有害物质含量　对池塘 $NO_2^-$-N、$NO_3^-$-N、TN、$PO_4^{3-}$-P、TP 和 chl-a 的去除率,分别为 41.7%、25.2%、24.7%、75.3%、49.7% 和 24.1%。降低水体富营养化水平水蕹菜浮床,能有效地降低池塘水体中氮、磷水平。

(5)显著降低鱼病发生和用药量　通过生物浮床的生态调控作用,养殖鱼类的抗性能力增强,苗种成活率提高约 3% 以上,鱼种出塘规格提高,鱼病发生率下降,渔药用量减少约 40%。

(6)有效控制养殖废水的排放　养殖过程中只补充因蒸发等损失的水量,不向外界排放养殖废水。

(7)提高鱼类成活率和生长速度,具有显著的增产增收效果　吃食性鱼类的产量增加约 20%。浮床池塘中的吃食性鱼类产量增加,增重倍数显著高于对照池塘;食用鱼成活率为 92.2%,显著高于对照池的 87.7%;试验池摄食人工饲料鱼类的增长倍数,显著高于对照池;试验池的利润为 3757.51 元/667 米²,是对照池的 1.74 倍。

综上所述,生物浮床在精养鱼池的应用中,具有净化水质、平衡藻相、降低养殖风险、提高鱼类成活率和增长率、提升鱼类能量转化效率和增加养殖收益的作用,在水产养殖业中具有良好的应用前景。本项技术已经在湖北省的十几个县市及天津、重庆、黑龙江、甘肃、新疆、湖南、江西等地区示范推广。

# 第三节　鲤池塘"生物絮团"生态养殖模式

　　鲤池塘"生物絮团"生态养殖模式，是在鲤传统池塘养殖技术基础上，采用"生物絮团"技术调控水质，并利用微孔增氧设备和叶轮式增氧机相结合的方式科学增氧，以此建立的一种节水、减排、健康和高效的池塘生态养殖模式。

　　"生物絮团"技术是在养殖水体氨氮含量高时，通过人为添加碳源调节水体碳氮比，促进水体中异养细菌大量繁殖，利用细菌同化水体中的无机氮，将水体中氨氮等有害氮源转化成菌体蛋白，并通过细菌将水体中的藻类、原生动物、轮虫及有机质絮凝成颗粒物质，形成"生物絮团"，形成的絮团又被养殖鱼类摄食，从而达到调控水质、促进营养物质循环再利用和提高养殖动物成活率的作用。

　　本模式采用复合增氧方式，即白天采用叶轮式增氧机搅水曝气，夜间采用微孔增氧设备增氧。微孔增氧，也称纳米管增氧，即利用罗茨鼓风机，通过通气管道与微孔管组成的池底增氧设施，直接将空气中的氧输送到水层底部，达到高效增氧的目的。

## 一、范围

　　本养殖模式规定了鲤池塘"生物絮团"生态养殖的环境条件、鱼种培育、商品鱼养殖、饲料与投饲、病害预防等方面的内容。

　　本养殖模式适用于北方地区鲤的池塘养殖，其他品种的池塘养殖可参照执行。

## 二、环境条件

### 1. 产地要求

　　（1）养殖地应是生态环境良好，无或不直接受工业"三废"及农业、城镇生活、医疗废弃物污染的水（地）域。

　　（2）养殖地区域内及上风向、灌溉水源上游，没有对产地环境构成威胁的污染源（包括工业"三废"、农业废弃物、医疗机构污水及废弃物、城市垃圾和生活污水等）。

**2. 底质要求**

（1）底质无工业废弃物和生活垃圾，无大型植物碎屑和动物尸体。

（2）底质无异色、异臭，自然结构。

（3）底质有害有毒物质最高限量应符合表 3-6 的规定。

表 3-6　底质有害有毒物质最高限量

| 项目 | 指标（毫克/升）（湿重） |
| --- | --- |
| 总汞 | ≤0.2 |
| 镉 | ≤0.5 |
| 铜 | ≤30 |
| 锌 | ≤150 |
| 铅 | ≤50 |
| 铬 | ≤50 |
| 砷 | ≤20 |
| 滴滴涕 | ≤0.02 |
| 六六六 | ≤0.5 |

**3. 养殖用水**

（1）水源水质　水源充足，注、排水方便。水源水质应符合 GB 11607《渔业水质标准》的规定。

（2）养殖池水质　养殖池水质应符合 NY5051《无公害食品　淡水养殖用水水质》的规定。池塘主要水质因子见表 3-7。

表 3-7　池塘主要水质因子

| 种类 | 水色 | 透明度（厘米） | 有机物耗氧 | 溶解氧（毫克/升） | 总氮（毫克/升） | 可溶性磷（毫克/升） | 浮游植物量（毫克/升） | 浮游动物量（毫克/升） | 酸碱度 | 盐度 |
| --- | --- | --- | --- | --- | --- | --- | --- | --- | --- | --- |
| 含量 | 油绿色或茶褐色 | 25～35 | 10～30 | >3 | 0.5～4.5 | 0.02～0.3 | 30～70 | 5～10 | 7.0～8.5 | 0～3 |

**4. 池塘条件**

（1）整修　清除过多的淤泥、杂物，维修池坡、排注水口，加固堤埂。

（2）清塘　每年放养鱼种前清塘 1 次，将池水排至 7～10 厘米，每公顷用块状生石灰 900～1 500 千克或每公顷用含有效氯 30％以上的漂白粉 60～90 千克，用水溶化，全池泼洒。带水清塘时（水深 1 米），每公顷用块状生石灰 1 800～2 250 千克，或每公顷用含有效氯 30％以上的漂白粉 180～220 千克，用水溶化全池泼洒。

池塘条件以符合表 3-8 的要求为宜。

表 3-8　池塘条件

| 池塘类别 | 面积（米²） | 水深（米） | 底质 | 淤泥厚度（厘米） |
|---|---|---|---|---|
| 鱼种培育池塘 | 500～1 500 | 1.5～2.0 | 池底平坦，壤土、黏土或沙壤土 | 10～20 |
| 商品鱼养殖池塘 | 1 000～10 000 | 2.0～2.5 | | 15～25 |

# 三、鱼种培育

**1. 鱼种来源**　从鲤良种场引进亲鱼繁殖的鱼苗培育而成，或从鲤良种场直接引进鱼种。外购鱼种应经检疫合格。

**2. 鱼种质量要求**　体形正常，鳍条与鳞被完整，体无损伤。体表光滑有黏液，色泽正常，游动活泼。

**3. 鱼种消毒**　放养前鱼种应进行消毒，常用的消毒方法有：①1%食盐加1%小苏打水溶液或3%食盐水溶液，浸浴5～8分钟；②20～30毫克/升聚维酮碘（含有效碘1%），浸浴10～20分钟；③5～10毫克/升高锰酸钾，浸浴5～10分钟。

三者可任选一种使用，同时，剔除病鱼、伤残鱼及畸形鱼。操作时水温温差应控制在3℃以内。

**4. 鱼种放养**　放养密度为3000～6000尾/亩，同时，搭配鲢、鳙；鲤和搭配鱼的放养比例为8∶2或7∶3，鲢、鳙的放养比例为3∶1。

**5. 日常管理**　采用以微孔增氧为主的复合增氧方式，每亩按0.1～0.2千瓦功率设置微孔增氧盘，同时，每亩按0.15～0.3千瓦功率配备传统增氧机。

养殖前期，根据鱼体活动、天气、水质情况适时开机增氧；养殖中期，晴天午后开传统增氧机搅水曝气1～2小时；每天凌晨开微孔增氧设备增氧2～3小时，高温季节增氧时间增加1～2小时；养殖后期，除晴天中午搅水曝气外，根据水质情况，适当增加微孔增氧设备开机时间。

整个养殖过程原则上不换水，只补充蒸发和渗漏水量。

**6. 水质调控**　选择以下水质调控技术操作规程（一）和（二）其中之一即可。

（1）"生物絮团"水质调控技术操作规程（一）　本项技术的添加物为制

糖工业副产品——糖蜜，该产品可就地取材（当地制糖厂或饲料加工厂），使用过程中应注意保质。

测定池塘初始总氨氮浓度（9：00～11：00），糖蜜添加量 A（千克）根据模型 $A = H \times S \times (30 \times C_{TAN} - 19)/1\,000$ 计算。其中，$H$ 为池塘水深（米）；$S$ 为池塘面积（米$^2$）；$C_{TAN}$ 为池塘初始总氨氮浓度（毫克/升）。

例如：将池塘初始总氨氮浓度分别从 1.5 毫克/升降至 0.5 毫克/升和从 1.0 毫克/升降至 0.5 毫克/升时，需添加糖蜜的量分别为 17.3 千克/（亩·米）和 7.3 千克/（亩·米）。

（2）"生物絮团"水质调控技术操作规程（二）　本项技术的碳源添加物为玉米淀粉。

测定池塘初始总氨氮浓度（9：00～11：00），淀粉添加量 A（千克）根据模型 $A = H \times S \times (15 \times C_{TAN} - 5)/1\,000$ 计算，其中，$H$ 为池塘水深（米）；$S$ 为池塘面积（米$^2$）；$C_{TAN}$ 为池塘初始总氨氮浓度（毫克/升）。

例如：将池塘初始总氨氮浓度分别从 1.5 毫克/升降至 0.5 毫克/升和从 1.0 毫克/升降至 0.5 毫克/升时，需添加淀粉的量分别为 11.7 千克/（亩·米）和 6.7 千克/（亩·米）。

注意事项：

①添加时间为晴天上午，添加时开启增氧机。

②添加方式为将糖蜜或淀粉（用池塘水充分溶解后），全池均匀泼洒或池塘上风头均匀泼洒。

③添加前后（至少 2 周）不得使用杀菌剂或其他消毒药物；添加后可补充蒸发和渗漏水量。

④总氨氮浓度较高（超过 2 毫克/升）的池塘，为防止 1 次添加后水体缺氧，可分 2～3 次添加，每次间隔为 2～3 天。

使用效果：按照以上方法添加糖蜜 2～4 天后，可将池塘总氨氮浓度降至 0.5 毫克/升以下，其效果可维持 1～2 周；添加淀粉 1 周左右，可将池塘总氨氮浓度降至 0.5 毫克/升以下，其效果可维持 2～3 周。按照以上方法，也可有效降低池塘亚硝酸盐的浓度。

## 四、商品鱼养殖

**1. 鱼种来源**　从鲤良种场引进亲鱼繁殖的鱼苗培育而成，或从鲤良种场直接引进鱼种。外购鱼种应经检疫合格。

**2. 鱼种质量要求** 体形正常，鳍条与鳞被完整，体无损伤。体表光滑有黏液，色泽正常，游动活泼。

**3. 鱼种消毒** 放养前鱼种应进行消毒，常用消毒方法有：①1%食盐加1%小苏打水溶液或3%食盐水溶液，浸浴5～8分钟；②20～30毫克/升聚维酮碘（含有效碘1%），浸浴10～20分钟；③5～10毫克/升高锰酸钾，浸浴5～10分钟。

三者可任选一种使用，同时，剔除病鱼、伤残鱼及畸形鱼。操作时水温温差应控制在3℃以内。

**4. 鱼种放养** 根据计划产量不同，设计不同的放养模式（表3-9）。

表3-9 放养密度、规格和计划产量

| 亩产量（千克） | 鱼种 | 放养量 | | | | 计划产量 | | |
|---|---|---|---|---|---|---|---|---|
| | | 尾重量（克） | 亩尾数（条） | 占总放养量比例（%） | | 尾重量（克） | 亩产量（千克） | 净产量（千克） |
| | | | | 尾数 | 重量 | | | |
| 750 | 鲤 | 100～200 | 789 | 77.4 | 80 | 1 000 | 750 | 632 |
| | 鲢 | 50～100 | 197 | 19.4 | 15 | 580 | 103 | 81 |
| | 鳙 | 100～200 | 33 | 3.2 | 5 | 750 | 22 | 5 |
| | 合计 | | 1 019 | | | | 875 | 717 |
| 1 000 | 鲤 | 100～200 | 1 053 | 77.2 | 80 | 1 000 | 1 000 | 842 |
| | 鲢 | 50～100 | 267 | 19.6 | 15 | 580 | 139 | 110 |
| | 鳙 | 100～200 | 44 | 3.2 | 5 | 750 | 30 | 7 |
| | 合计 | | 1 364 | | | | 1168 | 959 |
| 1500 | 鲤 | 100～200 | 1 579 | 77.4 | 80 | 1 000 | 1 500 | 1 263 |
| | 鲢 | 50～100 | 395 | 19.4 | 15 | 580 | 206 | 162 |
| | 鳙 | 100～200 | 66 | 3.2 | 5 | 750 | 44 | 10 |
| | 合计 | | 2 039 | | | | 1 750 | 1 435 |

**5. 日常管理** 采用以微孔增氧为主的复合增氧方式，每亩按0.15～0.25千瓦功率设置微孔增氧盘，同时，每亩按0.3～0.6千瓦功率配备传统增氧机。

养殖前期，根据鱼体活动、天气及水质情况适时开机增氧；养殖中期，晴天午后开传统增氧机搅水曝气2～3小时；每天凌晨开微孔增氧设备增氧4～5小时，高温季节增氧时间增加1～2小时；养殖后期，微孔增氧设备每天开机时间增至 12～20 小时，传统增氧机除晴天午后搅水曝气外，根据水质情况适当增加开机时间。

整个养殖过程中原则上不换水，只补充蒸发和渗漏水量。

**6. 水质调控** 选择以下水质调控技术操作规程（一）和（二）其中之一即可。

（1）"生物絮团"水质调控技术操作规程（一） 本项技术的添加物为制糖工业副产品——糖蜜，该产品可就地取材（当地制糖厂或饲料加工厂），使用过程中应注意保质。

测定池塘初始总氨氮浓度（9：00～11：00），糖蜜添加量 $A$（千克）根据模型 $A = H \times S \times (30 \times C_{TAN} - 38)/1\,000$ 计算。其中，$H$ 为池塘水深（米）；$S$ 为池塘面积（米$^2$）；$C_{TAN}$ 为池塘初始总氨氮浓度（毫克/升）。

例如：将池塘初始总氨氮浓度分别从 2.0 毫克/升降至 1.0 毫克/升和从 1.5 毫克/升降至 1.0 毫克/升时，需添加糖蜜的量分别为 14.7 千克/（亩·米）和 4.7 千克/（亩·米）。

（2）"生物絮团"水质调控技术操作规程（二） 本项技术的碳源添加物为玉米淀粉。

测定池塘初始总氨氮浓度（9：00～11：00），淀粉添加量 $A$（千克）根据模型 $A = H \times S \times (15 \times C_{TAN} - 10)/1\,000$ 计算。其中，$H$ 为池塘水深（米）；$S$ 为池塘面积（米$^2$）；$C_{TAN}$ 为池塘初始总氨氮浓度（毫克/升）。

例如：将池塘初始总氨氮浓度分别从 2.0 毫克/升降至 1.0 毫克/升和从 1.5 毫克/升降至 1.0 毫克/升时，需添加淀粉的量分别为 13.3 千克/（亩·米）和 8.3 千克/（亩·米）。

注意事项：

①添加时间为晴天上午，添加时开启增氧机。

②添加方式为将糖蜜或淀粉（用池塘水充分溶解后），全池均匀泼洒或池塘上风头均匀泼洒。

③添加前后（至少 2 周）不得使用杀菌剂或其他消毒药物；添加后可补充蒸发和渗漏水量。

④总氨氮浓度较高（超过 2 毫克/升）的池塘，为防止 1 次添加后水体缺氧，可分 2～3 次添加，每次间隔为 2～3 天。

使用效果：按照以上方法添加糖蜜 2～4 天后，可将池塘总氨氮浓度降至 0.5 毫克/升以下，其效果可维持 1～2 周；添加淀粉 1 周左右，可将池塘总氨氮浓度降至 0.5 毫克/升以下，其效果可维持 2～3 周。按照以上方法，也可有效降低池塘亚硝酸盐的浓度。

连续添加可形成"生物絮团"，供滤食性和杂食性养殖动物摄食，降低饲料系数，提高成活率。

## 五、饲料与投饲

**1. 饲料**

（1）以投饲配合饲料为主，不宜直接投饲各种饲料原料、冰鲜动物饲料和动物下脚料。

（2）配合饲料应符合 NY 5072《无公害食品 渔用配合饲料安全限量》和 SC/T 1026《鲤鱼配合饲料》的规定；饲料原料应符合相应的质量安全标准。

**2. 投饲**

（1）日投饲量 投饲量应根据季节、天气、水质和鱼的摄食强度进行调整。鱼种配合饲料的日投饲量一般为鱼体重的 3%～6%，商品鱼配合饲料的日投饲量一般为鱼体重的 1%～3%。

（2）日投饲次数 池塘饲养的日投饲次数 2～4 次，每次投饲持续时间 20～40 分钟。

## 六、病害预防

坚持预防为主、防治结合的原则。一般措施为：

（1）操作仔细，尽量避免鱼体受伤。

（2）生产工具使用前或使用后进行消毒或曝晒。用于消毒的药物有：高锰酸钾 100 毫克/升，浸洗 30 分钟；食盐 5%，浸洗 30 分钟；漂白粉 5%，浸洗 20 分钟。发病池的用具应单独使用，或经严格消毒后再使用。

（3）鱼苗、鱼种下池前按"四、商品鱼养殖部分 3. 鱼种消毒"进行消毒。

本养殖模式具有以下特点：①养殖过程中零换水或少换水，可达到节水减排的目的；②采用生态方法调控水质，同时预防病害，养殖期间零用药或少用药，可达到健康养殖的目的；③将水体氨氮、亚硝氮等有害氮源转化为鱼体可食的菌体蛋白，有效改善水质，提高饲料利用率，降低饲料系数，可达到高效养殖的目的。

# 第四节 生态基技术生态养殖模式

## 一、生态基的基本概况

生态基是一种经过处理的适合微生物生长的"床"，也就是一种新型生物载体。生态基一旦放置于水中，立即会吸附水中各种水生生物到其表面，附着在生态基上的微生物非常丰富。这些微生物和藻类对于富营养化水体起到生物过滤和生物转换的关键作用，主要由细菌、真菌、藻类、原生动物和后生动物等构成的复杂生态系统。

微生物体系通过自身的新陈代谢分解水中的有机物，生态基上生长的微生物可吸附水体中的富营养成分，如氮、磷、硫、碳等物质，并将这些富营养成分富集，通过不同的微生物作用，转化成为二氧化碳、水和氮气等，从而夺取了蓝绿藻生长所需的营养物质，抑制了蓝绿藻的滋生，水质逐渐得到改善。

## 二、生态基的结构特点

生态基是一种由特殊的织物材料制成的新型生物载体，通过独特编织技术和表面处理，使其具有巨大的生物接触表面积，能发展出生物量巨大、物种丰富、活性极高的微生物群落，并通过微生物的代谢作用，高效降解养殖废水中的污染物。

**1. 高生物附着表面积**  目前，通过特殊的编织技术，生态基具有高生物附着表面积。一些做工材料比较好的生态基如阿科蔓生态基，每平方米生态基产品能够提供约 250 米$^2$ 的表面积，可为水中微生物和有益藻类等的生长、繁殖提供巨大的生物附着表面（表 3-10）。

表 3-10  不同材料的比表面积

| 材　　料 | 比表面积 |
| --- | --- |
| 湿地与天然植物 | 5 |
| 生物生长物体（如绳索类材料） | 50 |
| 蜂巢型人工载体 | 88 |
| 阿科蔓生态基 | 250 |

**2. 适宜孔结构** 生态基内部的孔结构，使用尖端技术进行了精心的设计和修饰，最大限度地为细菌群落提供排他的生存环境。生态基为异养生物（如细菌）设计了微孔（1～5微米），同时，为自养生物（如有益藻类）设计了大孔（80～350微米），从而为实现微生物的多样性并建立起高效水生态系统提供了最理想的条件。

在生态基上，已发现的物种数量多达3 000～5 000种，其中，仅细菌类就达2 000多种，其他为藻类和真菌类等。相比于游动微生物，固着微生物对营养物（有机污染物）的降解效率要高出很多，在这一点上，起硝化作用的细菌群落就是一个很好的例子。如果能够形成稳定的共生群落，起硝化作用的细菌帮助完成硝化作用的效率就可以增加数倍至数十倍，像亚硝化单胞菌属等就遵循这一规律。生态基为这种共生关系的形成创造了最佳条件。

**3. 水草型设计、固着生物技术** 生态基的水草型设计，一方面使得水体中溶解性有机物可以最大限度地与生态基上的生物膜接触；另一方面起到使水流均匀的作用，从而可以更有效地使这些有机污染物得到被降解的机会。生态基是固着生物技术高效地发展土著微生物群落的载体，不存在外来物种对当地生态环境造成破坏的风险。

**4. 超级编织技术** 超级编织技术的特殊表面层设计形成理想的微 A-O 处理环境，保证了硝化和反硝化作用的同时进行，使其能高效地脱氮除磷。

生态基的制造使用百分百的生物惰性材质，在水中不会分解，对自然环境无任何污染，从而保证了生态基的循环、多次使用，节约了成本的投入。

## 三、生态基的作用原理

**1. 控制悬浮性藻类的原理** 生态基的超强表面吸附性，将更多的营养物转移到生态基表面，从而使浮游藻类在生存竞争中处于不利地位，导致其不能正常生长、繁殖甚至消亡。

**2. 降低水体有机物的原理** 大量的微生物附着在生态基表面，对有机营养物进行吸附、生物氧化，最终将有机物分解，或转化成为微生物组分，从而降低水体中的生物耗氧量。

**3. 降低水体中氮的原理** 生态基表层的微 A-O 环境及微孔结构，为硝化、反硝化细菌以及藻类生长创造适宜的条件。最终，通过藻类的代谢合成和各种菌类的氨化、硝化、反硝化作用降低水中总氮。

**4. 降低水体中磷的原理**　在生态基水生态系统中，水体中的磷可通过微生物和水生植物吸收，以及微生物的矿化作用而降低。

**5. 降低水体中悬浮物的原理**　①生态基水草型的设计能够营造平缓的水力环境，加速悬浮物沉淀；②悬浮物在与生态基的碰撞过程中，促使其充分沉降；③生态基表面的生物絮凝作用，使悬浮物被吸附，最终随生物膜脱落降至水底。

## 四、池塘准备及生态基安装

**1. 池塘准备**　将池塘池水抽干，晒塘 15 天，塘底泥土呈"龟裂状"。全塘撒生石灰 100 千克/亩，隔 3 天后，抽入新水，用 80 目筛绢网过滤，使池塘水深为 1.8 米。2 天后，泼洒经浸泡 24 小时以上的茶粕 40 千克/亩，隔天泼洒益生菌，如利生素 1 千克或 EM 菌＋葡萄糖 3 千克/亩等。待池塘水色呈现绿色、黄绿色时，进行生态基安装。

**2. 生态基工程布局**　根据养殖鱼类的养殖面积，为确保不影响增氧机的安装，保持增氧机运行形成水流的扩散，将生态基（规格 10 米×1 米）每间隔 1 米用浮球（塑料浮球或空塑料瓶）悬挂在池塘中。安装时，先在池塘边定置固定桩，在固定桩之间牵绳或者铁丝，然后将生态基固定于绳或者铁丝上。一般长方形的池塘，集中在池塘宽边进行安装，每条生态的间距 2.5 米以上（实景图见图 3-15、模式图见图 3-16）。

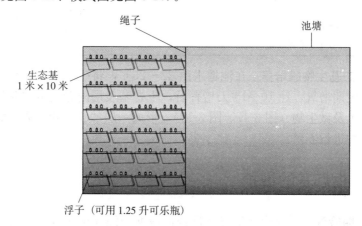

图 3-15　池塘生态基悬挂模式

图 3-16   生态基的悬挂

**3. 生态基的密度**   每亩池塘悬挂生态基 30～100 米$^2$，具体根据养殖池塘的亩产量和水质情况确定。按目前使用生态基的规格（10 米×1 米），每亩悬挂 3～10 条（表 3-11）。

表 3-11   生态基放置密度与亩产量

| 亩产量 | 生态基放置数量 |
| --- | --- |
| 1 000～1 500 千克 | 30 米$^2$ |
| 1 500～2 500 千克 | 50 米$^2$ |
| 2 500～5 000 千克 | 80 米$^2$ |
| 5 000 千克以上 | 100 米$^2$ |

**4. 生态基生物膜培养**   在池塘水温 22～25℃，将生态基悬挂在经清整的池塘中，定期增氧，经 10～15 天培育后，生态基表层附着大量的藻类、浮游动物、原虫及微生物（图 3-17、图 3-18），形成一层"膜"状物质。此时，放养鱼类苗种进行养殖。

# 五、生态基的维护

**1. 定期检查**   定期检查生态基是否被池塘中漂浮植物或泥沙堵塞，并及时清理。经常巡视检查，密切关注使用效果。

图 3-17 刚悬挂后的生态基

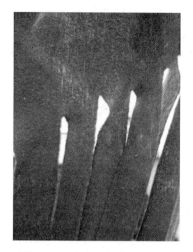

图 3-18 形成生物膜的生态基

**2. 定期检测水质** 定期监测水体中氨氮、亚硝酸氮、溶解氧、pH 等理化指标的变化。以碳氮平衡技术添加碳源，如葡萄糖或黄粉、玉米粉（经发酵）等，调整水体中氮营养盐升高含量，比率为 20∶1，定向培养池塘水体土著微生物，使生态基发挥最大的作用。碳添加量的计算公式：

$$碳添加量＝（\Delta N \times 20/K）\times M$$

式中　$\Delta N$——氨氮、亚硝酸氮升高 N 的含量；

　　　$K$——碳水化合物中碳的含量，一般含量为 40％左右；

　　　$M$——养殖水体体积。

**3. 保持较高的溶解氧水平** 生态基表层由于附着大量的生物，增加了池塘的耗氧，应保持池塘水体的溶解氧不低于 4.5 毫克/升。

# 六、生态基在草鱼养殖中的应用

**1. 池塘条件** 选取广东省佛山市通威生态养殖有限公司草鱼高产池塘为试验池塘，水源为西江水，经过滤沉淀后使用。池塘面积 0.667 公顷，有效水深为 3.0 米，养殖容量为 22 500 千克鱼/公顷（配合少量鲢、鳙），每天投喂 450 千克左右的膨化饲料（粗蛋白约 30％）。

**2. 生态基的安装** 生态基布局如图 3-19 所示。池塘两端打桩 2 个用于固定钢丝绳，池塘右侧岸边固定木桩 1 排，15 米长的尼龙绳将生态基悬挂于养殖池塘中，并保持其垂直悬浮的状态。同时，池塘安装 2 台增氧机和 1 台车轮式水车，水车固定于池塘右下侧，搅动方向向右，使池塘形成逆时针的水流，可使池塘中悬浮物充分流经悬挂的生态基，有利于悬浮物的附着。在整个实验周期内，池塘内未使用任何药物，也不换水。

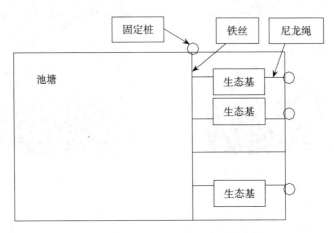

图 3-19　试验草鱼池塘生态基的安装

### 3. 测试结果

（1）养殖水体中氨氮的变化情况　养殖水体中的氨氮来源主要是水生动物的排泄物，残饵及动植物尸体含有的大量蛋白质，被池塘中的微生物菌分解后形成氨基酸，再进一步分解成氨氮；其次是当氧气不足时，水体产生反硝化反应，亚硝酸盐，硝酸盐在反硝化细菌的作用下分解而产生氨氮。当非离子氨氮浓度过高时，养殖动物的摄食、生长速度将会下降。氨浓度过高，则会造成养殖动物中毒，拉网、运输出血，严重时导致死亡。我国渔业水质标准规定，非离子氨（$NH_3$-N）浓度应小于 0.02 毫克/升。从图 3-20 可以看出，在生态基放置后的 0~15 天，生态基池塘中的氨氮浓度低于对照池塘，且生态基池塘 5 天和 10 天均低于 0.2 毫克/升，对照池塘保持在 0.2 毫克/升左右。表明设置生态基在养殖开始初期，对降低养殖水体的氨氮有一定的作用。15 天之后，对照池塘和生态基池塘的氨氮均有大幅度的升高，由 0.2 毫克/升左右上升至 1 毫克/升左右，且生态基池塘氨氮含量高于对照池塘。原因可能是在无交换水体中，随着养殖过程残饵及粪便的积累，投喂饲料逐渐增多，在微生物氨化作用下造成氨氮的增长。随着生物膜的形成，氨氮浓度下降至 0.2 毫克/升左右，根据水体中 $NO_3^-$ 在养殖后期的上升趋势，表明氨氮的降低是由于微生物的硝化作用，促使氨氮转化为硝酸盐（$NO_3$-N）。

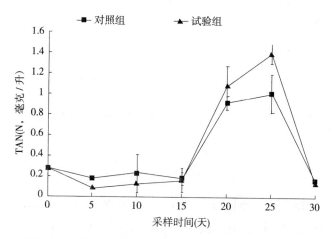

图3-20 生态基池塘和对照池塘养殖水体氨氮变化趋势

（2）养殖水体中亚硝酸盐的变化情况 亚硝酸盐（$NO_2$-N）的积累，主要是与亚硝化作用及硝化作用有关。$NH_3$-N 在亚硝化细菌的作用下转化为 $NO_2^-$-N，$NO_2^-$-N 在硝化细菌的作用下转化 $NO_3^-$-N。当硝化细菌繁殖过慢时，易造成 $NO_2^-$-N 的积累。如图3-21所示，养殖初期对照池塘 $NO_2^-$ 水平达到 1.8 毫克/升，生态基池塘由0天时0.5毫克/升逐渐下降，整个养殖过程中都维持在较低水平。表明设置生态基，有利于硝化细菌的固着和繁殖，对养殖初期水体转化 $NO_2^-$-N 的能力有显著影响。随着养殖进行，对照池塘中 $NO_2^-$-N 浓度在10天时降低至生态基池塘相近水平，与生态基池塘相比有明显的滞后性。

（3）养殖水体中硝酸盐的变化情况 水体中的硝态氮（$NO_3^-$-N）一般对鱼体是无毒的，一部分硝态氮可由反硝化细菌将硝态氮还原为亚硝态氮、一氧化氮、一氧化二氮和氮气，完成水体氮循环过程。在反硝化过程中，由于反硝化作用是一个生物耗能作用，而硝酸盐还原酶所催化的 $NO_3^-$-$NO_2^-$ 是整个过程的限速步骤，因此，当环境中作为反硝化作用电子供体的能源物质不足时，就易使反硝化作用停滞于 $NO_2^-$-N，从而导致亚硝酸盐浓度的升高。从图3-22看出，随着养殖的进行，对照池塘与生态基池塘水体中 $NO_3^-$-N 均不断积累，呈逐渐升高趋势。在后期，由于氨氮在硝化作用下转化为 $NO_3^-$-N，在25～30

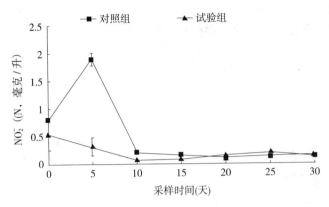

图 3-21 生态基池塘和对照池塘养殖水体亚硝氮变化趋势

天的 $NO_3^- $-N 含量，对照池塘由 12 毫克/升上升至 33 毫克/升，生态基池塘由 15 毫克/升上升至 20 毫克/升。同时，亚硝酸保持较低水平，表明生态基池塘微生物、藻类和浮游动植物对 $NO_3^-$-N 转化为有机氮效率高于对照池塘，生态基发挥了其作为藻菌共生的高效微生物载体的作用。

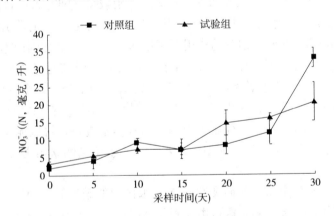

图 3-22 试验池塘和对照池塘养殖水体硝氮变化趋势

（4）养殖水体中总悬浮物的变化情况 如图 3-23 所示，第 5 天时，对照池塘和生态基池塘水体固体总悬浮物（TSS）浓度均较低，对照池塘高于生态基池塘。第 30 天时，对照池塘养殖水体 TSS 浓度显著升高，约为 0.3 克/升，显著高于此时生态基池塘 TSS 浓度。生态池塘第 30 天时，TSS 浓度和第 5 天时相比较维持在较稳定水平。说明生态基的表面对水体悬浮物有很好吸附作用，能有效降低养殖水体中 TSS 浓度。

（5）对草鱼生长和饲料系数的影响　在养殖一段时间后，对所养殖的草鱼取样称量，所得数据如表 3-12 所示。挂设生态基池塘草鱼的末重、增重及增重率均高于对照池塘，说明挂设生态基有助于草鱼的生长。整个试验周期各个池塘的草鱼投饵量基本一致，而挂设生态基的池塘草鱼饲料系数显著低于对照池塘，说明生态基能有效降低饲料系数。生态基的表面吸附性，可能为草鱼起到提供天然食物的作用，生物

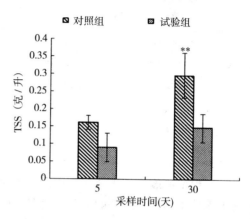

图 3-23　不同时期对照池塘和生态基池塘养殖水体总固体悬浮物（TSS）浓度变化

膜上附着的大量饵料生物如轮虫等，是草鱼食物的一个很好的补充，有利于降低草鱼的饲料系数。

表 3-12　草鱼生长指标及饲料系数

| 项　目 | 对照池塘 | 生态基组 |
| --- | --- | --- |
| 成活率（%） | 97.92±2.95 | 100±0 |
| 初重（千克） | 14±0.22 | 14±0.15 |
| 末重（千克） | 18.65±0.21 | 19.23±0.13＊＊ |
| 投饵量（千克） | 11.64±0.06 | 11.72±0.08 |
| 增重（千克） | 4.65±0.21 | 5.23±.013＊＊ |
| 增重率（%） | 33.21±1.51 | 37.36±0.91＊＊ |
| 饲料系数 | 2.51±0.13 | 2.24±0.04＊ |

注：同行中＊表示差异显著；＊＊表示差异极显著。下同。

（6）对草鱼血清学非特异免疫指标的影响　如表 3-13 所示，挂设生态基的池塘草鱼血清碱性磷酸酶（AKP）、酸性磷酸酶（ACP）、超氧化物歧化酶（SOD）、溶菌酶（LZM）活性水平均显著高于对照酶，说明生态基的应用具有促提高草鱼血清非特异性免疫功能的作用。挂设生态基的试验池塘中，草鱼血清 iNos 和 TNos 均显著低于对照池塘，说明没有挂设生态基的对照池塘草鱼的应激性增加。

表 3-13　放置生态基对草鱼血清免疫指标的影响

| 指　标 | 对照池塘 | 生态基组 |
|---|---|---|
| Akp（单位/100 毫升） | 39.50±10.42 | 58.49±11.25＊＊ |
| Acp（单位/100 毫升） | 99.57±0.19 | 99.90±0.20＊＊ |
| Sod（单位/毫升） | 61.24±11.64 | 69.58±6.0＊＊ |
| LZM（单位/毫升） | 5.97±2.28 | 10.45±3.78＊ |
| iNOS（单位/毫升） | 8.06±1.32 | 5.28±0.88＊＊ |
| tNOS（单位/毫升） | 49.41±2.48 | 41.51±2.33＊＊ |

（7）细菌群落多样性分析　由图 3-24 可知，在 0～20 天对照池塘与生态基池塘养殖水体及生态基的细菌群落多样性指数呈上升趋势。生态基生物多样性指数在 10 天之后，均高于对照池塘和生态基池塘养殖水体，而生态基池塘养殖水体细菌群落多样性低于对照池塘。因此，生态基池塘细菌群落主要集中在生态基上，水体中细菌种类相对较少，表明生态基对微生物的固着具有一定作用，水体中的细菌群落有向生态基富集的趋势。在 20 天后，三者的细菌多样性指数均呈现下降的趋势，这可能与水体中 $NH_4^+$-N 及 $NO_3$-N 的剧烈变化及 pH 逐渐降低有关，水质变化较大，对水体中细菌群落多样性有一定的影响。并且在这一下降过程中，生态基池塘养殖水体的生物多样性指数最低，而生态基仍然保持较高的状态，表明生态基能维持细菌群落的稳定性，避免了水质较大变化时对细菌群落组成造成的剧烈影响。

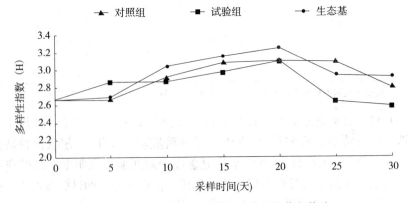

图 3-24　不同时期对照池塘和生态基组草鱼养殖
水体及生态基细菌群落多样性指数

## 七、生态基在鲤养殖中的应用

### 1. 前期准备

（1）池塘准备　挑选面积相近、保水性良好的 8 号和 11 号池塘，出水口封实，蓄水至 1.2 米深。11 号池塘作为投放生物基的处理池塘，8 号池塘作为对照池塘。

（2）养殖鱼类准备　2013 年 8 月 10～15 日期间，8、11 号池塘各放养 1 499 千克鱼，其中，白鲢 300 千克，平均尾重 310 克/尾；框鳞镜鲤 1 199 千克，平均尾重 810 克/尾，鱼种体质健壮，无病无伤。

（3）材料准备　2013 年 8 月 15～26 日期间，11 号池塘投放安装生物基 120 米²，密度为 60 米²/亩；8、11 号池塘分别在池塘四周及中心放置 5 个塑料小桶用来收集底泥。准备水质测定的器材试剂及相关材料，购买真空过滤装置 1 套，用于微生物分析水样的过滤。

### 2. 养殖情况

（1）时间　试验起止日期为 2013 年 8 月 27 日至 10 月 27 日。

（2）日常管理及测试指标　饲养投喂，日常管理，养殖结束后统计投喂量并计算饲料系数，并分析养殖效益。

①水质理化指标检测，包括温度、pH、DO、氨氮、硝酸态氮、亚硝酸态氮、总磷和透明度等指标，测定时采集 5 个点上中下层水等样混合，每次 3 个重复，每周 1 次。

②底泥沉积深度变化，试验开始时测定池塘底泥深度 H 始，试验结束后测定池塘底泥深度 H 末，H＝H 末－H 始。

③用于微生物分析的水样及底泥采集，8 月、9 月、10 月各采集 1 次，采集后冷冻保存，养殖试验结束后进行微生物分析。

④沉积物的沉积量测量，每个月 1 次。

⑤浮游生物的测定，包括浮游生物的计数及生物量的测定。

### 3. 试验结果及分析

（1）池塘养殖期间水质理化指标测定结果　经过 2 个月的饲养，对照池塘和实验池塘水质指标见表 3-14 和表 3-15。可以看出，实验池塘水体中溶解氧和透明度有所增加，但氨氮、硝酸盐、亚硝酸盐和总磷的含量有明显降低，说明生态基可以改善养殖水质。

表 3-14　对照池塘池塘水质理化指标测定结果

| 时间 | 温度（℃） | pH | 溶氧（毫克/升） | 氨氮（毫克/升） | 硝酸态氮（毫克/升） | 亚硝酸态氮（毫克/升） | 总磷（毫克/升） | 透明度（毫克/升） |
|---|---|---|---|---|---|---|---|---|
| 2013.08.26 | 25.8 | 8.2 | 4.3 | 1.100 | 0.003 | 0.053 | 0.088 | 23 |
| 2013.09.06 | 24.2 | 6.94 | 3.97 | 0.590 | 0.077 | 0.174 | 0.273 | 22 |
| 2013.09.13 | 24.8 | 7.8 | 2.35 | 1.329 | 0.092 | 0.112 | 0.335 | 21 |
| 2013.09.21 | 26.8 | 7.07 | 3.35 | 1.120 | 0.06 | 0.103 | 0.091 | 24 |
| 2013.09.28 | 20.2 | 7.43 | 2.05 | 1.06 | 0.057 | 0.023 | 0.081 | 23 |
| 2013.10.07 | 23.0 | 6.72 | 3.35 | 1.106 | 0.061 | 0.082 | 0.068 | 22 |
| 2013.10.19 | 17.8 | 7.17 | 3.56 | 2.877 | 0.040 | 0.035 | 1.60 | 20 |
| 2013.10.24 | 19.2 | 7.16 | 3.62 | 2.081 | 0.019 | 0.070 | 0.043 | 23 |

表 3-15　处理组池塘水质理化指标测定结果

| 时间 | 温度（℃） | pH | 溶氧（毫克/升） | 氨氮（毫克/升） | 硝酸态氮（毫克/升） | 亚硝酸态氮（毫克/升） | 总磷（毫克/升） | 透明度（毫克/升） |
|---|---|---|---|---|---|---|---|---|
| 2013.08.26 | 25.5 | 8.2 | 3.48 | 0.926 | 0.014 | 0.030 | 0.0925 | 23 |
| 2013.09.06 | 23.8 | 6.54 | 4.90 | 0.307 | 0.008 | 0.057 | 0.2434 | 24 |
| 2013.09.13 | 25.0 | 7.72 | 3.90 | 1.136 | 0.043 | 0.064 | 0.2905 | 24 |
| 2013.09.21 | 25.4 | 7.08 | 3.16 | 1.200 | 0.005 | 0.062 | 0.684 | 24 |
| 2013.09.28 | 19.6 | 7.58 | 2.98 | 0.420 | 0.051 | 0.017 | 0.016 | 25 |
| 2013.10.07 | 22.4 | 7.11 | 3.15 | 0.764 | 0.057 | 0.050 | 0.014 | 26 |
| 2013.10.19 | 17.2 | 6.85 | 3.26 | 1.631 | 0.014 | 0.043 | 0.69 | 25.8 |
| 2013.10.24 | 18.9 | 7.41 | 3.68 | 1.516 | 0.050 | 0.053 | 0.023 | 23 |

　　（2）底泥深度变化　底泥深度的测定方法：依据池塘长度两边均分 4 段，连接对应等分点取池塘中 3 条线，将其均分 4 段，每条线上取 3 个等分点位置进行底泥深度测定。使用直径约 1 厘米的竹竿插入底泥，取出后测定竹竿显示深度，每个位置测定 3 次。

　　经过 2 个月的饲养，对照池塘底泥平均增加 6.5 厘米，生态基池塘底泥平均增加 6.2 厘米（表 3-16 至表 3-19）。

表 3-16　对照池塘池塘养殖前底泥深度

| 位置 | 1 | 2 | 3 | 4 | 5 | 6 | 7 | 8 | 9 |
|---|---|---|---|---|---|---|---|---|---|
| 深度（厘米） | 51 | 50 | 53 | 39 | 29 | 42 | 48 | 47 | 48 |
| | 52 | 49.5 | 52 | 43 | 28 | 42 | 51 | 47 | 45 |
| | 50 | 46 | 55 | 48 | 27 | 42 | 52 | 49 | 43 |
| 均值（厘米） | 51.0 | 48.5 | 53.3 | 43.3 | 28.0 | 42.0 | 50.3 | 47.7 | 45.3 |
| 总体均值 | （45.7±7.5）厘米 | | | | | | | | |

表 3-17　对照池塘池塘养殖后底泥深度

| 位置 | 1 | 2 | 3 | 4 | 5 | 6 | 7 | 8 | 9 |
|---|---|---|---|---|---|---|---|---|---|
| 深度（厘米） | 57 | 61 | 59 | 48 | 36 | 49 | 38 | 57 | 68 |
|  | 59 | 62 | 57 | 47 | 31 | 45 | 39 | 57 | 66 |
|  | 60 | 59 | 60 | 56 | 32 | 45 | 47 | 53 | 62 |
| 均值（厘米） | 58.7 | 60.7 | 47.3 | 38.0 | 33.0 | 46.3 | 41.3 | 55.7.7 | 65.3 |
| 总体均值 | （52.2±10.3）厘米 | | | | | | | | |

表 3-18　处理组池塘底泥深度

| 位置 | 1 | 2 | 3 | 4 | 5 | 6 | 7 | 8 | 9 |
|---|---|---|---|---|---|---|---|---|---|
| 深度（厘米） | 17 | 21 | 19 | 5 | 12 | 8 | 39 | 19 | 37 |
|  | 18 | 23 | 16 | 6 | 13 | 9 | 33 | 23 | 38 |
|  | 20 | 20 | 23 | 6 | 11 | 10 | 29 | 18 | 33 |
| 均值（厘米） | 18.3 | 21.3 | 19.3 | 5.7 | 12.0 | 9.0 | 24.3 | 20.0 | 36.0 |
| 总体均值 | （19.4±10.1）厘米 | | | | | | | | |

表 3-19　处理组池塘养殖后底泥深度

| 位置 | 1 | 2 | 3 | 4 | 5 | 6 | 7 | 8 | 9 |
|---|---|---|---|---|---|---|---|---|---|
| 深度（厘米） | 29 | 32 | 27 | 7 | 19 | 11 | 36 | 27 | 48 |
|  | 30 | 39 | 29 | 9 | 18 | 12 | 42 | 29 | 43 |
|  | 23 | 34 | 31 | 5 | 11 | 11 | 35 | 16 | 39 |
| 均值（厘米） | 27.3 | 35.0 | 29.0 | 7.0 | 16.0 | 11.3 | 37.7 | 24.0 | 43.3 |
| 总体均值 | （25.6±12.2）厘米 | | | | | | | | |

（3）浮游生物测定结果　浮游生物数量计数结果，对照池塘共观察到：浮游植物 42 个种属，隶属于绿藻门 15 属、蓝藻门 8 属、硅藻 7 属、隐藻门 3 属、裸藻门 4 属、甲藻门 3 属、金藻门 2 属，浮游植物数量为 $9.17×10^4$ 个/升；浮游动物共 5 属，其中，原生动物 1 属、轮虫 2 属、枝角类 1 属、桡足类 1 属，浮游动物数量为 566.7 个/升。生态基池塘共观察到：浮游植物 43 个种属，隶属于绿藻门 16 属、蓝藻门 8 属、硅藻 7 属、隐藻门 3 属、裸藻门 4 属、甲藻门 3 属、金藻门 2 属，浮游植物数量为 $1.07×10^5$ 个/升；浮游动物共 5 属，其中，原生动物 1 属、轮虫 2 属、枝角类 1 属、桡足类 1 属，浮游动物数量为 500 个/升。

浮游生物量测定结果：对照池塘浮游植物生物量为 37.4 毫克/升，浮游动物生物量为 17.4 毫克/升；生态基池塘浮游植物生物量为 42.1 毫克/升，浮游动物生物量为 27.8 毫克/升。

（4）养殖试验生长及经济效益分析 经过一个实验周期，实验池塘饲料系数明显下降，比对照池塘下降了 15.7%；生长速度有了一定程度的提高，表现为实验池塘亩产量比对照池塘提高了 58.3 千克/亩，产值增加了 626.34 元/亩（表 3-20 至表 3-22）。

**表 3-20　饲料效率分析**

| 项　　目 | 8 号池塘（对照池塘） | 11 号池塘（处理组） |
|---|---|---|
| 摄食率（%/天） | 1.31 | 1.29 |
| 饲料投喂量（千克/米³） | 0.58 | 0.59 |
| 摄食鱼增重量（千克/米³） | 0.31 | 0.38 |
| 饲料系数 | 1.78 | 1.50 |

**表 3-21　养殖放养及收获、生长性能分析**

| 项　　目 | 8 号池塘（对照池塘） | | 11 号池塘（处理组） | |
|---|---|---|---|---|
| | 摄饲鱼（鲤） | 滤食鱼（鲢、鳙） | 摄饲鱼（鲤） | 滤食鱼（鲢、鳙） |
| 放养量（千克） | 1 199 | 300 | 1 199 | 300 |
| 放养规格（克/尾） | 310 | 810 | 310 | 810 |
| 放养密度（千克/米³） | 0.58 | 0.14 | 0.50 | 0.14 |
| 放养重量（千克/亩） | 462.93 | 115.83 | 462.93 | 115.83 |
| 收获量（千克） | 1 827.5 | 340 | 1 972 | 345.5 |
| 收获规格（克/尾） | 703 | 921 | 794 | 896 |
| 收获密度（千克/米³） | 0.88 | 0.16 | 0.95 | 0.17 |
| 收获重量（千克/亩） | 705.2 | 131.27 | 761.39 | 133.38 |
| 生长性能 | | | | |
| 摄饲鱼增重（千克/亩） | 243.67 | | 298.46 | |
| 滤食鱼增重（千克/亩） | | 15.44 | | 17.57 |
| 增重率（%） | 52.41 | 13.33 | 64.47 | 15.15 |
| 特定生长率（%） | 0.70 | 0.21 | 0.83 | 0.24 |

**表 3-22　养殖鱼类投入与产出效益分析**

| 项　　目 | 8 号池塘（对照池塘） | | 11 号池塘（处理组） | |
|---|---|---|---|---|
| | 摄饲鱼（鲤） | 滤食鱼（鲢、鳙） | 摄饲鱼（鲤） | 滤食鱼（鲢、鳙） |
| 鱼种价格（元/千克） | 9.0 | 6.0 | 9.0 | 6.0 |
| 鱼种投入费用（元/亩） | 4 166.40 | 694.98 | 4 166.40 | 694.98 |

（续）

| 项　　目 | 8 号池塘（对照池塘） | | 11 号池塘（处理组） | |
|---|---|---|---|---|
| | 摄饲鱼（鲤） | 滤食鱼（鲢、鳙） | 摄饲鱼（鲤） | 滤食鱼（鲢、鳙） |
| 比例（%） | 79.99 | 20.01 | 79.99 | 20.01 |
| 成鱼价格（元/千克） | 11 | 6.0 | 11 | 6.0 |
| 成鱼收获产值（元/亩） | 7 761.58 | 787.64 | 8 375.29 | 800.27 |
| 比例（%） | 84.13 | 15.87 | 85.09 | 14.91 |
| 增值量（元/亩） | 3 595.18 | 92.66 | 4 208.89 | 105.29 |

　　（5）池塘沉积物的沉积量测定　　测定结果显示，试验池塘和对照池塘第1个月沉积量均比第2个月沉积量小。养殖第1个月对照池塘沉积量大于生态基池塘，第2个月对照池塘沉积量小于生态基池塘（表3-23至表3-26）。

**表3-23　生态基池塘第1个月沉积物沉积量测定情况**

| 编号 | 底面积（厘米²） | 底泥高度（厘米） | 底泥体积（厘米³） | 砖块体积（厘米³） | 真实体积（厘米³） |
|---|---|---|---|---|---|
| 1 | 422.52 | 10.9 | 4 605.468 | 437.31 | 4 168.158 |
| 2 | 422.52 | 9.6 | 4 056.192 | 437.31 | 3 618.882 |
| 3 | 422.52 | 5.6 | 2 366.112 | 437.31 | 1 928.802 |
| 4 | 422.52 | 8.9 | 3 760.428 | 437.31 | 3 323.118 |
| 5 | 422.52 | 7.6 | 3 211.152 | 437.31 | 2 773.842 |
| 平均值 | 3 162.560 4 厘米³ | | | | |

**表3-24　对照池塘第1个月沉积物沉积量测定情况**

| 编号 | 底面积（厘米²） | 底泥高度（厘米） | 底泥体积（厘米³） | 砖块体积（厘米³） | 真实体积（厘米³） |
|---|---|---|---|---|---|
| 1 | 422.52 | 10.2 | 4 309.704 | 437.31 | 3 872.394 |
| 2 | 422.52 | 8.8 | 3 718.176 | 437.31 | 3 280.866 |
| 3 | 422.52 | 11.1 | 4 689.972 | 437.31 | 4 252.662 |
| 4 | 422.52 | 7.2 | 3 042.144 | 437.31 | 2 604.834 |
| 5 | 422.52 | 6.5 | 2 746.38 | 437.31 | 2 309.07 |
| 平均值 | 3 263.965 2 厘米³ | | | | |

表 3-25　生态基池塘第 2 个月底沉积物沉积量测定情况

| 编号 | 底面积<br>(厘米²) | 底泥高度<br>(厘米) | 底泥体积<br>(厘米³) | 砖块体积<br>(厘米³) | 真实体积<br>(厘米³) |
|---|---|---|---|---|---|
| 1 | 422.52 | 14.1 | 5 957.532 | 437.31 | 5 520.222 |
| 2 | 422.52 | 13.9 | 5873.028 | 437.31 | 5435.718 |
| 3 | 422.52 | 15.9 | 6718.068 | 437.31 | 6280.758 |
| 4 | 422.52 | 9.9 | 4182.948 | 437.31 | 3745.638 |
| 5 | 422.52 | 8.8 | 3718.176 | 437.31 | 3280.866 |
| 平均值 | 4852.6404 厘米³ | | | | |

表 3-26　对照池塘第 2 个月沉积物沉积量测定情况

| 编号 | 底面积<br>(厘米²) | 底泥高度<br>(厘米) | 底泥体积<br>(厘米³) | 砖块体积<br>(厘米³) | 真实体积<br>(厘米³) |
|---|---|---|---|---|---|
| 1 | 422.52 | 15.2 | 6 422.304 | 437.31 | 5 984.994 |
| 2 | 422.52 | 13.9 | 5 873.028 | 437.31 | 5 435.718 |
| 3 | 422.52 | 9.5 | 4 013.94 | 437.31 | 3 576.63 |
| 4 | 422.52 | 13 | 5 492.76 | 437.31 | 5 055.45 |
| 5 | 422.52 | 6.9 | 2 915.388 | 437.31 | 2 478.078 |
| 平均值 | 4 506.174 厘米³ | | | | |

# 第五节　池塘水质生态工程化调控技术和复合养殖模式

## 一、池塘养殖生态工程技术

**1. 基质与植物筛选**　与生物滤池不同，生态滤池（图 3-25）集成了滤料、微生物、植物等多重作用，为一类高效人工湿地水处理系统。由于其高水力负荷，使其成为循环水养殖系统水处理设施成为可能。基于适用性、经济性和易得性三原则，选择碎石、煤渣和陶粒三种填料，配合美人蕉、芦苇、再力花等湿生植物，均取得良好净化效果（表 3-27、表 3-28）。

图 3-25　构建的高效生态滤池

**表 3-27　不同基质生态滤池的净化效果**

| 项　　目 | | $NH_4^+$-N | TN | TP | COD |
|---|---|---|---|---|---|
| 进水浓度（毫克/升） | | 1.57±0.04 | 5.45±0.16 | 0.38±0.15 | 35.0±1.5 |
| 出水浓度（毫克/升） | 煤渣 | 1.20±0.05 | 4.03±0.75 | 0.15±0.03 | 31.0±1.0 |
| | 陶粒 | 1.24±0.09 | 4.45±0.32 | 0.23±37.75 | 24.7±4.2 |
| | 碎石 | 1.51±0.22 | 4.77±0.34 | 0.30±0.11 | 29.0±2.6 |
| 去除率（%） | 煤渣 | 23.9±3.3[a] | 26.1±13.9[a] | 61.5±8.3[a] | 11.4±2.9[b] |
| | 陶粒 | 20.9±5.6[a] | 18.2±5.9[b] | 37.8±2.0[b] | 29.5±11.9[a] |
| | 碎石 | 4.0±0.2[b] | 12.3±0.3[b] | 20.0±0.1[c] | 17.1±3.0[b] |

**表 3-28　不同植物生态滤池的净化效果**

| 项　　目 | | $NH_4^+$-N | TN | TP | COD |
|---|---|---|---|---|---|
| 进水浓度（毫克/升） | | 1.57±0.04 | 5.45±0.16 | 0.38±0.15 | 35.0±1.3 |
| 出水浓度（毫克/升） | 美人蕉 | 1.51±0.0.22 | 4.77±0.34 | 0.30±0.11 | 31.0±1.0 |
| | 再力花 | 1.53±0.11 | 4.94±0.21 | 0.32±0.20 | 34.0±2.2 |
| | 芦苇 | 1.57±0.48 | 5.30±0.50 | 0.35±0.25 | 29.0±2.6 |
| 去除率（%） | 美人蕉 | 4.0±0.2[a] | 12.3±0.3[a] | 19.4±0.1[a] | 17.1±3.5[a] |
| | 再力花 | 2.5±0.1[b] | 9.2±0.2[b] | 13.6±0.2[b] | 11.4±5.9[b] |
| | 芦苇 | 0.1±0.5[b] | 2.7±0.5[c] | 6.2±0.3[c] | 2.9±3.0[c] |

其中,煤渣对各污染物的去除效果最好,最适宜作为处理养殖废水的生态滤池的基质材料,陶粒基质生态滤池净化效果次之;美人蕉、再力花、芦苇等3种植物生态滤池中,美人蕉滤池对各污染物质的去除效果最好,再力花滤池次之,美人蕉最适宜作为生态滤池的植物配置。

**2. 生态滤池不同组合对净化效果影响** 采用组合生态滤池方法,可有效提高对污水(尤其是氮)的处理效果。以沟渠式水平推流+表面流组合生态滤池为例加以说明。利用池埂边一块狭长的空地构建而成。考虑到运行的稳定性、易维护性和地形特征,湿地处理系统由三级水平潜流湿地和一级自由表面流湿地串联而成(图3-26),其中,一级湿地池底坡降为0.333%,其他三级均为0.167%。

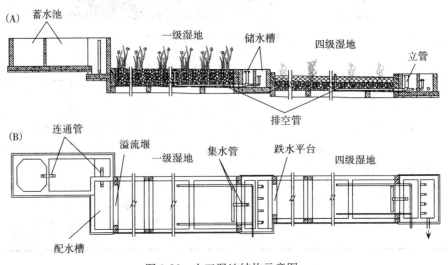

图 3-26　人工湿地结构示意图

一级湿地进水端设配水槽,配水槽一端与蓄水池相连,另一端设锯齿状溢流堰,均匀布水。湿地出水端设二级储水槽,储水槽底部安装集水管,集水管一端与湿地末端底部排水管相连,另一端插一立管,使水从立管翻出,增加出水溶氧。储水槽水体再经跌水平台进入下一级湿地,其他三级湿地进出水与一级雷同(图3-26)。湿地进水区设配水槽,锯齿型溢流堰使水流从进口起在根系层中沿水平方向缓慢流动(图3-27)。

湿地床体由防渗层、基质层和植物构成。防渗层采用塑料膜、膨润土和土工布结构。基质层为粒径不同的陶粒,填充深度0.4~0.8米。所有的基质冲

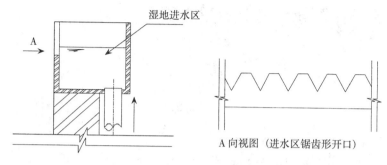

图 3-27　配水槽＋锯齿型溢流堰示意图

洗干净，无沙尘杂物。植物选取本地区根系发达、生物量大、多年生的水生或湿生植物（表 3-29）。出水区布设穿孔的 PVC 收集管，与之连接可调节湿地水位的竖管及排空管。

表 3-29　四级组合湿地的构建特征

| 参数 | 一级 | 二级 | 三级 | 四级 |
|---|---|---|---|---|
| 流态 | 水平潜流 | 水平潜流 | 水平潜流 | 自由表面流 |
| 尺寸（长×宽×深） | 30 米×3.1 米×1 米 | 30 米×3.1 米×1 米 | 30 米×2.4 米×1 米 | 30 米×2.4 米×1 米 |
| 基质/填充深度 | 陶粒/0.8 米 | 陶粒/0.8 米 | 陶粒/0.8 米 | 陶粒/0.4 米 |
| 植物类型 | 再力花 | 花叶芦竹 | 芦苇 | 穗花狐尾藻＋睡莲 |

流经潜流湿地的废水在经过系列生物化学反应后，出水溶氧含量极低，因此，实现水回用必须极大恢复溶氧。表面流湿地可达到这一目的，本系统中表面流湿地大小 L×W×H＝30 米×2.4 米×1 米，栽种植物为穗花狐尾藻＋睡莲（表 3-30）。系统运行后，由于水流和太阳光的作用，栽种植物会大量自然生长，在水中氮、磷和有机物等在进一步得到净化的同时，水中溶氧得到明显恢复。在湿地出水入塘处设跌水装置（图 3-28），水中溶氧可进一步得到恢复。

植物在移栽后，对湿地的环境有适应过程，对长势差和死亡的植物及时调整和补栽，及时对枯萎的枝叶进行清理；为防止因蒸腾作用失水，剪去部分地上茎；为防治烂根，配以溶氧充足的水；养殖期间，对湿地表面及输水沟渠中死亡的水生植物及其他杂物等及时清除；养殖期间适时对植物进行收割。

人工湿地建成，经过近 1 个月的试运行后，即配合池塘养殖投入生产运行

图 3-28　表面流湿地植物及出水入塘跌水实景图

阶段。人工湿地的运行时间为 8：00～18：00。人工湿地平均进水量为 240
米³/天，维持平均水力负荷为 727 毫米/天，平均水力停留时间大于 8 小时。
雨天停止运行。

　　连续 4 年对人工湿地系统进出水水质的水温、pH、溶解氧、电导率、氧
化还原电位等常规理化参数进行了现场测定，其平均值见表 3-30。经统计分
析，湿地出水多项指标均显著低于进水，出水溶解氧、营养盐和悬浮固体含量
均呈降低趋势。湿地系统对有机物（COD）、总氮的面积去除率较高，对悬浮
固体的百分比去除率较高，说明该类养殖水体中，总氮主要以颗粒物形式存
在，且主要通过过滤作用被截留于湿地中。

表 3-30　湿地进出水比较指标

| 指　标 | 进　水 | 出　水 | 百分比去除率（%） | 面积去除率 [克/（米²·天）] |
|---|---|---|---|---|
| EC25（μS/厘米） | 479±65 | 484±20 | | |
| pH | 7.66±0.64 | 7.52±0.50 | | |
| DO（毫克/升） | 5.56±1.40 | 3.55±0.9* | | |
| COD$_{Mn}$（毫克/升） | 9.9±2.3 | 3.4±1.3* | 65.7 | 4.73 |
| TAN（毫克/升） | 2.19±0.65 | 0.89±0.22* | 59.4 | 0.95 |
| NO$_2^-$-N（毫克/升） | 0.062±0.016 | 0.015±0.006* | 75.8 | 0.03 |

（续）

| 指　标 | 进　水 | 出　水 | 百分比去除率（%） | 面积去除率<br>［克/（米²·天）］ |
|---|---|---|---|---|
| NO₃⁻-N（毫克/升） | $0.62\pm0.16$ | $0.18\pm0.06^*$ | 71.0 | 0.32 |
| TN（毫克/升） | $6.54\pm1.05$ | $2.91\pm0.71^*$ | 55.5 | 2.64 |
| IP（毫克/升） | $0.39\pm0.13$ | $0.15\pm0.05^*$ | 61.5 | 0.17 |
| TP（毫克/升） | $0.66\pm0.25$ | $0.24\pm0.09^*$ | 63.6 | 0.31 |
| chl-a（微克/升） | $90.3\pm27.9$ | $6.6\pm2.3^*$ | 92.7 | 60.87 |

　　构建湿地对温度和 pH 的调控作用较小，对 DO 影响较大，经湿地前三级处理后溶氧在 1 毫克/升以下，再经最后一级湿地修饰后溶氧达 3 毫克/升以上，湿地出水 $COD_{Mn}$ 值在 4 毫克/升以下，基本达到渔业水质标准（表3-31）。TAN、TN、TP、$COD_{Mn}$ 和 chl-a 等指标随各级湿地呈逐渐下降趋势，人工湿地对 TAN、TN、TP、$COD_{Mn}$ 以及 chl-a 存在显著的去除作用，其中，对 chl-a 的去除率高达 90% 以上，湿地对 NO₃⁻-N、NO₂⁻-N 的去除作用不明显。从去除率百分比来看，$COD_{Mn}$ 和 chl-a 主要被截留于一级湿地；TAN 被截留于二、三级湿地；NO₃⁻-N、NO₂⁻-N 主要被截留于二级湿地。因此，上述污染物主要被截留于前几级湿地中。

表3-31　四级湿地出水水质特征

| 指　标 | 进　水 | 一级出 | 二级出 | 三级出 | 四级出 | $P-$value |
|---|---|---|---|---|---|---|
| T（℃） | $27.6\pm4.5$ | $27.6\pm4.6$ | $27.6\pm4.5$ | $27.4\pm4.5$ | $27.0\pm4.3$ | $1.000^{NS}$ |
| EC25（μS/厘米） | $479\pm65$ | $493\pm36$ | $489\pm37$ | $487\pm33$ | $484\pm20$ | $0.988^{NS}$ |
| pH | $7.66\pm0.64$ | $7.40\pm0.51$ | $7.55\pm0.62$ | $7.50\pm0.48$ | $7.52\pm0.50$ | $0.968^{NS}$ |
| DO（毫克/升） | $5.56\pm1.40^a$ | $0.85\pm0.69^b$ | $0.78\pm0.58^b$ | $0.56\pm0.18^b$ | $3.55\pm0.99^c$ | $0.000^{***}$ |
| $COD_{Mn}$（毫克/升） | $7.9\pm3.3^a$ | $4.9\pm3.1^b$ | $4.0\pm2.4^b$ | $3.6\pm2.3^b$ | $3.4\pm2.3^b$ | $0.012^*$ |
| TAN（毫克/升） | $2.18\pm1.05$ | $2.26\pm0.96$ | $1.85\pm0.89$ | $1.43\pm0.79$ | $1.24\pm0.62$ | $0.099^{NS}$ |
| NO₂⁻-N（毫克/升） | $0.051\pm0.036$ | $0.041\pm0.046$ | $0.015\pm0.019$ | $0.014\pm0.017$ | $0.048\pm0.061$ | $0.142^{NS}$ |
| NO₃⁻-N（毫克/升） | $0.18\pm0.16$ | $0.22\pm0.19$ | $0.18\pm0.16$ | $0.23\pm0.19$ | $0.21\pm0.21$ | $0.965^{NS}$ |
| TN（毫克/升） | $6.14\pm1.05^a$ | $5.70\pm0.84^{ab}$ | $5.20\pm1.01^b$ | $4.94\pm0.93^b$ | $4.87\pm0.71^b$ | $0.043^*$ |

(续)

| 指　标 | 进　水 | 一级出 | 二级出 | 三级出 | 四级出 | $P-$value |
|---|---|---|---|---|---|---|
| IP<br>(毫克/升) | 0.29±0.23 | 0.44±0.46 | 0.38±0.37 | 0.24±0.19 | 0.17±0.11 | 0.405[NS] |
| TP<br>(毫克/升) | 0.66±0.45 | 0.57±0.31 | 0.54±0.42 | 0.34±0.25 | 0.24±0.15 | 0.093[NS] |
| chl-a<br>(微克/升) | 90.3±37.9[a] | 20.2±14.1[b] | 11.5±11.8[bc] | 8.4±6.5[c] | 6.6±3.3[c] | 0.000＊＊＊ |

NS：not significant.　＊$P<0.05$；＊＊$P<0.01$；＊＊＊$P<0.001$。

**3. 基质曝气对生态滤池净化效果影响**　通过在湿地床体底部增设曝气增氧设施，提高潜流湿地净化效率。具体在湿地进水端蓄水池内，放置4个纳米微孔曝气盘。曝气盘以竹片作为支撑，盘绕5米长的纳米微孔管，用砖块沉于各级湿地进水端；所有微孔曝气盘通过塑料软管与1台YP无油滑片式增氧机相连，该增氧机增氧能力为3.5千克氧气/小时。湿地运行时曝气增氧同步进行。

由表3-32可知，湿地进水经四级处理后，水温呈降低趋势，尤其是发生在最后两级。说明经人工湿地处理后，水温呈降低趋势，这可能与蒸发、蒸腾、湿地底部热交换有关；溶氧经前三级湿地处理后，水温呈迅速降低趋势，在1.0毫克/升以下，但经最后一级处理后迅速提升至4毫克/升以上，基本满足渔业用水要求。

表3-32　未曝气条件下各级湿地进出水水质比较

| 指　标 | 进　水 | 一级出 | 二级出 | 三级出 | 四级出 | $P-$value |
|---|---|---|---|---|---|---|
| T（℃） | 28.9±1.2 | 28.8±1.3 | 28.7±1.3 | 28.5±1.1 | 28.0±1.1 | 0.652[NS] |
| DO<br>(毫克/升) | 6.19±0.75[a] | 0.63±0.08[b] | 0.72±0.26[b] | 0.75±0.22[b] | 4.43±0.90[c] | 0.000＊＊＊ |
| pH | 7.76±0.20[a] | 7.47±0.11[b] | 7.40±0.10[b] | 7.37±0.08[b] | 7.38±0.12[b] | 0.000＊＊＊ |
| EC<br>(μS/厘米) | 645±18 | 641±20 | 646±21 | 641±18 | 632±18 | 0.708[NS] |
| TDS<br>(毫克/升) | 389±5 | 389±5 | 392±5 | 389±3 | 389±3 | 0.597[NS] |
| ORP<br>(毫伏) | 65.3±16.6[a] | −51.7±45.3[bcd] | −95.6±18.0[b] | −56.2±21.0[c] | 20.6±13.9[d] | 0.000＊＊＊ |

（续）

| 指　标 | 进　水 | 一级出 | 二级出 | 三级出 | 四级出 | $P-value$ |
|---|---|---|---|---|---|---|
| $COD_{Mn}$（毫克/升） | $7.1\pm1.4^a$ | $6.7\pm1.5^{ab}$ | $5.7\pm1.1^{abc}$ | $5.4\pm1.2^{bc}$ | $5.2\pm0.5^c$ | $0.046^*$ |
| TAN（毫克/升） | $0.65\pm0.32$ | $0.59\pm0.26$ | $0.55\pm0.28$ | $0.42\pm0.13$ | $0.31\pm0.13$ | $0.121^{NS}$ |
| $NO_2^--N$（毫克/升） | $0.065\pm0.008^a$ | $0.029\pm0.023^{abc}$ | $0.002\pm0.001^b$ | $0.002\pm0.001^b$ | $0.005\pm0.001^c$ | $0.000^{***}$ |
| $NO_3^--N$（毫克/升） | $0.43\pm0.06^a$ | $0.17\pm0.09^b$ | $0.15\pm0.02^{bc}$ | $0.10\pm0.02^{cd}$ | $0.08\pm0.04^d$ | $0.000^{***}$ |
| TN（毫克/升） | $2.08\pm0.31^a$ | $1.21\pm0.27^b$ | $0.93\pm0.26^b$ | $0.61\pm0.18^c$ | $0.42\pm0.13^c$ | $0.000^{***}$ |
| TP（毫克/升） | $0.19\pm0.06$ | $0.13\pm0.09$ | $0.19\pm0.06$ | $0.14\pm0.04$ | $0.11\pm0.04$ | $0.093^{NS}$ |

　　pH 经一级湿地处理后显著降低，这主要与湿地的硝化作用有关。有机物（$COD_{Mn}$）在各级湿地中呈逐级降低趋势，总氮显示类似规律，这可能归结于总氮主要来源于尾水中的有机物。氧化还原电位与溶氧相似，经前三级湿地处理后显著降低。氨氮、硝氮、亚硝氮在各级湿地中起伏较大，在未曝气条件下，氨氮主要靠挥发、植物吸收及厌氧氨氧化。磷在各级湿地中基本呈逐级降低趋势。

　　由表 3-33 可知，四级湿地经曝气处理后，湿地最终出水降温趋势较未曝气条件削弱，这可能与鼓风机相对较高的空气温度有关。曝气后，各级湿地出水溶氧显著提高，尤其是末级，溶氧达空气饱和度以上，这一方面与增氧有关；另一方面，最后一级湿地是表面流湿地，载有沉水植物，光合放氧作用强烈。曝气对电导率和总溶解固体影响微弱，但电导率在各级湿地中有逐级降低趋势。曝气对有机物、氮磷的去除作用影响明显，曝气强化了湿地对有机物、氮磷的处理能力。

表 3-33　曝气条件下各级湿地进出水水质比较

| 指　标 | 进　水 | 一级出 | 二级出 | 三级出 | 四级出 | $P-value$ |
|---|---|---|---|---|---|---|
| T（℃） | $25.3\pm2.4$ | $25.0\pm2.2$ | $24.8\pm1.9$ | $24.7\pm1.8$ | $24.6\pm2.1$ | $0.975^{NS}$ |
| DO（毫克/升） | $6.95\pm1.01^a$ | $5.63\pm0.67^b$ | $6.34\pm0.71^{ab}$ | $7.22\pm0.74^a$ | $9.68\pm2.09^c$ | $0.000^{***}$ |
| pH | $7.85\pm0.19^a$ | $7.65\pm0.14^{ab}$ | $7.59\pm0.11^b$ | $7.59\pm0.11^b$ | $7.70\pm0.22^{ab}$ | $0.016^*$ |
| EC（$\mu S$/厘米） | $598\pm21$ | $590\pm20$ | $586\pm18$ | $587\pm19$ | $576\pm16$ | $0.238^{NS}$ |

（续）

| 指标 | 进　水 | 一级出 | 二级出 | 三级出 | 四级出 | $P-$value |
|---|---|---|---|---|---|---|
| TDS<br>（毫克/升） | 386±6 | 385±6 | 383±6 | 382±6 | 377±9 | 0.093[NS] |
| ORP<br>（毫伏） | 81.4±24.2 | 67.4±30.3 | 78.6±23.0 | 88.6±19.1 | 92.6±15.6 | 0.243[NS] |
| $COD_{Mn}$<br>（毫克/升） | 6.8±0.7[a] | 5.4±0.8[b] | 4.4±0.4[c] | 4.4±0.5[c] | 4.0±0.3[c] | 0.000*** |
| TAN<br>（毫克/升） | 0.77±0.30[a] | 0.35±0.12[b] | 0.24±0.06[bc] | 0.23±0.09[c] | 0.27±0.14[bc] | 0.000*** |
| $NO_2^--N$<br>（毫克/升） | 0.086±0.010[a] | 0.019±0.012[b] | 0.004±0.002[b] | 0.006±0.001[b] | 0.005±0.002[b] | 0.000*** |
| $NO_3^--N$<br>（毫克/升） | 0.39±0.07[ab] | 0.65±0.20[c] | 0.53±0.17[ac] | 0.47±0.18[a] | 0.30±0.17[b] | 0.002** |
| TN<br>（毫克/升） | 2.58±0.56[a] | 1.48±0.31[b] | 1.09±0.35[c] | 0.96±0.39[c] | 0.73±0.25[c] | 0.000*** |
| TP<br>（毫克/升） | 0.13±0.05[a] | 0.06±0.01[b] | 0.10±0.04[ac] | 0.09±0.03[cd] | 0.07±0.01[bd] | 0.000*** |

研究发现，曝气显著提高了各级湿地出水溶氧，同时，也强化了湿地对有机物、氮磷的处理能力。

## 二、复合池塘养殖模式

从生态学角度考虑，人工湿地特别适用于一个水产养殖系统内部的生物修复，它的一个重要特征是，能够适应于任何环境。人工湿地的生物-生态综合处理程序如果设计得当，完全可以达到恢复生态系统平衡的目的。不仅如此，这一技术还可实现养殖废水的综合利用与无污染排放，这对于减轻严重的水污染和生态环境的恶化具有重要的意义。从费用上讲，人工湿地无论是建设还是维护，相对于工厂化水处理要便宜得多。澳大利亚湿地公司进行的一项研究发现，人工湿地的一个生命周期只需要花费传统生物技术10％的费用，因此，加强这方面的研究尤为重要。从技术层面看，对该复合湿地-池塘养殖模式的研究尚未形成比较完整的体系，相关机理性研究尤为缺乏。目前，国内外关于人工湿地池塘生态循环水养殖工艺研究还处于定性阶段，关于该模式的众多量化参数仍然缺乏，如该模式下人工湿地适宜的运转方式，最优的湿地/池塘面积比，池塘最佳循环水率与养殖容量等。

当前，基于人工湿地的复合池塘养殖模式在推广上面临的突出问题是，如何开发出高效低成本的人工湿地构建技术，以及提出一整套与养殖相匹配的运作管理模式。多年来，在开展基质与植物筛选、不同水力负荷比较、不同流态工艺组合以及不同曝气强化等系列试验基础上，提出了沟渠式节地型多级水平潜流＋表面流组合人工湿地辅以曝气强化的生态滤池构建技术。以高效生态滤池耦合养殖池塘的复合生态系统为对象，通过研究提出一套体现湿地-池塘复合生态系统特点、有利节水节地和池塘水质改善的运行方法。

**1. 系统设计与构建**

（1）设计原则　①适合性原则，即系统的设计和运行要适合所在地自然、社会和经济条件；②高效益原则，作为一项生态经济活动，构建系统强调社会-经济-自然生态系统的整体效率及效益与功能，以生态建设促进产业发展，将生态环境保护用于池塘养殖生产之中，其经济效益高低决定它的命运；③生态学原则，包括生物对环境的适应性原则，生物种群优化与和谐原则，生态系统良性循环与生态经济原则。

（2）组成和布局　试验系统由输水系统、蓄水池、储水槽、溢流堰、组合湿地、跌水平台和养殖池塘等单元构成，除养殖池塘外，其他单元共同组成了水质净化系统。通过水流相互串通，由此形成复合池塘养殖生态系统（图 3-29），将相对独立的种、养有机结合，有效实现不同生物间的共生互利关系，突破传统养殖方式。构建系统中养殖池塘 4～6 口，主要进行不同品种鱼类养殖；组合人工湿地起水质调节和净化作用，其中，表面流湿地还担当起复氧的功能。

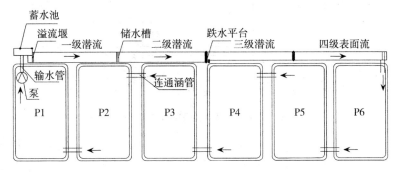

图 3-29　系统组成平面示意图（箭头代表水流方向）

（3）工艺流程　鱼塘养殖用水来源于当地浅层地下水，养殖过程中水得到循环利用。雨水和地下水作蒸发水量之补充，如图 3-30 所示。

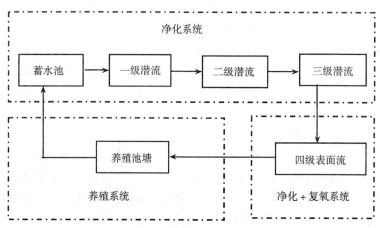

图 3-30　系统工艺流程图

传统养殖池塘（即对照塘）为静水养殖。复合养殖模式中试验塘用涵管将位置毗邻、面积一致（33 米长×20 米宽）的多口池塘相互串联，进水端位于一池水体上层区域，出水端位于另一池水体下层区域。通过水的流动，上层富含溶氧的水即可同下层缺氧的水混合，有助于污染物的代谢转化（图 3-31）。塘底为泥土，塘壁为垂直砖混结构。池塘水深在 1.2～2.0 米，平均水深约 1.5 米。养殖品种和结构可以适当调整搭配。

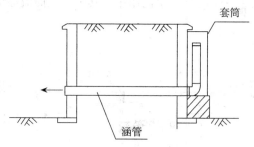

图 3-31　池埂间连通涵管示意图

**2. 运行管理**　从 2010—2013 年连续进行了 4 年试验研究，其中，2010年、2013 年主养草鱼和异育银鲫，2011 年、2012 年主养黄颡鱼。苗种放养具体情况详见表 3-34。

表 3-34　各塘苗种放养情况

| 种类 | 2010 年 | | 2011 年 | | 2012 年 | | 2013 年 | |
|---|---|---|---|---|---|---|---|---|
| | 密度<br>(尾/亩) | 规格<br>(克/尾) | 密度<br>(尾/亩) | 规格<br>(克/尾) | 密度<br>(尾/亩) | 规格<br>(克/尾) | 密度<br>(尾/亩) | 规格<br>(克/尾) |
| 草鱼 | 1 600 | 19.3 | | | | | | |
| 鲢 | 120 | 47.2 | 100 | 232.0 | 200±100 | 15.1 | 150 | 300.1 |
| 鳙 | 30 | 371.3 | | | | | 25 | 150.3 |
| 异育银鲫 | 100 | 18.8 | | | | | 2 200 | 30.3 |
| 鳊 | | | 30 | 143.0 | 30 | 150.2 | 50 | 50.2 |
| 青鱼 | 2 | 1 000.0 | | | | | 3 | 1 000.4 |
| 黄颡鱼 | | | 12 000 | 8.6 | 10 000±2 000 | 7.8 | | |

注：2010 年、2011 年和 2013 年，各试验塘和对照塘苗种放养数量一致。2012 年，试验塘黄颡鱼苗种放养数量沿水流方向递减，鲢放养量递增。即黄颡鱼 P1、P2 为 8 000 尾/亩，P3、P4、P7、P8 为 10 000 尾/亩，P5、P6 为 12 000 尾/亩；鲢 P1、P2 为 300 尾/亩，P3、P4、P7、P8 为 200 尾/亩，P5、P6 为 100 尾/亩。

苗种投喂全价商品鱼饲料，其中，草鱼、鲫预混料粗蛋白含量不低于 38%；黄颡鱼专用饲料粗蛋白含量不低于 42%。试验期间每天投喂 2～3 次，日投喂量为鱼体重的 2%～5%，实际投喂量要根据天气和鱼摄食状况确定。坚持早晚巡塘，发现死鱼及时捞出深埋，做好养鱼记录。

**3. 运行效果**

（1）池塘水质理化特征

①2010 年主养草鱼的池塘水质特征：pH 和溶氧对照塘略高于试验塘，电导率试验塘高于对照塘，叶绿素 a 试验塘低于对照塘。氮磷营养盐方面，试验塘低于对照塘，尤其是对照塘（P8）亚硝酸盐含量高达 0.15 毫升/升，明显高出其他各塘（图 3-32）。综合指标分析，试验塘营养状态较对照塘显著降低（表 3-35）。

表 3-35　试验塘和对照塘主要水质比较

| 指标 | 试验塘 | 对照塘 | 指标 | 试验塘 | 对照塘 |
|---|---|---|---|---|---|
| EC（μS/厘米） | 484±12 | 439±9 | pH | 7.59±0.04 | 7.89±0.01 |
| DO（毫克/升） | 2.76±0.33 | 4.70±0.36* | TAN（毫克/升） | 1.67±0.06 | 1.66±0.09 |
| $NO_2^-$-N（毫克/升） | 0.038±0.003 | 0.124±0.062* | TN（毫克/升） | 5.62±0.35 | 6.60±0.45* |
| TP（毫克/升） | 0.64±0.11 | 0.94±0.27* | IP（毫克/升） | 0.34±0.02 | 0.52±0.12* |
| COD（毫克/升） | 7.4±1.6 | 11.0±0.9* | chl-a（微克/升） | 65.9±28.1 | 140.9±1.5* |

注：* 表示试验塘与对照塘间存在显著差别。

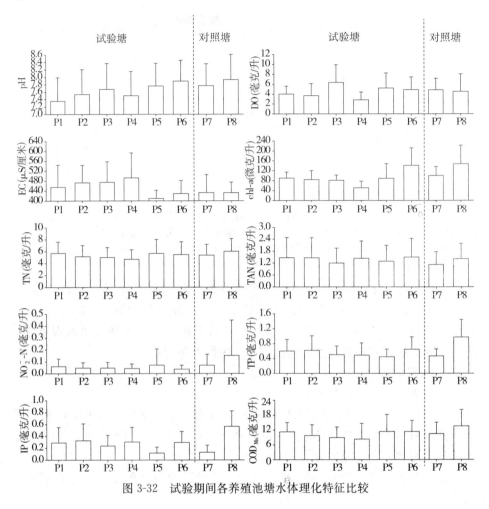

图 3-32  试验期间各养殖池塘水体理化特征比较

②2011 年主养黄颡鱼的池塘水质特征：溶氧、pH 和电导率在试验塘中沿水流方向呈递减趋势，溶氧和 pH 前两级试验塘高于对照塘，而后两级低于对照塘，电导率试验塘均高于对照塘。COD、$NO_2^--N$、TN、TP 等指标沿水流方向呈递增趋势，其中，COD 和 TN 试验塘低于对照塘，TP 前两级试验塘低于对照塘，而末级高于对照塘。TAN 前两级试验塘低于对照塘。$NO_2^--N$ 对照塘明显高于试验塘。chl-a 前三级试验塘低于对照塘，而末级高于对照塘。统计结果表明，pH、COD、chl-a 等指标于各养殖池塘之间存在显著差异（图 3-33）。经湿地的循环处理后，试验塘的营养状态较对照塘有明显降低趋势（表 3-36）。

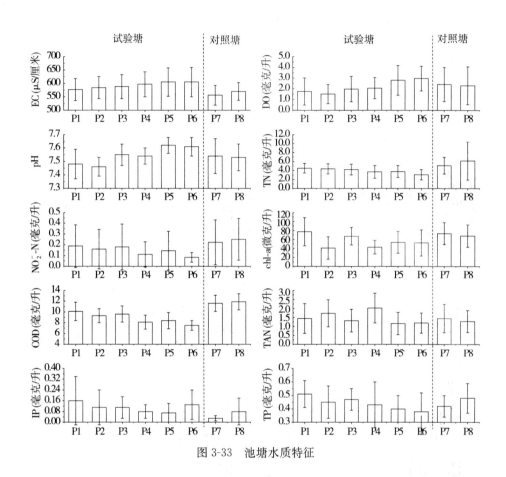

图 3-33　池塘水质特征

**表 3-36　试验塘和对照塘主要水质比较**

| 指　标 | 试验塘 | 对照塘 | 指　标 | 试验塘 | 对照塘 |
|---|---|---|---|---|---|
| DO（毫克/升） | 2.18±0.58 | 2.35±0.08 | EC（$\mu$S/厘米） | 592±11 | 563±10 |
| pH（毫克/升） | 7.54±0.07 | 7.54±0.01 | $NO_2^-$-N（毫克/升） | 0.14±0.04 | 0.24±0.02* |
| TN（毫克/升） | 3.93±0.53 | 5.61±0.74* | TAN（毫克/升） | 1.48±0.33 | 1.36±0.11 |
| IP（毫克/升） | 0.11±0.03 | 0.06±0.04* | TP（毫克/升） | 0.44±0.05 | 0.45±0.04 |
| COD（毫克/升） | 8.8±1.0 | 11.8±0.2* | chl-a（微克/升） | 55.7±14.1 | 70.5±3.7* |

注：* 表示试验塘与对照塘间存在显著差别。

③2012年主养黄颡鱼的池塘水质特征：试验塘电导率有高于对照塘趋势，所有池塘溶氧几乎全在 3.0 毫克/升 以下。总氮、总磷一二级塘明显低于对照塘，且沿水流方向递增。对照塘亚硝氮、有机物和藻类生物量明显高于试验塘，对照塘亚硝氮水平较之前高密度养殖试验偏低（图 3-34，表 3-37）。

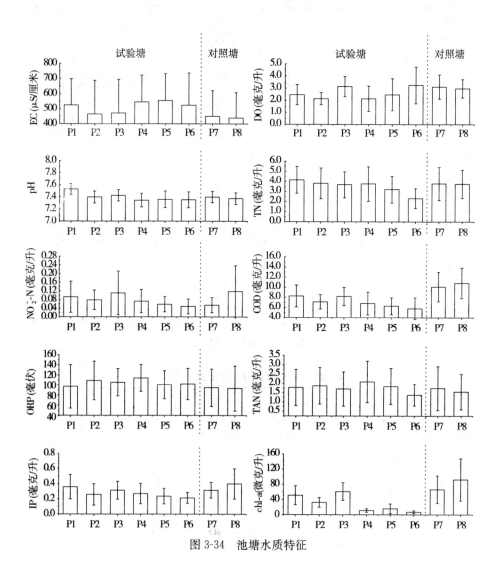

图 3-34　池塘水质特征

表 3-37 试验塘和对照塘主要水质比较

| 指 标 | 试验塘 | 对照塘 | 指 标 | 试验塘 | 对照塘 |
|---|---|---|---|---|---|
| EC（$\mu$S/厘米） | 514±38 | 444±8 | pH | 7.40±0.07 | 7.39±0.02 |
| DO（毫克/升） | 2.60±0.49 | 3.04±0.10* | ORP（毫伏） | 105±6 | 94±1* |
| $NO_2^-$-N（毫克/升） | 0.077±0.022 | 0.086±0.044* | TN（毫克/升） | 3.48±0.65 | 3.75±0.05* |
| TAN（毫克/升） | 1.77±0.24 | 1.64±0.13 | TP（毫克/升） | 0.27±0.05 | 0.36±0.06* |
| COD（毫克/升） | 7.1±1.0 | 10.5±0.5* | chl-a（微克/升） | 29.6±22.4 | 79.2±18.3* |

注：* 表示试验塘与对照塘间存在显著差别。

④2013 年主养异育银鲫的池塘水质特征：试验塘的电导率显著高于对照塘，试验塘氨氮、亚硝酸盐沿水流方向呈递增趋势，且初级试验塘低于对照；总氮、总磷、有机物含量也有类似变化趋势（图 3-35，表 3-38）。

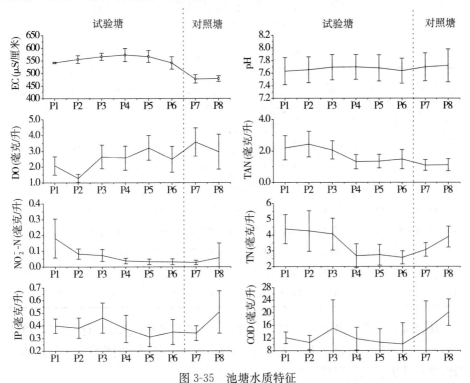

图 3-35 池塘水质特征

表 3-38  试验塘和对照塘主要水质比较

| 指 标 | 试验塘 | 对照塘 | 指 标 | 试验塘 | 对照塘 |
|---|---|---|---|---|---|
| EC（$\mu$S/厘米） | 558±21 | 479±13* | pH | 7.67±0.19 | 7.71±0.23* |
| DO（毫克/升） | 2.38±0.88 | 3.27±1.01* | TAN（毫克/升） | 1.80±0.75 | 1.10±0.35* |
| $NO_2^-$-N（毫克/升） | 0.073±0.075 | 0.042±0.066* | TN（毫克/升） | 3.45±1.16 | 3.48±0.69 |
| TP（毫克/升） | 0.38±0.10 | 0.42±0.15* | COD（毫克/升） | 11.7±5.2 | 17.3±7.4* |

注：* 表示试验塘与对照塘间存在显著差别。

（2）池塘养殖功效

①2010 年主养草鱼：统计干塘渔获物时发现，草鱼个体均重试验塘明显高于对照塘。从产量上看，无论是主要品种单产还是总产量，试验塘均高出对照塘，说明循环水工艺有助于提高养殖产量。干塘鱼获物草鱼的存活尾数试验塘均高于对照塘。从成活率来看，草鱼的成活率除 P6 号塘高达 98.4% 外，其他在 70.9%～93.3%，且试验塘成活率均高出对照塘（表 3-39）。

表 3-39  各池塘收获情况

| 池塘编号 | 草鱼（千克） | 白鲢（千克） | 鳙（千克） | 其他（千克） | 总产量（千克） | 亩均产量（千克/亩） | 饲料量（千克） | 饲料系数 | 主养鱼平均体重（千克/尾） | 主养鱼成活率（%） |
|---|---|---|---|---|---|---|---|---|---|---|
| P1 | 953.0 | 129.2 | 72.3 | 71.9 | 1 226.4 | 1 238.8 | 2 500 | 2.13 | 0.813 | 78.1 |
| P2 | 967.0 | 107.9 | 64.3 | 61.9 | 1 201.1 | 1 213.2 | 2 500 | 2.17 | 0.783 | 82.3 |
| P3 | 987.3 | 113.2 | 58.7 | 53.8 | 1 213.0 | 1 225.3 | 2 500 | 2.15 | 0.759 | 86.7 |
| P4 | 1 104.2 | 94.8 | 69.1 | 72.4 | 1 340.5 | 1 354.0 | 2 600 | 2.02 | 0.830 | 88.7 |
| P5 | 1 089.5 | 83.5 | 53.4 | 63.2 | 1 289.6 | 1 302.6 | 2 600 | 2.10 | 0.778 | 93.3 |
| P6 | 1 196.0 | 68.3 | 49.7 | 48.7 | 1 362.7 | 1 376.5 | 2 690 | 2.05 | 0.810 | 98.4 |
| P7 | 824.5 | 111.8 | 71.2 | 16.0 | 1 023.5 | 1 033.8 | 2 070 | 2.13 | 0.775 | 70.9 |
| P8 | 777.4 | 82.6 | 58.9 | 19.0 | 937.9 | 947.4 | 2 070 | 2.34 | 0.689 | 75.2 |

从投饲量来看，各塘投饲量存在差异。主养草鱼的试验塘鱼摄食情况好于对照塘，投饲量也明显加大，尤其是 P6 号塘，投饲量是对照的 1.3 倍。草鱼塘饲料系数也有低于对照塘趋势（表 3-40）。

综合鱼的产量、成活率、投饲量和饲料系数，主养草鱼的 P6 号塘养殖效果优于其他草鱼塘，这主要是因为该循环系统湿地出水直接流入 P6 号塘。湿地出水一方面维持和稳定了 P6 号塘水质，另一方面也扰动了该塘水体，增强了水体流动性。这些都改善了养殖水体环境，草鱼的摄食能力增强，饵料系数降低，产量提高。

表 3-40　试验塘和对照塘草鱼生长情况比较

| 指　标 | 试验塘 | 对照塘 |
|---|---|---|
| 平均体重（千克/尾） | 0.796±0.026 | 0.732±0.061 |
| 成活率（%） | 87.9±7.3 | 73.1±3.0 |
| 总产量（千克） | 1 272.2±69.0 | 980.7±60.5 |
| 总投饵量（千克） | 2 565.0±78.0 | 2 070.0±0.0 |
| 饵料转化系数（FCR） | 2.10±0.06 | 2.24±0.15 |

注：饵料转化率 FCR＝F/（$W_2'-W_1'$）。其中，F——总投饵量（千克）；$W_1'$——鱼种投放量；$W_2'$——养殖产量。

②2011 年高密度养殖黄颡鱼：干塘后统计渔获物发现，就主养品种黄颡鱼而言，试验塘产量沿水流方向（P6→P1）呈递减趋势，且除最后一级外，其他试验塘产量均高出对照塘，尤其是一、二级试验塘黄颡鱼产量平均高出对照塘21.5%。对于配养鱼类，试验塘中鳊产量沿水流方向也有降低趋势，且除一级试验塘（P6）产量高出对照外，其他试验塘均低于对照塘；对于白鲢来说，试验塘产量均低于对照塘，说明以提高和改善养殖环境的循环水工艺流程不适合养殖白鲢，白鲢偏向于肥水养殖。就总产量而言，前三级试验塘高于对照塘，而最后一级低于对照塘。主养品种黄颡鱼占总产量的百分比基本维持在80%以上，基本都高出对照塘。从养殖亩均产量来看，黄颡鱼亩产均在450千克以上（对照塘除外），一级试验塘甚至高达560千克/亩，明显高出邻近区域的传统池塘养殖模式。饵料系数也基本维持在1.7以下（图3-36）。

③2012 年低密度养殖黄颡鱼：就主养品种黄颡鱼而言，试验塘平均产量（518.3 千克）高于对照塘（465.4 千克），试验塘较对照塘产量增加11.4%，且试验塘黄颡鱼产量沿水流方向逐渐递减趋势；试验塘配养鱼产量随水流方向呈递增趋势。饵料系数试验塘平均为1.52，对照塘为1.47，较之前单密度养殖试验有所降低（图3-37）。

④2013 年主养异育银鲫：统计干塘渔获物时发现，对于主养品种鲫而言，试验塘鲫个体大小高于对照塘。从产量上看，无论是主要品种单产还是总产

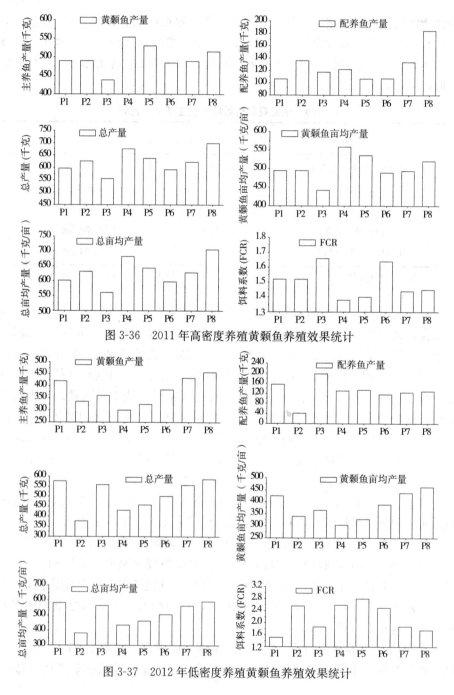

图 3-36　2011 年高密度养殖黄颡鱼养殖效果统计

图 3-37　2012 年低密度养殖黄颡鱼养殖效果统计

量，试验塘均高出对照塘，说明循环水工艺有助于提高养殖产量。干塘渔获物
鲫的存活尾数试验塘均高于对照塘；从成活率来看，鲫的成活率较高，高达
99％以上，且试验塘成活率均高出对照塘（表3-41）。从投饲量来看，主养鲫
的1号塘因养殖期间鱼摄食情况较差，投饲量较其他三塘略低。主养鲫的试验
塘饵料系数明显低于对照塘（表3-42）。

表 3-41　各池塘收获情况

| 池塘编号 | 异育银鲫（千克） | 白鲢（千克） | 鳙（千克） | 其他（千克） | 总产量（千克） | 亩均产量（千克/亩） | 饵料系数 | 主养鱼平均体重（克/尾） | 主养鱼成活率（％） |
|---|---|---|---|---|---|---|---|---|---|
| P1 | 625.6 | 128.5 | 40.6 | 30.5 | 825.2 | 833.6 | 1.28 | 294.7 | 96.5 |
| P2 | 630.8 | 146.5 | 46.5 | 40.1 | 863.9 | 872.7 | 1.21 | 294.7 | 97.3 |
| P3 | 634.5 | 133.0 | 43.7 | 37.7 | 848.9 | 857.5 | 1.24 | 294.0 | 98.1 |
| P4 | 615.7 | 121.9 | 42.3 | 41.8 | 821.7 | 830.0 | 1.28 | 281.8 | 99.3 |
| P5 | 605.3 | 116.5 | 36.8 | 36.1 | 794.7 | 802.8 | 1.34 | 277.1 | 99.3 |
| P6 | 584.1 | 103.0 | 32.4 | 37.2 | 756.7 | 764.4 | 1.42 | 267.1 | 99.4 |
| P7 | 524.8 | 130.5 | 40.2 | 32.6 | 728.1 | 735.5 | 1.48 | 265.6 | 89.8 |
| P8 | 567.3 | 147.5 | 45.6 | 45.0 | 805.4 | 813.6 | 1.31 | 260.7 | 98.9 |

⑤影响养殖效果因素分析：

表 3-42　试验塘和对照塘异育银鲫生长情况比较

| 指　标 | 试验塘 | 对照塘 |
|---|---|---|
| 平均体重（克/尾） | 284.9±11.5 | 263.2±3.5 |
| 成活率（％） | 98.3±1.2 | 94.4±6.4 |
| 总产量（千克） | 818.5±38.5 | 766.8±54.7 |
| 饵料转化系数（FCR） | 1.39±0.07 | 1.50±0.12 |

A. 草鱼与环境的关系：由表3-43可知，主养草鱼的池塘养殖效果与环境
关系较为密切，说明草鱼对水质较为敏感。从统计结果来看，温度与草鱼产
量、存活率均呈负相关，说明高温季节湿地较低的出水温度有助于草鱼生长。
电导率与摄食量正相关，pH与总产量、摄食量负相关，以及溶氧、$COD_{Mn}$、
$NO_2^-$-N、TN、IP、TP、叶绿素 a 等与总产量、摄食量、特定生长率等负相
关，说明草鱼倾向于低营养环境，一级试验塘（P4）过高的摄食量与产量，
与湿地不断补充的清质水源有关。

表 3-43　主养草鱼池塘养殖环境与效果的关系

| 指　标 | 草鱼产量 | 总产量 | 摄食量 | 饵料系数 | 特定生长率 | 存活率 |
|---|---|---|---|---|---|---|
| Temperature | −0.992** | | | | | −0.980* |
| EC25 | | | 0.981* | | | |
| pH | | −0.963* | −0.991** | | | |
| DO | | | −0.980* | | | |
| $COD_{Mn}$ | −0.985* | −0.992** | −0.959* | | −0.958* | |
| $NO_2^--N$ | | | | | −0.960* | |
| TN | | −0.970* | | 0.951* | −0.995** | |
| IP | | | | 0.960* | −0.979* | |
| TP | | | | 0.997** | −0.983* | |
| chl-a | −0.980* | −0.989* | −0.994** | | | |

注 $*P<0.05$；$**P<0.01$。

为进一步比较各环境因子对养殖效果的影响，将养殖效果与监测的环境因子间进行标准化回归分析，结果如表 3-44 所示。由表 3-44 可知，该养殖模式下影响草鱼产量的主要环境因素为温度和有机物水平，影响总产量的主要因素依次为叶绿素 a 水平、总氮含量及水体酸碱度；对摄食量影响较大的因素为pH 和叶绿素水平，其次为溶解氧水平；决定饵料系数高低的主要因素为总磷、无机磷；决定特定生长率高低的主要因素依次为总磷、有机物及亚硝氮水平。

表 3-44　养殖效果与环境因子的多元回归分析

| 指　标 | 标准化后 $k=$ | $r$ | $p$ |
|---|---|---|---|
| 草鱼产量 | $-0.600\times Temp-0.456\times COD+0.045\times chl\text{-}a+Constant$ | 0.834 | 0.033 |
| 总产量 | $-0.138\times pH-0.390\times TN-0.494\times chl\text{-}a+Constant$ | 0.814 | 0.039 |
| 摄食量 | $-0.454\times pH+0.002\times DO-0.555\times chl\text{-}a+Constant$ | 0.993 | 0.018 |
| 饵料系数 | $0.097\times TN-0.445\times IP+1.339\times TP+Constant$ | 0.917 | 0.023 |
| 特定生长率 | $-0.403\times COD-0.127\times NO_2^--N-0.501\times TP+Constant$ | 0.805 | 0.041 |

B. 异育银鲫与环境的关系：相比于草鱼，主养鲫池塘中电导率与总产量、特定生长率等正相关，pH 与摄食量正相关。这与鱼载量有关，过高的鱼载量不仅摄食量增加，排泄物增多，而且增强的鱼类活动也会导致底质营养物的释放。硝酸盐氮与总产量负相关，可能是因为它在厌氧条件下能转化成亚硝酸盐（表 3-45）。

表 3-45　主养异育银鲫池塘养殖环境与效果的关系

| 指　标 | 总产量 | 摄食量 | 饵料系数 | 特定生长率 |
|---|---|---|---|---|
| EC25 | 0.969* | | | 0.997** |
| pH | | 0.985* | | |
| NO$_3^-$-N | −0.976* | | | |
| IP | | | −0.996** | |
| TP | | | −0.960* | |

注：* $P<0.05$；** $P<0.01$。

将鲫的养殖效果与监测的环境因子间进行多元回归分析，发现该养殖模式下影响总产量的主要环境因子为电导率和硝态氮水平；决定饵料系数高低的主要因素为磷水平（表 3-46）。

表 3-46　养殖效果与环境因子的多元回归分析

| 指　标 | 标准化后 $k=$ | $r$ | $p$ |
|---|---|---|---|
| 总产量 | $0.476\times EC-0.547\times NO_3^-$-N+Constant | 0.942 | 0.022 |
| 饵料系数 | $-0.879\times IP-0.123\times TP$+Constant | 0.955 | 0.020 |

C. 黄颡鱼与环境的关系：从养殖效益与环境因子的相关关系来看，温度对养殖效益影响明显，且对养殖效果主要产生负面影响。因此，从该循环水养殖工艺来看，温度偏低的湿地最终出水对养殖有益。pH、电导率和总溶解固体与黄颡鱼产量正相关，可能与鱼的代谢产物有关，鱼类生物量越大，相应代谢产物越多。COD、BOD$_5$、TAN、NO$_2^-$-N、NO$_3^-$-N、TN、TP、chl-a 等指标与主养鱼养殖效果负相关，表明主养鱼偏向于水质较好的生态环境（表 3-47）。

表 3-47　养殖效果与环境因子之间的相关关系

| 指　标 | 主养鱼产量 | 配养鱼产量 | 总产量 | FCR |
|---|---|---|---|---|
| Temp | −0.829* | | −0.857** | |
| pH | 0.792* | | 0.768* | |
| EC | 0.884** | | | |
| TDS | 0.925** | | 0.762* | |
| COD | −0.890** | | | |
| BOD | −0.891** | | | |
| NO$_2^-$-N | −0.881** | | | |

（续）

| 指　标 | 主养鱼产量 | 配养鱼产量 | 总产量 | FCR |
|---|---|---|---|---|
| $NO_3^--N$ | $-0.760*$ | | $-0.767*$ | |
| TN | $-0.880**$ | $0.848**$ | | |
| TP | $-0.784*$ | | $-0.749*$ | |
| IP | | | | $0.871**$ |

注 $*P<0.05$；$**P<0.01$。

在相关分析的基础上，为进一步分析监测的环境因子对养殖产量的影响，将养殖环境与效果间进行多元回归分析；为便于比较各个环境变量的贡献，对数据进行标准化处理并选择逐步回归法，所得结果见表 3-48。就当前养殖模式而言，影响黄颡鱼产量的主要因子为亚硝酸盐、pH，BOD、Temp、TP、TN 随后；而影响单塘总产量的为硝酸盐氮、pH、TDS，温度和总磷的影响稍弱。

表 3-48　养殖效果与环境因子的多元回归分析

| 指　标 | 标准化后 $k=$ | $r$ | $p$ |
|---|---|---|---|
| 主养鱼产量 | $0.055\times Temp+0.597\times pH+0.104\times BOD-0.747$ $\times NO_2\text{-}N+0.055\times TP-0.053\times TN+Constant$ | 0.893 | 0.026 |
| 总产量 | $-0.387\times Temp+0.712\times pH-0.693$ $\times TDS-1.113\times NO_3\text{-}N+0.346\times TP+Constant$ | 0.867 | 0.029 |

进一步比较低密度与高密度养殖水体营养状态及养殖效果，发现高密度养殖水体营养状态高于低密度，但是饵料系数与配养鱼产量均低于后者（表 3-49），说明水体营养状态不是导致主养鱼减产的主要原因。进一步分析发现，配养鱼中草鱼产量与黄颡鱼产量之间存在显著负相关（$R=-0.787$；$P<0.021$；草鱼每尾均重 $=7.35$ 千克）。草鱼因为放养规格较大，抢食黄颡鱼饵料，黄颡鱼吃不到食，致使饵料系数偏高。在养殖密度偏低、养殖水体肥度不高的状况下，养殖结构配比成为限制黄颡鱼产量的主要因素。

表 3-49　两种养殖模式水体营养状态及养殖效果对比

| 指　标 | 低密度养殖水平 | 高密度养殖水平 | 增加量（%） |
|---|---|---|---|
| DO | 2.711 | 2.2 | $-18.1$ |
| COD | 7.9 | 9.6 | 20.8 |

（续）

| 指 标 | 低密度养殖水平 | 高密度养殖水平 | 增加量（%） |
|---|---|---|---|
| NO$_2$$^-$-N | 0.079 | 0.168 | 110.9 |
| TN | 3.55 | 4.35 | 22.6 |
| TP | 0.30 | 0.44 | 49.6 |
| chl-a | 42.0 | 59.4 | 41.5 |
| 黄颡鱼产量（千克） | 377.4 | 486.2 | 28.8 |
| 配养鱼产量（千克） | 128.6 | 126.7 | —1.5 |
| FCR | 2.18 | 1.52 | —30.4 |

⑥渔获物品质分析

A. 异育银鲫的形体指标和肌肉质构特征：复合池塘养殖模式下的鲫与传统养殖的鲫相比，脏体比、肥满度等形体指标差异不显著；但在肌肉质构指标方面，肌肉硬度显著高于传统养殖（$P < 0.05$），弹性指标差异不大（表3-50）。研究表明，肉质口感特性与肌肉中肌纤维直径、密度等组织学结构特性有关。在一定范围内肌纤维细，单位面积内数量多，密度大，肌肉的硬度就大，肌肉口感较好。复合池塘养殖的鲫肌肉硬度显著高于传统养殖，说明其肌肉口感特性较好。

表3-50 异育银鲫的形体指标和肌肉质构特征

| 养殖类型 | 脏体比（%） | 肥满度 $K$ | 硬度 | 弹性 |
|---|---|---|---|---|
| 复合池塘养殖 | 13.78±1.86 | 3.28±0.34 | 654.68±195.79[a] | 0.28±0.15 |
| 传统养殖 | 13.08±2.58 | 3.36±0.80 | 518.83±231.09[b] | 0.26±0.11 |

注：脏体比=内脏重/体重×100%；肥满度 $K$=体重/体长$^3$×100%。质构测定：在 TPA 模式下，采用 QTS-25 物性测试仪进行测定。

B. 异育银鲫的肌肉组成：肉质还取决于水分、粗蛋白质和粗脂肪含量。一般认为，食品中干物质含量越高，其总养分含量就越高。蛋白质和脂肪是近年来肉品质研究中备受关注的指标。脂肪不仅可增加肉的嫩度，而且与肉质的多汁性和风味有关。测得的复合池塘养殖鲫的水分含量低于传统养殖，说明循环水养殖的鲫营养成分含量较高（表3-51）。另外，粗蛋白含量和粗脂肪含量高于传统养殖，说明循环水养殖鲫肌肉的营养、嫩度、风味等品质指标高于传统养殖。

表3-51　异育银鲫的肌肉组成

| 养殖类型 | 肌肉成分（%） | | | |
| --- | --- | --- | --- | --- |
| | 水分 | 粗灰分 | 粗蛋白 | 粗脂肪 |
| 复合养殖 | 76.68±0.47[a] | 4.13±0.41 | 17.78±0.66[a] | 10.81±2.62 |
| 传统养殖 | 78.26±1.40[b] | 4.66±0.77 | 16.80±1.06[b] | 10.49±3.79 |

注：取侧线以上背部肌肉放入−20℃冰箱用作肌肉基本成分测定。粗蛋白：凯氏定氮法（GB 6432—1986）；粗脂肪：Folch氯仿-甲醇提取法；水分：105℃烘干恒重法（GB 6435—1986）；粗灰分：550℃灼烧法（GB 6438—1986）。

　　C. 异育银鲫的血液生化指标指标：各种血液的生理与生化指标，常常是揭示环境对生物机体起作用的敏感指标。甘油三酯（TGK）和胆固醇（TCHO）主要由肝脏合成，也可以作为氨氮胁迫的指示物。本研究中复合池塘养殖鲫血液总胆固醇含量低于传统养殖（$P<0.05$），说明水体氨氮含量较低，对鱼体的胁迫较小（表3-52）。

表3-52　异育银鲫的血液生化指标指标

| 养殖类型 | TCHO | GLU | TP | TGK | AST | ALT | ALP |
| --- | --- | --- | --- | --- | --- | --- | --- |
| 复合养殖 | 8.73±0.80[a] | 10.45±4.47[a] | 38.90±4.95[a] | 5.23±0.84 | 671.40±153.88 | 33.50±31.00 | 57.30±8.71 |
| 传统养殖 | 11.66±1.15[b] | 4.47±1.43[b] | 47.20±4.38[b] | 4.91±1.02 | 715.00±205.68 | 33.00±17.73 | 55.60±3.91 |

注：随机取鱼10尾，静脉取血，3 000转/分离心10分钟取血清，放入−20℃冰箱中保存待分析。血清总胆固醇（T−CHO）、甘油三酯（TG）、总蛋白（TP）碱性磷酸酶（AKP）、天门冬氨酸氨基转移酶（AST）、丙氨酸氨基转移酶（ALT）含量采用全自动生化分析仪测定。

　　血糖（GLU）是机体重要的能源物质，对维持鱼类正常生命活动有重要作用。已有研究结果表明，随着水体非离子氨的增加，血糖水平降低。本研究中复合池塘养殖鱼体血糖高于传统养殖（$P<0.05$），这与水体中氨氮含量较低的测定结果相一致。

　　血清总蛋白（TP）也常被用来当成鱼体对环境应激因子反应的指示物，在体内担当载体和免疫组分的角色。本研究中，血清总蛋白显著低于对照塘，说明环境对鱼体产生的刺激较小。

　　谷草转苷酶（AST）、谷丙转氨酶（ALT）和碱性磷酸酶（ALP）等酶类，在机体受到强烈刺激时会有显著升高会降低。本研究中试验组与对照组差异不显著，说明水体环境虽然有差异，但通过鱼体自身调节，使环境对鱼体的刺激在可承受范围之内。

**4. 经济与生态效益评估**

（1）经济效益分析　随着投入的增加和技术的发展，水产养殖产量迅速增加，甚至出现由于产品结构不合理而造成产品总量过剩，经济、社会和生态效益下降的情况。人们对水产品的需求，不只是满足吃饱，而是更加重视其营养、卫生和有利健康。传统养殖方式造成的养殖效益下降，养殖产品质量降低以及养殖废水的任意排放，都影响到水产养殖业的可持续发展。因此，改革传统养殖模式已经成为时代发展的要求。

复合系统的构建成本主要在湿地投资，为了评估系统的经济效益，我们分析了两种养殖模式的投入产出比。从统计结果来看，主养草鱼＋鲫复合模式的投入/产出比高于传统模式，而主养黄颡鱼复合模式的投入/产出比低于传统模式（表3-53）。说明该复合模式从经济效益层面更适合养殖名优鱼类，对养殖大宗鱼类无明显优势。

**表3-53　两种养殖模式的经济效益分析**

单价：元

| 项　目 | | 主养草鱼＋鲫 | | | 主养黄颡鱼 | | |
|---|---|---|---|---|---|---|---|
| | | 循环 | 对照 | 单价 | 循环 | 对照 | 单价 |
| 投入 | 湿地成本 | 5 280 | — | 16元/米² | 5 280 | — | 16元/米² |
| | 鱼种 | 2 088.4 | 2 088.4 | 11.1元/千克 | 26 052 | 8 684 | 33.2元/千克 |
| | 饲料 | 23 290 | 19 924 | 3.4元/千克 | 34 080 | 11 680 | 8元/千克 |
| | 电费 | 1 524.3 | 268 | 0.67元/千瓦 | 1 658.3 | 134 | 0.67元/千瓦 |
| | 药费 | 200 | 300 | | | 200 | 300 |
| | 合计 | 32 382.7 | 22 580.4 | | 67 270.3 | 20 798 | |
| 产出 | 草鱼 | 8 460 | 6 832.8 | 12元/千克 | | | |
| | 异育银鲫 | 28 483.2 | 21 136.8 | 12元/千克 | | | |
| | 鳊 | 3 245 | 2 752.2 | 11.0元/千克 | | | |
| | 鲢 | 3 304 | 3 644.2 | 7.0元/千克 | 3 959.9 | 1 796.9 | 7.0元/千克 |
| | 黄颡鱼 | | | | 119 884 | 35 684 | 40元/千克 |
| | 鳊 | | | | 1 561.2 | 732 | 12元/千克 |
| | 合计 | 43 492.2 | 34 366 | | 125 405.1 | 38 212.9 | |
| 投入/产出比 | | 1∶1.34 | 1∶1.52 | | 1∶1.86 | 1∶1.83 | |

（2）生态足迹分析　为了评估系统的环境效益，从生态足迹模型进行了探讨，以主养草鱼＋鲫和主养黄颡鱼为例进行分析（表3-54、表3-55）。

表 3-54 传统养殖模式的生态足迹分析

| 养殖模式 | | | 生态足迹消费量（gha/年） | | |
|---|---|---|---|---|---|
| 成 分 | 主养草鱼＋鲫 | 主养黄颡鱼 | 换算类型 | 主养草鱼＋鲫 | 主养黄颡鱼 | 均衡因子（gha/公顷） |
| 池塘面积（米²） | 2 640 | 1 320 | 渔业水域 | 0.092 4 | 0.046 2 | 0.35 |
| 水（米³） | 6 336 | 3 168 | 水资源 | 6.215 | 3.108 | 5.19 |
| 电力（千瓦） | 268 | 134 | 能源用地 | 0.008 8 | 0.005 1 | 1.41 |
| 饵料（吨） | 5.86 | 1.46 | 耕地 | 0.123 6 | 0.063 0 | 1.74 |
| 水污染排放（千克） | 20.816 7 | 4.814 37 | 渔业水域 | 0.012 9 | 0.002 6 | 0.35 |
| 合计 | | | | 6.452 7 | 3.224 9 | |

表 3-55 复合养殖模式的生态足迹分析

| 养殖模式 | | | 生态足迹消费量（gha/年） | | |
|---|---|---|---|---|---|
| 成 分 | 主养草鱼＋鲫 | 主养黄颡鱼 | 换算类型 | 主养草鱼＋鲫 | 主养黄颡鱼 | 均衡因子（gha/公顷） |
| 池塘面积（米²） | 2 640 | 3 960 | 渔业水域 | 0.092 4 | 0.138 6 | 0.35 |
| 水（米³） | 5 544 | 8 316 | 水资源 | 5.438 | 8.157 | 5.19 |
| 电力（千瓦） | 1 524.3 | 1 658.3 | 能源用地 | 0.049 9 | 0.063 2 | 1.41 |
| 饵料（吨） | 6.85 | 4.26 | 耕地 | 0.144 4 | 0.183 7 | 1.74 |
| 湿地面积（米²） | 330 | 330 | 农地 | 0.057 4 | 0.057 4 | 1.74 |
| 湿地成本（元） | 5 280 | 5 280 | 渔业水域 | 0.032 7 | 0.028 5 | 0.35 |
| 合计 | | | | 5.814 8 | 8.628 4 | |

从生态足迹的成分来看，水资源消耗的生态足迹量所占比例较大。复合模式的重要优点之一就是实现水体的循环利用，节约了水资源，减轻了环境负荷。此外，从生态足迹分析来看，无论主养品种是草鱼、鲫还是黄颡鱼，传统养殖模式的单位利润生态足迹消耗量均高于复合模式，说明复合模式的环境影响较小，更接近资源节约和环境友好的生产方式。

# 第 四 章
## 大宗淡水鱼主养模式

## 第一节　青鱼主养模式

### 一、养殖池塘要求

**1. 养殖环境选择**　养殖环境包括大气环境、鱼类生长水域环境和渔业水源水质等。养殖环境必须符合国标《农产品安全质量　无公害水产品产地环境要求》（GB/T 18407.4—2001）、《渔业水质标准》（GB/T 11607—89）、《无公害食品　淡水养殖用水水质》（NY 5051—2001）的规定。

**2. 养殖水域选择**　青鱼养殖水域应选在生态环境好、水源充足、无（或不直接受）工业"三废"及农业、城镇生活、医疗废弃物污染的水域。养殖水域内以及上风向、灌溉水源的上游，没有对养殖水环境构成威胁的污染源。

**3. 清除池塘多余淤泥**　淤泥是由生物尸体、残剩饵料、粪便、各种有机碎屑以及各种有机物和泥土沉积物组成。它们通过细菌的分解和离子交换作用，源源不断地向水中溶解和释放，为饵料生物的繁殖提供了养分。但是，淤泥过多会产生大量的硫化氢、甲烷、有机酸、低级胺类和硫醇等，这些物质在水中积累，影响青鱼的健康和生长。因此，应除去多余的淤泥。具体措施就是每养殖一两年，排干池水，挖除过多的淤泥，使池底淤泥保留 20 厘米左右较为适宜。同时，让池底曝晒和冰冻，杀死害虫、寄生虫和致病细菌。

**4. 池塘结构**　池塘面积可大可小，小的面积在 5 亩左右，大的面积在 2.6～5 公顷，土质为壤土。对于面积较大的池塘，可在池底四周开挖深 1.2～1.5 米、宽 3～3.5 米的回形沟，约占整个池塘面积 40%，回形沟中淤泥深 10～15 厘米；注水后最大深度达到 3 米，回形池中间浅水区水深达到 1.3～1.5 米。池塘进排水口呈对角设置，进水口用 80 目网片围隔 1 个杂物过滤区，进水闸口用 120 目筛绢网过滤，防止鱼卵及敌害生物进入养殖池。

**5. 池塘消毒** 亩用生石灰 75 千克带水 30 厘米，全池泼洒消毒。对于有回形沟的池塘，清除回形沟中的淤泥，回形池中间部分曝晒至基本干硬，鱼池消毒在回形沟中进行。在投放鱼种前 15~20 天，向回形沟中加水 20~40 厘米，用 30 克/米³漂白粉清塘消毒，杀灭池中敌害生物。清塘 7~10 天后，用硫代硫酸钠 3 克/米³解除水中的余氯，第二天开始注水，使回形沟中水深达到 1~1.5 米。

**6. 池塘设备** 养殖池塘每 5 亩可配备 1 台 3 千瓦叶轮式增氧机，每 10 亩配备 1 台 120 瓦投饵机。

**7. 池塘种青** 对于有回形沟的池塘，5 月中旬在回形池中间部分靠近两端处种植莲藕，每个小区域种植 4~8 株，面积约 10 米²。种好后先插网片围好，防止莲藕出芽时被池鱼啃食，待荷叶长出水面后即可撤去网片。5 月下旬在回形池平台的中间区水面上架设规格 5 米×0.5 米的浮式竹木框，竹木框水下部分用 1.5 厘米网目的网片封住，深入水面以下 20 厘米，防止植物根系被鱼类啃食；框中间用细绳或竹子对剖作为载体，如是绳子，则在几股绞线中间种植竹叶菜，竹子则需人工开孔、在孔中种植竹叶菜，种植竹叶菜的浮框可沿莲藕四周放置，也可在莲藕区的中间放置。每个池塘水面种青面积，不超过池塘总面积的 30%。

## 二、鱼种放养

鱼种投放时间一般从 2 月开始，到 3 月中旬基本放养完毕。要求放养的鱼种无病无伤、健康活泼，鱼种放养以青鱼为主，搭配放养草鱼、黄颡鱼等，结合放养大规格花白鲢，以改善养殖水质和提高经济效益。一般每亩放养 1.5~2 千克/尾的青鱼 100 尾左右，可搭配放养规格 0.2 千克/尾的草鱼 50 尾、规格为 25 克/尾黄颡鱼 100 尾、规格为 0.5 千克/尾的鲢鳙 100 尾左右、规格为 50 克/尾的鲫 500 尾。

## 三、日常管理

**1. 水质管理** 水环境是青鱼在池塘中生活、生长的基础，各种养鱼措施也都是通过水环境作用于鱼体。水质好坏直接影响鱼类的健康与生长以及饲料的利用率，因此，应充分认识池塘水环境的特性并加强科学管理，做好水质的调节工作。要保证池水中浮游生物量多，有机物和营养盐丰富，池水的透明度必须保持在 25～40 厘米，水中的溶氧量大于 4 毫克以上，pH 为 7～8.5，水质达到"肥、活、嫩、爽"的要求。水质管理总的要求养殖池水质达到"肥、活、嫩、爽"，具体是在所有鱼种全部放完后，向池塘中分期注水，6 月前、10 月后主要以加水为主，每 15 天 1 次；7～9 月 7～10 天换水 1 次，每次加水或换水量约 20 厘米。在 7～8 月高温季节，用光合细菌和生石灰全池泼洒，每 15～20 天 1 次，交替进行。在 7～9 月高温季节，每天开启增氧机，开机时间依据天气情况灵活调整，防止缺氧泛塘。池水呈绿色、黄绿色和褐色为好，透明度以 25～30 厘米为宜。

**2. 饲料投喂**　饲料要符合《饲料和饲料添加剂管理条例》、《渔用配合饲料安全限量标准》（NY 5072—2002）和水产养殖的行业标准。饲料要求色泽一致，无异味，无发霉，未变质，无结块现象，呈颗粒状，表面光滑，熟化度高。饲料不能过于松散，对水稳定性要求在 20 分钟不溃散。同时，要对饲料的营养价值进行评定。不同的生长阶段，对饲料的营养价值需求也不同。成鱼阶段一般选择蛋白质含量在 28%～41%。

饲料以青鱼专用配合饲料为主，结合投放螺蛳、蚬子和蜉蝣等供青鱼摄食。饲料粒径分为 2.5 毫米、3 毫米、4 毫米、5 毫米几个系列，蛋白质含量无变化。饲料投喂从 4 月开始，一直到 11 月底停止投喂。前期投喂 2.5 毫米粒径饲料，每天投喂 2 次，日投喂量保持在鱼体重的 1%～2%；5 月中旬水温稳定后，每天投喂 3 次，投喂量逐步增加到 3% 左右。在养殖的后期，即 9 月下旬开始，一直到投喂结束，投喂量仍控制在 3% 左右，且每天投喂 4 次，其中，最后一次投喂量要占全天投喂量的 30%。具体投喂量还应依据天气变化、池塘水质及鱼的摄食情况灵活增减。投喂蜉蝣养殖青鱼节本效果明显，但需要提醒的是，在高温季节大量投喂蜉蝣易引起水质恶化。因此，要求在高温季节投喂蜉蝣，应适当控制投喂量并注意观察水质，采取相应的应对措施，以免恶化水质并造成死鱼。

**3. 种青管理**　对于回形池中莲藕、竹叶菜等也需进行管理。

（1）莲藕　回形池中间部分种植的莲藕，在刚植入后，要注意控制好注水深度，以淹没回形池中间部分 30～50 厘米为宜，便于莲藕出芽，待莲藕出芽后即可将池水深度增加。所围网片在 6 月中旬即可撤除，网片撤除后，莲藕新生苞芽和嫩叶因鱼类啃食而受到控制，但对长成莲藕老株的生长不会产生影响。

（2）空心菜　空心菜在 5 月下旬即开始种植，到 6 月中旬时开始，视空心菜的生长速度进行各个浮框交替收割，以便于菜梗发新芽。收割的空心菜可自己食用，可市售，也可直接投入池中供草鱼摄食。

4. 巡塘　每天早、中、晚巡塘3次，观察鱼类动态。黎明是一天中溶氧最低的时候，要检查鱼类有无浮头现象，如发现浮头，需及时采取相应的措施；14：00～15：00是一天中水温最高的时候，应观察鱼的活动和吃食情况；傍晚巡塘，主要是检查全天吃食情况和有无残剩饵料，有无浮头预兆。酷暑季节天气突变时，鱼类易发生严重浮头，还应在半夜前后巡塘，以便及时采取措施制止严重浮头，防止泛池事故。此外，巡塘时要注意观察鱼类有无离群独游或急剧游动、骚动不安等现象。在鱼类生活正常时，池塘水面平如镜，一般不易看见鱼。如发现鱼类活动异常，应查明原因，及时采取措施。巡塘时还要观察水色变化，及时采取改善水质的措施。做好养殖日记的记录工作。

## 四、病害防治

鱼病防治工作一般从4月中旬开始，先使用混杀胺1次，以后每半个月左右用混杀胺、二溴海因或二氧化氯交替使用预防1次。当水温15℃以上时，使用以枯草芽孢杆菌为主的微生物制剂，调节水质和预防疾病。通过上述措施，养殖的鱼一般不会发生重大疾病。如发生鱼病时，要及时对症治疗。

## 五、捕捞

成鱼收获从9月下旬开始，视成鱼养成规格，分期分批起捕上市。批量上市采用浅水拉网捕捞，年终干池时采用拉网与人工捕捉相结合。有回形池的池塘在12月下旬，将池水排至回形沟中有水，然后将回形沟沿池塘宽边用网片分隔成两半，再分边拉网起捕。先捕捞出青鱼、草鱼、鲢、鳙和部分鲫后，再将池水全部排干，捕捞余下的鲫和黄颡鱼。

# 第二节　草鱼主养模式

## 一、养殖环境的选择与准备

草鱼无公害养殖场要求无废水、废气、固体废弃物等工业三废的污染，大气中悬浮颗粒物、二氧化硫、氮氧化物、氟化物等浓度符合《环境空气质量标准》（GB 3095—1996）的规定；土质、底质有害有毒物质最高限值等应符合《农产品安全质量 无公害水产品产地环境要求》（GB/T 18407.4—2001）的规定；水源充足、水质良好，符合《无公害食品 淡水养殖用水水质标准》（NY 5051—2001）的规定。养殖基地要有电力充足、交通方便、配备完善的排灌系统等辅助设施。

草鱼无公害养殖池塘大小均可，2～5亩为宜，要求光照条件好，水源充足，水质良好，保水性能好，池底平坦，淤泥厚10厘米，水深2～2.5米，排注水方便，增氧机械齐全。在放鱼前10天，将鱼塘水位降至30厘米，每亩用125千克生石灰对水溶解后进行全塘泼洒消毒，彻底杀死野杂鱼类、寄生虫类、螺类及其他敌害，使池塘"底白、坡白、水白"，有效杀灭病菌。鱼塘消毒后适时进行灌水，灌水时应扎好过滤水布，防止有害生物进入池内。水灌至1.8～2米时，经试水确保池内毒性消失后，再投放鱼种。

## 二、鱼种放养

**1. 苗种选购与消毒** 条件具备者可购入原良种场亲本、选育后进行自育种苗为好。若为草鱼外购调苗的，必须经检验合格后方能启运。苗种要规格整齐、大小均匀、体质健壮，体表光滑有黏液、无损伤、无寄生虫。鱼种放养前必须经严格消毒处理，杀灭苗种本身携带的病原微生物，增强鱼体的免疫力，以预防各种细菌性疾病和水霉病。短途运输的苗种可直接浸泡消毒，而经长途运输的苗种最好经过一段时间的吊养后再浸泡消毒。消毒的方法有多种，可把苗种放在3%～5%的食盐水中浸浴消毒10～15分钟；或用氨基酸碘溶液5～6毫克/升浸泡15～20分钟等。具体的消毒方式及时间，要根据对象、药液浓度和水温情况等因素而定。草鱼种如采用注射疫苗或疫苗浸泡的方法，则效果更好。

**2. 免疫接种** 鱼种放养时注射冻干细胞弱毒疫苗和"三联"疫苗，可以降低出血病和"三病"（烂鳃病、赤皮病、肠炎病）的发生，提高成活率15%～20%。用疫苗接种的方法来预防草鱼疾病，不仅比药物防治方法更经济、更有效，还能够减少生产中渔药的使用量和残留量，符合无公害养殖的标准要求。若每亩池塘投放草鱼400～500尾，仅需疫苗成本40～50元，但可增收400～500元，投入与产出比为1：10，效果显著。

所有使用的疫苗，必须是通过安全性和效力测定的大厂合格产品。"三联"疫苗购回后，应置于冰箱内4～8℃保存。疫苗的具体注射方法为：草鱼种放养前，用90％晶体敌百虫按20～25毫克/升的浓度浸泡2～3分钟，麻醉后，腹腔注射草鱼"三联"疫苗（注射量与浓度按照疫苗使用说明进行，一般为1毫升/尾）。注射后用5％的食盐水浸洗5～10分钟，待鱼体复苏后放入鱼池。疫苗注射应分批进行，每批50尾，10分钟内注射完毕。注射器、针头以及稀释器皿，须用75％的酒精消毒或用开水煮沸消毒。

鱼苗经注射疫苗、消毒且观察无碍后即可放养。但在投放前，应在池内放置临时网箱，箱内放几条试水鱼，观察24小时无碍后，全池放养。

**3. 放养时间**   放养时间一般在11月至翌年春节前后，最迟不得超过4月中旬。因为深秋、冬季水温较低，鱼体不易患病；翌年春季水温回升即开始投饵，草鱼开食进入生长期，鱼体恢复很快，抗病力增强，提早并延长鱼体的生长时间，提高鱼体的生长速度。

**4. 放养密度**   在放养前，首先要根据池塘条件、设施水平、技术管理水平来决定池塘单产，然后，根据池塘单产和商品规格来决定放养密度。即：放养密度＝（池塘单产÷商品规格）÷养殖成活率。池塘单产的设计必须充分考虑池塘条件和池塘设施水平，根据不同池塘的实际情况来确定放养密度。如池塘深3米以上，保持水深2.5～2.8米，每亩配有0.75千瓦增氧机，保持日交换量10％左右微流水的池塘，设计单产可达5 000千克/亩。

放养比例按80：20混养模式投放鱼种，既可提高饲料的利用率和转化率，又可利用池塘天然生物饵料资源，换取一定的鱼产量；同时，还能够有效改善养殖水质，降低病害发生率。即草鱼做主养鱼，占80％；鲢、鳙、鲤、鲫等做搭配鱼类，占20％。鲢、鳙可滤食遗留在水中的饲料及草鱼排出的废物，鲫则是底层优质鱼类。另外，还可搭配少量青虾等优质品种，以充分利用水体空间及残饵，提高养殖效益。一般每亩可投放尾重150～200克/尾的草鱼种250～300尾，7月底可将达到商品规格的鱼起捕上市，再补放鱼种进行养殖。这种放养不仅节约鱼种开支，而且避免了高温水体载鱼量过高易出现泛塘死鱼等不利因素。如需年底养成大规格草鱼成鱼，每亩可放养规格为600克/尾的草鱼种500尾，养至7月，成鱼规格可达3千克/尾。此时可捕大留小上市，此养殖模式在7月不再放养鱼种。

## 三、养殖管理

**1. 饲料投喂**   在草鱼无公害养殖中，采用以安全环保的配合颗粒饲料和青饲料有机结合的投喂方式。食草是草鱼的天性，而在青饲料中科学搭配颗粒饲料，可以有效减少残饵对水质的污染，充分提高饵料利用率。配合颗粒饲料可从正规饲料厂购买，也可自行配制。其配方为：豆粕 18%、菜粕 28%、棉粕 8%、麦芽根 8%、次粉 28%、米糠 6%、磷脂粉 1.2%、食盐 0.6%、豆油 1%、氯化胆碱 0.2%、磷酸二氢钙 1%。饲料要求无霉变、无滥用添加剂、无禁用的抗生素，且添加的药物、矿物质、微生物等符合有关标准。搭配投喂的草应柔嫩、新鲜、适口。饼粕类及其他籽类饵料，要无霉变、无污染、无毒性。

每天 8：00～9：00 和傍晚各投喂 1 次，颗粒饵料按草鱼体重的 3% 左右投喂，青饲料按草鱼体重的 30%～50% 投喂，草鱼摄食以八成饱为宜（即有 60%～70% 的草鱼离开食台就可停止投喂）。草鱼养殖过程中，尤其是进入到养殖的中、后期，要根据草鱼的体重适时调整投饵率。平时，注意在饲料中适量添加维生素等，避免草鱼患肝胆综合征等疾病而造成大量死亡。投放饵料要坚持定时、定位、定质、定量原则，还要通过观察天气、水体情况及鱼的吃食和活动情况，适当调整投喂量。鱼的摄食能力与水温高低密切相关，如遇闷热、寒流、大暴雨等天气可酌情减量。青饲料投喂前应用消毒剂喷洒消毒，投放在预先搭设的食台内，待第 2 次投喂颗粒饲料前捞出杂草，保证池水干净、清洁。食台附近应每周消毒 1 次，及时捞除残渣余饵，以免其腐烂变质，污染水体。

**2. 水质管理**　水质的调控管理是确保养殖成功的关键因素之一，养殖草鱼的水质指标为：pH7.5～8.5，水温 22～28℃，透明度 30～40 厘米，溶解氧 5 毫克/升以上。水中亚硝酸盐和硫化氢的浓度分别小于 0.1 毫克/升，且控制在不足以影响鱼的正常生长范围内，水体中的浮游生物密度适宜且能被鱼摄食，水质保持清新、嫩爽，水域生态呈良性循环。

无公害草鱼养殖由于投放的鱼种规格大，从开始养殖后即要投喂大量适口鲜嫩青草，草鱼排泄的粪便多，容易使水质变肥。因此，要加强早、中、晚巡塘，及时掌握水质的变化情况并进行调控。日常水质调控的主要措施有：

（1）定期泼洒石灰水　非高温季节每月 1 次，每次 20 千克/亩；高温季节 15 天 1 次，每次 20 千克/亩。生石灰化水全池泼洒，既可调节池水的 pH 为弱碱性，又能杀灭水中的有害细菌，还能使淤泥释放无机盐，改良水质。

（2）施用微生物制剂　微生物制剂可有效改善水质状况，使水体中的有益菌种占优势。随着饲料投喂量的增加，水质逐渐变肥，此时要及时全池泼洒

EM菌、益生菌、光合细菌等微生物制剂，以分解水体中的残饵和粪便等有害物质，净化水质，减少病害对鱼体的侵袭，增加草鱼产量，提高经济效益。6月下旬至9月上旬，视水体透明度、水温等情况，每20天施用EM菌液1次，EM菌液每亩用2～4千克、加水3.5～6.5千克。微生物制剂与杀虫剂要错开施用，前后相隔15天。

（3）适时增氧　每天按"三开、两不开"的原则适时开动增氧机，或使用增氧剂。适时增氧有利于促进鱼类的生长，防止浮头，抑制厌氧菌繁衍，控制亚硝酸盐和硫化氢等产生。5月中旬至9月，坚持晴天中午开机2～3小时，将水体上层中大量饱和氧气输送到下层，补充下层水的溶解氧，促进水体上下对流，打破温跃层，保持水体温度平衡；阴天开机时间多选择在6：00～7：00；雨天为早晨3：00左右；连续阴雨天应在半夜前后（傍晚不开机）长时间开机。如果天气炎热，可以天天开机，使池水保持肥、活、爽，以加速鱼类生长，达到稳产、高产。

水质管理要重点把握"春浅、夏盈、秋爽"：

（1）"春浅"　即指冬末至春季，鱼种刚放养，水深控制在1.0～1.2米，有利于水温回升。此后，随着水温升高和鱼体增大，应逐渐注水以加深水位，水深最好控制在2.5米以上。

（2）"夏盈"　即指夏季为鱼类生长高峰期，鱼体增长快速。草鱼摄食量大增，投饵增多，排泄物及饲料残渣累积，加上气温升高，容易使水质恶化。因此，夏季应注满池水，高温时应保持3米水深；并适度流动形成微流水，以防高温天气骤变，引起浮头和泛塘。夏季每10天注水1次，每次20厘米，每隔15天则换水1次，换水量为池塘水量的10%～20%；高温期间，每3天（清晨）注水1次，每次20～50厘米，每隔15天则换水1次，换水量要达到池塘水量的20%～30%。如水源充足，可使池塘维持在日交换量10%左右的微流水状态，优良的水质可以促进鱼类生长和保证产品的品质。如遇阴雨天、池内缺氧时，应及时开动增氧机进行增氧，并适时使用水质改良剂来调节水质。

（3）"秋爽"　指秋季池塘满载，要勤调节水质，每次排放水不超过1/4，保证水质清爽、溶氧高。

换水时，应注意以下几点：

（1）换水应在晴天进行，并于17：00前完成。每次换水量不要超过全池水量的1/3，换水时应注意对水源的消毒与过滤，以免有害生物及病菌带入池内。

（2）加入新水的水温要与池塘水温相同，尽可能保持换水后水体的浮游生物量与换水前基本一致。

（3）施肥、用药后 2 天内不要换水，开启增氧机后也不要换水，以免造成浪费。

（4）换水时应注意打开排污阀门，将底层的污水和表层的油膜排出，发生病害的池塘水体未经消毒不得任意排放。

**3. 日常管理**　加强巡塘。坚持早、中、晚 3 次巡塘，遇有异常天气，必须增加巡塘次数。巡塘要做到腿勤、手勤、眼勤。即巡塘时要下到水边或水中，仔细观察水质和周围情况，及时捞除池内剩草、漂浮物等，及时掌握天气变化、鱼类活动、采食状况以及水质变化等情况。

（1）做好养殖生产记录，并对鱼种的来源、放养情况、投喂情况、防病治病用药情况和清塘情况等详细记录。

（2）定期检查鱼类生长情况，及时调节日投饲量，根据季节、天气、鱼情、水质来投喂饲料。

（3）发现病鱼、死鱼，立即捞出来，防止扩散传染，并及时采取应对措施。做到早发现、早治疗。

（4）及时了解市场情况和鱼类生长情况，做到及时上市。

**4. 疾病防治**　草鱼的养殖过程中经常受到病害的困扰，夏、秋季是鱼类生长的关键季节，但同时也是鱼病发病的高峰期。由于季节气候引起的环境因子变化，前期大量投喂引起的水体氨氮、亚硝酸盐等升高，底质恶化等均会引起鱼类的病害发生；而秋季一旦造成鱼类的死亡，势必给养殖者带来难以挽回的经济损失，为此加强鱼病防治和管理显得尤为重要。

对于草鱼的病害，要坚持"以防为主、防治结合"的原则。在鱼种放养前及养殖过程中，要采取严格的消毒处理措施，彻底清塘、加注新水、换水排污及使用水质改良剂等措施，改善池塘水质条件，营造良好的养殖水体环境。同时，要放养健康的苗种，设定适宜的放养密度和合理的养殖组群，并科学投喂优质饲料。

近年来，国外鱼类疫苗发展十分迅速，已批准上市的鱼类疫苗有近 30 种。国内草鱼免疫防疫技术研究始于 20 世纪 60 年代，珠江水产研究所研制出草鱼出血病组织浆灭活疫苗，中国水产科学研究院组织联合科技攻关解决了草鱼出血病弱毒疫苗及细菌性烂鳃、赤皮、肠炎等多联疫苗的大规模制备技术。推广应用草鱼免疫防疫技术，通过接种草鱼疫苗，增强草鱼的抗病能力，对于提高草鱼养殖成活率、减少环境污染与药物残留、降低养殖成本、提高养殖效益具有重要的作用，并可从根本上解决草鱼疾病多、死亡率高等难题。

草鱼无公害养殖过程所使用的渔药必须遵照《无公害食品　渔用药物使用准则》（NY 5071—2001），以不危害人类健康和不破坏水域生态环境为基本原则，尽量使用生物渔药和生物制品，提倡使用中草药，严禁使用禁用渔药，严格执行成鱼上市休药制度。养殖生产过程水质不好时，草鱼易发生"三病"，即草鱼细菌性烂鳃病、肠炎病、赤皮病。这三种病是草鱼的主要暴发性疾病，常并发、流行广、危害大，各种规格的草鱼都可感染发病。疾病防控是草鱼无公害养殖的重要环节，防控得当，可提高产量，减少损失。

## 四、成鱼收获

无公害草鱼高产养殖技术，采取一年两季合理投放种苗，实施分期轮捕轮放、捕大留小和投放大规格鱼种等技术措施，有效提高养殖期间水体的合理载鱼量，使水域生物总量处于一个动态平衡状态；优化了鱼类在高密度养殖中快速生长的空间，减少饵料投喂，能较大地降低生产成本，有利于提高成鱼的产量、品质，实现良好的水质培育，提高生态养殖的整体效益。适时将大规格成鱼起捕上市，是草鱼高产高效养殖的重要措施，主要目的是降低池塘水体的载鱼量，促进后期池鱼快速生长，减少鱼病的发生，避免商品鱼集中上市、价格偏低的市场风险。其具体做法：在首轮投放草鱼大规格鱼种（占全年投放量70%），经约4~5个月的饲养，草鱼基本达到商品规格，尾重可达1.5千克左右，7月底即可起捕一次上市。这时，应及时捕捞成鱼和补放鱼种。捕捞宜在清晨水温较低时进行，但不宜大面积拉网扦捕，以免鱼体受伤，且高温天气易引起疾病。可用自制网箱放置于投饵处，在箱内投喂部分配合饲料，诱鱼入箱，捕大留小。入冬后，应干池捕获，未达到上市规格的鱼种并塘越冬，空出的池塘经冬季冻晒、清淤除害后，以备翌年再用于生产。

# 第三节　鲤主养模式

## 一、环境条件

### 1. 产地环境要求

（1）产地要求　养殖地应是生态环境良好，无或不直接受工业"三废"及农业、城镇生活、医疗废弃物污染的水（地）域。

（2）水质要求 水源充足，水质清新，排灌方便。水源水质符合 GB 11607 的规定，不得使养殖水体带有异色、异臭、异味，大肠杆菌、重金属、有机农药、石油类等有毒、有害物质不得超过《渔业水质标准》和《无公害食品 淡水养殖用水水质》的要求。

池塘水色呈现豆绿色或黄褐色，透明度≥20 厘米。池塘水质必须达到或符合的主要化学因子指标：有机物耗氧量为 10～30 毫克/升、总氮为 0.50～4.50 毫克/升、总磷为 0.05～0.55 毫克/升、有效磷大于 0.015 毫克/升、溶解氧大于 4 毫克/升、酸碱度（pH）为 7～9、盐度为 0.50～4；池塘水质符合的主要生物因子指标：浮游植物生物量为 20～100 毫克/升、浮游动物生物量为 5～25 毫克/升。

**2. 池塘条件** 池塘面积以 3～15 亩为宜，水深在 2.0～2.5 米，池底淤泥厚度≤20 厘米。池塘应适当配备一定的机械设备，一般要求 8～15 亩的池塘应配备 3.0 千瓦的叶轮式增氧机 1～2 台或 1.5 千瓦的叶轮式增氧机 2 台，每口塘应配备潜水泵 1 台，电源正常，自配发电机，以防突然断电。

最好每年进行池塘清淤改良。池塘淤泥的改良一般在冬春季节进行，先排干池水，进行人工或机械（泥浆泵）清淤，然后冻土晒塘。在养殖生产过程中如条件允许，可借助潜走式水下清淤机进行带水清淤。

## 二、鱼种放养

**1. 鱼种质量要求** 鱼种来源于经国家批准的苗种繁育场，并经检疫合格。外观：体形正常，鳍条、鳞被完整，体表光滑，体质健壮，游动活泼。可数指标：畸形率和损伤率小于 1‰，规格整齐。检疫合格：不带传染性疾病和寄生虫。

**2. 鱼种放养前的准备**

（1）鱼池消毒 在进水放鱼前 10 天必须彻底清塘消毒，以消灭池底的有害病菌和寄生虫卵等。消毒的方法有干法清塘和带水清塘。

①干池清塘法：要先放干池水，清除池底过多的淤泥，曝晒 3～5 天。在池角挖坑，一般用生石灰 100～150 克/米$^2$，以少量水化成浆全池泼洒，然后耙一遍。隔日注水至 1.0～1.5 米，7 天后即可放鱼苗。

②带水清塘法：常采用生石灰清塘或漂白粉清塘。

生石灰清塘：先放水 30 厘米深，按照 300～500 克/米² 的生石灰用量，首先在池边溶化成浆，然后均匀泼洒。10 天后加入新水 1.0～1.5 米，然后再放入鱼苗。

漂白粉清塘：一般是先放水 30 厘米，以有效氯为 30% 的漂白粉计算，每平方米的用量为 20～40 克，加水溶解后，立即全池泼洒。10 天后加水至 1.0～1.5 米，即可放鱼。

（2）施基肥　鱼池使用消毒药物 2～3 天后，可根据池塘底泥的厚度适当施放有机肥料作基肥。一般每亩施用腐熟发酵的有机肥 200～300 千克，以保证鱼种下塘后有大型浮游动物、摇蚊幼虫等适口的天然饵料生物。

**3. 鱼种放养**

（1）混养搭配　我国南方地区由于生长期较长，鲤当年养殖可达食用规格。主养鲤食用鱼的池塘，一般混养搭配鲢、鳙及少量的肉食性鱼类。一般亩放鲤夏花 2 000 尾左右，规格为 250 克/尾的鲢 150 尾、规格为 300 克/尾的鳙 50 尾，还可搭养鲢、鳙夏花，为摄食池塘中野杂鱼和瘦小病鱼，可亩放养 50 克/尾的鲇 15～20 尾。

我国北方地区由于生长期较短，夏花鲤要养殖 2 年才能达到食用规格，因此，需要投放大规格的鲤鱼种，亩放平均规格为 100 克/尾的鲤鱼种 600～700 尾、规格为 40 克/尾的鲢 150 尾、规格为 50 克/尾的鳙 30 尾，还可搭配些鲢、鳙夏花。

（2）鱼种消毒　放养前鱼种应进行消毒，常用的消毒方法有：1% 食盐＋1% 小苏打水溶液或 3% 食盐水溶液，浸浴 5～8 分钟；20～30 毫克/升聚维酮碘（含有效碘 1%）浸浴 10～20 分钟；5～10 毫克/升高锰酸钾浸浴 5～10 分钟。操作时水温温差应控制在 3℃ 以内。

# 三、饲养管理

**1. 投喂**　整个养殖过程以优质全价鲤颗粒饲料为主，夏季定期搭配绿色蔬菜等植物性饲料。颗粒饲料粗蛋白含量为 30%～32%，粒径为 2.5～5 毫米。6 月前，采用 32% 蛋白、2.5～3 毫米粒径；中后期投喂 30% 蛋白、4～5 毫米粒径饲料。鱼种投放第 2 天开始驯食，先用少量饲料倒入投饵机，将投饵机设置为小量投料状态，投饵间隔在 10 秒/次，每次投料 1 小时，日驯食 5 次，3 天即可驯食成功，然后转入正常投喂。坚持"五定"投饵原则，即定

时、定量、定位、定质和定人。日投饵 4 次，分别为 8：00、11：00、14：00
和 17：00。高温季节适当调整投饵时间，避开高温时段，进入仲秋，改为日
投饵 3 次。投饵率为：6 月底前 2%～3%、7～9 月 4%、寒露后 2%～3%。
每周调整 1 次投饵量，每月测量 1 次鱼体规格，估算存塘鱼量，为科学投饵提
供依据。另外，根据天气、水质等情况，灵活调整投饵，减少饲料浪费和水质
污染，每次投喂以鱼吃八成饱为宜。即投喂 40 分钟，有 80% 的鱼离开食场，
便可停喂。7 月，每隔几天投喂一次新鲜蔬菜叶，补充维生素的不足，促进鱼
体鲜艳。

**2. 水质调控** ①水位调节。鱼种投放时水位保持在 1 米，这时便于水温
上升，促使鱼体更好地摄食，延长生长时间。6 月上旬保持水位在 1.2～1.3
米，7～9 月确保水位在 1.5～2.0 米，以利于水温调节，使鱼类生长在最适温
度范围内。②注换水。正常情况每周注水 1 次，每次注水 30 厘米；高温季节
每 3～5 天注水 1 次；6 月前每 15 天换水 1 次，换掉底层老水，每次换掉池水
的 1/3。换水后同时注入相同量的新鲜河水，确保水体透明度在 30 厘米左右，
平时密切注意水体透明度和水色变化，并随时注换水，保持水质肥、活、嫩、
爽。③开动增氧机，6 月中旬进入芒种后，就要开启增氧机，改善水体溶氧状
况。7～9 月，晴天中午都要开机 2 小时，凌晨 1：00～2：00 也要开机，确保
早晨不出现浮头现象；阴雨天气及闷热天气要随时开机，严防泛池事故发生。
④泼洒水质改良剂，池水水质的恶化，通常是由池底有机物沉积过多引起的。
换水只能改善池水，但不能改善底质和消除产生有害物质的根源。很多养殖池
塘由于受水源条件和水源水质的限制，基本上不换水，因此，要保持水质优良
与稳定，必须同时改良水质和底质。目前，水产养殖生产上较常用的微生态制
剂有芽孢杆菌、光合细菌、硝化细菌和 EM 菌等。在水产养殖过程中，应根
据水产动物的生长状况、水质状况、底质状况等，有目的、有针对性地科学
使用。

**3. 日常管理** 每天巡视池塘，要做到责任到人，专人巡塘。每天早晨巡
塘 1 次，观察鱼水色、水质和鱼群动态；下午巡塘 1 次，检查鱼摄食及鱼病等
情况，并根据天气决定加水或增加开增氧机的时间。结合巡塘，经常清除池边
杂草和池中腐败污物，保持池塘环境卫生，防止病原菌的滋生。主要是清除杂
物，及时将池塘四周杂草清除，每天捞取水中污物，保持水体清洁。同时，做
好池塘日记，将每天的天气状况、鱼摄食、投饵和施药等情况做详细记录，便
于总结经验。

**4. 病害防治** 在饲养过程中坚持以预防为主、防治结合的原则，早预防、早发现、早治疗。预防工作做得越好，鱼病就越少。预防工作，主要包括鱼种放养前彻底清塘消毒；鱼种入池前应检疫、消毒；饲养过程中应注意环境的清洁、卫生；拉网操作要细心，避免鱼体受伤等。

发现鱼病应及时检查确诊，对症下药。药物的使用应符合 NY 5071 的要求。

**5. 停饲期** 为了保证鲤的品质，便于长途运输，在成鱼上市前应有适当的停饲时间：水温在 16℃以下时，应为 7 天以上；水温在 16～25℃时，应为 3 天以上；水温在 25℃以上时，应为 2 天以上。

# 第四节 鲫主养模式

## 一、池塘条件

**1. 池塘** 面积以 5～20 亩为宜，水深 2～2.5 米。要求电力配套，水源充足、无污染，排灌方便，注排水渠道分开。

**2. 设备配置** 每 5 亩池塘配备 3 千瓦叶轮式增氧机 1 台，每个池塘配备自动投饵机 1 台（也可人工投喂）。

**3. 池塘清整** 对于新建的池塘，先进水浸泡，然后进行药物消毒。对于老塘，应干塘后清除过多的淤泥和杂草，整平池底，堵塞漏埂，进行耕耙，曝晒 20～30 天，杀死病原菌，氧化有机物。在鱼种下塘前 10～15 天，每亩池塘用生石灰 75～125 千克或 3～5 千克漂白粉干法清塘，起到消毒除野、改良土壤和调节酸碱度的作用。

**4. 水质要求** 消毒后的池塘，在鱼种放养前 10 天进水。注水时注水口需安装过滤网，一般采用 60 目筛绢网，做成 1.5～2 米的圆筒，可防止野杂鱼及敌害生物进入。水质要符合养殖用水水质要求，pH7.5～8.5，溶解氧一般在 5 毫克/升以上，最低不低于 3 毫克/升，有机物耗氧量在 30 毫克/升以下。

**5. 施基肥** 水中浮游生物较丰富或底质较肥的池塘不施或少施肥。水质清瘦或池底淤泥少的池塘在鱼种放养前 5～7 天施肥，每亩施发酵好的有机肥 150～300 千克（人畜粪用量可多些、禽粪则用量可少些）或 10～25 千克磷肥和 15～25 千克氮肥做基肥，培肥水质，提供丰富的浮游生物及有机物碎屑等适口饵料，提高鱼种放养成活率。

## 二、鱼种的选择与放养

**1. 鱼种选择**　放养的鱼种最好依靠自己培育，尽可能不从外地购买鱼种，经长途运输的鱼种容易伤亡和发病。养殖户可根据自己的池塘面积和主养鱼类型，规划一定面积的鱼种池，一般占池塘总面积的 10%～20%。如需要购买鱼种，一定要选择到信誉较好的良种场（扩繁场）购苗，购买鱼种时应选择经过国家检疫检验部门检验合格的，规格大小整齐、无畸形、无病态、无伤痕、体形完整、体色正常、活动迅捷和溯水力强的健康鱼种。

**2. 放养模式**

（1）模式一　放养高密度鱼种，充分利用夏季价格高的优势，出售部分热水鱼，可以使剩余鲫在养殖后期快速生长，增大出池规格，提高价格，增加单位面积收入。放养情况为每亩水面放养规格为 50 克/尾的鱼种 1 800～2 500 尾，另外，搭配规格为 100～150 克/尾的白鲢 50 尾、规格为 150 克/尾的花鲢 40 尾。有条件的池塘，还可搭配规格为 20 克/尾的黄颡鱼 10 尾以及少量的扣蟹。

（2）模式二　通过放养大规格鱼种，适当降低养殖密度，缩短养殖周期，提早成鱼的上市时间，利用价格的优势获得较高的经济效益。还可以继续放养鱼种，提高池塘利用率，以获取更多的效益。放养情况为亩放规格 70～120 克/尾的鲫 1 600～1 800 尾，搭配规格为 250～500 克/尾的鲢、鳙各 30 尾。有条件的池塘，还可搭配规格为 20 克/尾的黄颡鱼 10 尾、少量的扣蟹。

**3. 放养时间**　鱼种投放宜早不宜晚，清塘后立即着手投放。鱼种放养的适宜水温为 5～10℃，此时鱼活动能力弱，容易捕捞，受伤少，少发病，有利于提高放养成活率。较早放养鱼种，可使鱼种早开食，延长生长周期，为出售大规格热水鱼提供保证，还能够有较多的时间对鱼种进行强化管理，治愈放养及运输、捕捞过程中造成的机体损伤。但也可以根据实际生产情况灵活掌握放养时间，总的原则是尽量提早放养，为提高成鱼规格、产量及提高池塘利用率打下基础。鱼种放养忌在雨雪、大风、低温天气下进行，以避免鱼种在捕捞和运输中冻伤。选择无风的晴天，入水的地点应选在向阳背风处，将盛鱼种的容器倾斜于池塘水中，让鱼种自行游入池塘。

**4. 鱼种消毒**　鱼种入池时，用 3%～5% 食盐溶液对鱼种浸洗消毒。鱼种消毒操作时动作要轻、快，防止鱼体受到损伤，药浴的浓度和时间需根据不同的情况灵活掌握，一般为 10～15 分钟。

## 三、饲养管理

**1. 饲料与投喂**　小于 10 亩的池塘设 1 个投料点，大池塘设 2 个投料点。种苗入塘初期投喂部分菜籽饼粕，摄食正常及高峰时以投喂优质颗粒饲料为主。鱼种下塘后 7 天开始驯化投喂，饵料一般选择信誉较好、质量可靠、供货及时的饲料厂生产的全价配合饲料，蛋白含量 30% 以上，粒径 24 毫米，前期小些，后期大些。饲料应符合《无公害食品　渔用配合饲料安全限量》的安全要求。

为了使鲫形成集中上浮抢食的习惯，以便观察其吃食、生长和鱼病等情况，必须进行驯化。驯化时间长短与鱼种是否进行过驯化有关，如鱼种阶段进行过驯化，1 周多时间就可以形成上浮抢食的习惯；如果未经驯化，大概需要 20 天的时间才能形成上浮抢食的习惯。初期选择晴好天气的中午，沿塘四周固定几个投饵点人工投喂；当水温升至 5℃ 以上时，随着池塘水位的加高，坚持每天中午开启投饵机，投喂颗粒饲料；当水温增至 10℃ 以上，日投饵 2 次，分别在 10：00、15：00 进行；5 月后，投饵量要满足鱼类吃饱吃足，以有效促进鱼类生长增膘；夏季高温时期，为防止饱食引起浮头，投饵量控制在饱食量的 60% 左右，并采取量少次多的方法，即 9：00、13：00、15：00 各投饲 1 次；秋季天气转凉水温渐低，投饵量控制在饱食量的 80% 左右。

投喂要做到"四定"，即定时、定位、定质和定量。定时，就是每天在固定时间投喂；定位，就是在池塘较为安静、方便、适中的位置搭设料台投喂，颗粒饲料以扇形喷撒投入水中，尽量扩大投饵范围；定质，就是饲料新鲜、不霉变、不腐烂且营养含量适宜鱼类生长的每个时期；定量，就是按鱼摄食情况来确定投喂量，一般日投饵量为鱼体重的 3%～5%，每次以 80% 鱼吃完为止。投饵量应根据水温、天气情况、水质肥瘦和鱼吃食情况灵活掌握。一般在水温下降、阴天无风、天降暴雨、水质混浊和溶氧量降低时，应适当减少投饵量。

**2. 水质调控**

（1）水位调节　放养初期气温较低，池塘中鱼的数量相对较少，池塘水位保持在 70 厘米左右，能促进浮游生物的繁殖，为鱼类提供生物饵料，有利于鱼类生长。以后每隔 7～10 天注入部分新水，每次 30～40 厘米，清明节后，随着水温升高和鱼类投饵量的增加，水位逐步提至 1.0～1.2 米；高温季节每隔 10 天左右换水一次，换水量 30～40 厘米，池塘水位正常保持在 1.8 米，保持水体的肥度和溶氧。

（2）水质管理  3～4月，水温不高，鱼类不易发生浮头现象，透明度控制在40厘米左右；5月，温度适宜，池塘大量投喂饲料，坚持每隔2～3天往池塘加注新水3小时左右；6月开始，池塘采取每天套水，即每天排水3小时、加水4小时，以改善池塘水质，增加鱼类食欲，促进鱼类健康生长。养殖期始终控制池水透明度在30～40厘米，水色以黄绿色和绿褐色为好。根据水质情况，定期监测水化指标，观察水体变化，做到有问题早发现，定期使用微生物制剂和水质改良剂，分解鱼类粪便和残饵，降低水中有害物质的含量，调节水中浮游生物的种类和数量，使池塘水质保持肥、活、嫩、爽，符合《无公害食品  淡水养殖用水水质》要求。

（3）水体增氧  水体缺氧时要及时增氧，方法有机械、生物和化学三种。机械增氧，是利用增氧机、水泵或潜水泵进行搅水、加水、冲水和换水，以增加水体溶解氧；生物增氧，是利用浮游植物光合作用增氧和药物杀灭过多的浮游动物控制耗氧；化学增氧，是将化学药品（过氧化钙、过碳酸钠等）施于水中分解增氧，用于应急救治鱼类严重浮头和泛塘。

养殖水体一定要保持全天候溶氧充足，一旦出现浮头，短时间内难以遏制，故一定要坚持每天开启增氧机2小时以上。晴天中午开，阴天早上开，闷热天气半夜开。发现浮头现象，视其轻重，通过开启增氧机和局部泼洒增氧药物来缓解症状。6月，根据天气情况来决定开启增氧机的时间和数量；7月开始，每天开启增氧机2次，分别是4：00～5：00、12：00～14：00。闷热和雷雨天气，适当增加池塘增氧时间和次数。

**3. 日常管理**  每天早中晚都要巡塘，黎明时观察鱼有无浮头，如有需要及时开增氧机或加注新水，白天结合投喂和水温检查鱼的活动和吃食情况。高温季节、天气突变，半夜就开始巡塘，控制鱼类的浮头情况，防止发生泛池。对于浮头特别严重的池塘，可考虑使用药物增氧。认真做好塘口工作记录，主要包括以下内容：①日期、天气、水温；②鱼种放养及成鱼捕获的时间、种类、规格、数量等；③抽样检查情况，如生长、健康状况；④病害防治发生情况、药物使用；⑤每天巡塘情况，如摄食、水质、增氧机的使用；⑥注排水时间和注排水量；⑦饲料投喂量。

**4. 疾病防治**  坚持"预防为主、防治结合"的原则，每半个月全池泼洒生石灰、漂白粉或其他消毒药物，如溴氯海因、二氧化氯消毒。在流行病高发的季节，特别是"大麦黄"、"白露心"等细菌、病毒病高发的季节，定期投喂抗菌药物制成的药饵，以防疾病的发生。对药物治疗不能奏效的疑难鱼病，尤其需要采取预防措施加以控制。定期对鱼进行镜检，发现问题及时解决。对寄生虫，如锚头鳋、孢子虫、指环虫和车轮虫等，可采用内服预防、外用杀虫的方法防治。

## 四、成鱼捕捞

捕捞的过程中应注意捕捞方法及天气变化，特别是夏季捕热水鱼，温度高，鱼活动力强，易受伤，拉网易造成池水缺氧或鱼集聚网中缺氧死亡。因此要求：①提前1天停食；②在溶氧高的时候捕捞，天气闷热，鱼聚于网中后可加注新水或开动增氧机增加溶氧；③拉网操作要快而心细；④捕捞后要加注新水，泼洒消毒药物，帮助鱼类恢复体质；⑤冬季风雪天、温度零下时不能捕捞，避免鱼在捕捞过程中冻伤。

# 第五节　鳊鲂主养模式

## 一、池塘条件

**1. 池塘选择**　宜选开阔向阳、光照条件好、呈东西向、壤土底质、池底平坦、池底淤泥20厘米、池埂高宽结实、不漏水、进排水方便、交通便利、水源充足、水质良好、水深2～3米和面积5～15亩的池塘。水质无污染，符合国家渔业水质标准（GB 11607），水源充足，配有380伏三相动力电，每5亩配3千瓦增氧机1台，每口池塘根据实际情况配置相应的自动投饵机。鱼池有进排水系统，最好能相对集中连片，鱼种池与成鱼池配套，交通便利，便于操作和管理。有条件的池塘塘基，还可种植象草、黑麦草等青饲料。

**2. 清塘消毒**　鱼种下塘前7～10天，对池塘要全面清整、消毒。其方法是：排干池水，清除池底杂物，让池底曝晒与冰冻；挖去过深塘泥，平整池底；修补、加固塘埂，疏通注排水渠道。用生石灰或漂白粉杀灭池塘中有害生物，方法为：

（1）干法清塘　池塘水深控制在10厘米，每亩用生石灰75～100千克或漂白粉3～4千克，将刚溶解的石灰浆（或漂白粉）全池泼洒。

（2）带水清塘　池水深控制在0.5米，每亩用生石灰125～150千克或漂白粉 14 千克，溶解后全池泼洒。生石灰清塘后 7～10 天可放鱼苗，漂白粉清塘后 3～4 天可放鱼种。

**3. 施足基肥**　经药物消毒后的池塘，在鱼种下塘前 5～6 天注水，注水口用 60 目网布过滤，防止野杂鱼及敌害生物进入。注水深度为 1 米，每亩施150～200 千克发酵过的禽畜粪肥作基肥，并遍撒全池。最后灌注新水，等待放鱼。

## 二、鱼种放养

**1. 放养模式**　南方地区可采取主养鳊鲂，适量混养鳙、鲫、鲹等模式。放养 20 克/尾以上当年或冬片大规格鳊鲂鱼种，一般养殖 10～12 个月时间可达到 0.5 千克/尾商品鱼规格；华南地区一年四季均可以放养，但夏季鳊鲂商品鱼售价较秋冬季高 30％以上，鱼种放养时间多安排在 7～8 月，以便翌年夏季上市取得较好收益。鱼种放养先放主养鱼，15～30 天后再放养鳙、鲫、鲹等混养鱼，因鳊鲂抢食能力弱，不可放养大规格的罗非鱼、鲤、草鱼等抢食能力较强的鱼类。每亩放养规格为 20～100 克/尾鳊鲂鱼种 800～1 000 尾，规格150 克/尾的鳙 70 尾、规格 20 克/尾的鲫 300 尾、规格 20 克/尾的鲹 600 尾。有条件的池塘，还可混养少量的斑鳢、青鱼等。

北方地区可采取主养鳊鲂、混养鲢鳙的模式。一般亩放规格为 60～75 克/尾的鳊鲂 1 200～1 000 尾，混养 400 克/尾的鲢 50 尾、500 克/尾的鳙 20 尾、70 克/尾的鲫 200 尾。放养时间一般在 3 月下旬。

还有一种"轮捕成鱼、套养鱼种"的养殖模式。即采取以鳊鲂为主体鱼，合理搭配白鲢、鳙、鲫、鲤以及适时套养夏花鳊鲂等品种的混养方式。以鳊鲂为主体鱼亩净产 600～800 千克的放养模式是：每亩放养各类鱼种2 200～2 440 尾，其中，规格为 40～25 克/尾的鳊鲂 1 200～1 500 尾，65～50 克/尾的鲢 150～280 尾、50 克/尾的鳙 60 尾、夏花鲤 50～100 尾、夏花湘云鲫 150 尾、夏花草鱼 600 尾或者放养鲫 500 尾或者夏花鳊鲂 600 尾。鱼种放养宜早不宜迟，一般在 12 月下旬（冬至前后）开始到翌年 2 月底（惊蛰前）结束。

**2. 鱼种选择**　鱼种规格均匀，体格健壮、无外伤、体色正常、活动迅捷和溯水力强的健康鱼种。

**3. 鱼种消毒**　鱼种放养前，用 3‰～5‰食盐浸浴 5～10 分钟或 0.04‰食盐和 0.04％小苏打混合液浸浴 10～15 分钟；也可用 20 毫克/升的高锰酸钾浸浴 5～10 分钟。

# 三、养殖管理

## 1. 投饵管理

（1）**饲料选择** 以鳊鲂专用硬颗粒或膨化配合饲料为主，适当投喂一定量的青饲料。饲料营养成分应满足鳊鲂正常生长的需要，粗蛋白质含量要求达到 30％～32％，饲料在水中稳定性好，无霉变，颗粒均匀。按照鱼的不同生长阶段投喂适口饵料，便于鱼吞食。饲料粒径过大，鱼无法直接吞食，就会沉入池底，造成浪费，恶化水质；粒径过小，一次喷撒的饲料颗粒过多，鱼无法全部吞食，部分饲料也会沉入池底。不同规格的鱼，选用不同粒径的饲料：鳊鲂规格为 60～100 克/尾，饲料粒径 2.0 毫米；100～250 克/尾，粒径 2.5 毫米；250～400 克/尾，粒径 3.5 毫米；400 克/尾以上，粒径 4.0 毫米。每天搭配投喂一定量青饲料，青饲料要求新鲜、清洁、优质、无毒、适口性好，如黑麦草（1～5 月）、象草（4～10 月）、紫背浮萍（5～10 月）、苦荬菜（4～9 月），青饲料可以补充人工配合饲料的某些营养缺陷，减少精饲料用量，降低饲料成本，促进鱼类生长。

（2）**饲料投喂** 通常采用投饲机进行投喂，在养殖前期需驯化摄食颗粒饲料，采用少量投饵的方式，将投饲机投饵间距调至 11～17 秒/次。待驯化摄食工作完成后，逐渐加大投饵量，将投饲机投饵间距调至 3～7 秒/次，检查摄食情况并及时做出调整。

根据天气、水温、摄食状况及鱼规格大小，具体确定日投饵次数和每次的投喂时间。一般情况 4 月中上旬，水温在 15℃左右，日投喂 1～2 次，每次 30 分钟；5～6 月水温达到 20℃以上，日投喂 3 次，每次 40 分钟；7～8 月是鱼类生长的旺季，日投喂 3～4 次，每次 60 分钟。养殖后期，鱼存塘量大、气温高，经常发生浮头，最后一次投喂时间不能太晚，应在 18：00 前投喂结束。

每 10 天检查 1 次鱼的生长情况，测算鱼体规格和存塘量，以便确定日投饵率，进而调整指导投饵量。鳊鲂规格在 25～100 克/尾时，投饵率为 4％～3％；规格在 100～300 克/尾时，投饵率为 3％～2％；规格在 300～600 克/尾时，投饵率为 2％～1.5％。生产过程中鳊鲂抢食不激烈，因此摄食过程需要仔细观察，可设置食台检查饵料残存情况，依据鱼的摄食、天气和水质情况，灵活掌握日投饵量。

**2. 水质管理**　每周检测 1 次水质，高温季节每周 2 次。主要检测水温、溶解氧、pH、透明度、氨氮和亚硝酸盐等指标，并将检测结果与渔业水质标准相对照，如有数值与其不符则采取措施立即解决。池塘正常水质指标如下：溶解氧保持在 4 毫克/升以上，透明度保持在 25～40 厘米，pH 在 7～8.5，非离子氨≤0.02 毫克/升，亚硝酸盐≤0.15 毫克/升。

调控水质的措施：一是注换水。放养前期，每隔 10～15 天换水 1 次，换水量为 20～30 厘米；5～6 月，每月换水 1 次，每次 40 厘米左右，水深控制在 1.5～1.7 米；7 月初加至 2 米；7～8 月，每月换水 2 次，每次 50 厘米。二是增氧。由于放养密度比较大，7 月初就开始使用增氧机，晴天中午开机 2 小时，阴天清晨开，闷热天、连阴雨天半夜开。三是生物控水。主要是控制池水呈微碱性状态，使池水 pH 为 6.5～8.5。其方法是 4～11 月，每月每亩用 25 千克生石灰化水全池泼洒。6～7 月每半个月左右，根据水质情况全池泼洒 1 次生物制剂，8 月使用底改产品 2 次。

**3. 日常管理**　对养殖工人进行培训，使其掌握自动投饵机、增氧机和排水泵的使用技术，以及日常投喂、辨别水色和鱼类异常活动的技术要点，熟悉管理重点，做好饲料保管供应工作。坚持每天巡塘，生长旺季需每天早、晚巡塘 2 次，观察鱼类活动、水色变化等情况。尤其做好夜间值班，严防鱼类浮头死亡和偷盗的发生，发现问题及时采取措施。并建立池塘日志，翔实记录养殖生产过程。

**4. 鱼病防治**　鱼病防治应坚持"防重于治、以防为主、防治结合"的原则。主要做好鱼塘、鱼种、饲料台消毒和季节性鱼病防治。鱼种下塘前，鱼塘用生石灰消毒，鱼种用盐水或高锰酸钾消毒，饲料台每 10～15 天清洗 1 次，及时捞出残饵等杂物，并用 300 克漂白粉加水 15 千克调匀泼洒食台。每月 1 次全池泼洒 0.7 克/米$^3$敌百虫杀虫，内服 2% 大蒜素一个疗程杀菌（5～7 天）。渔药的使用和休药期，严格遵守《无公害食品　渔用药物使用准则》（NY 5071—2002），做到不乱用药、少用药。

## 四、成鱼捕捞

鳊鲂长到 500 克/尾左右，此时便可捕捞上市。如果此前鱼池用过药，需确保已过休药期。南方地区5～7月开始每月捕热水鱼1次，捕大留小，均衡上市，分2～3次捕完。捕热水鱼要求操作细致、熟练、轻快，并开动增氧机，将已达上市规格的鱼及时扦捕出售。捕热水鱼后翌日泼洒漂白粉等氯制剂，预防细菌性疾病。在高温季节拉网，操作需谨慎，可采用大水位拉网，在拉网前需停食2～3天，以利于提高运输成活率。一般采用活水车运输。

# 第 五 章
## 各地高效养殖模式集锦

## 第一节　北京市高效养殖模式

### 模式一：北京地区草鱼鱼种高产高效节水生态养殖模式

北京人均水资源占有量只有世界人均水资源量的 1/30，北京综合试验站根据北京水资源缺乏和池塘高密度养殖的特点，开展了节水技术和节水养殖模式示范和推广。其中，北京市通州区小务村是该技术示范推广的片区之一。该养殖模式技术特点是：养殖全过程只补水、不换水，并且根据不同池塘的理化特性和不同养殖阶段水质特点施用微生态制剂，在高温季节使用人工生物浮床，实行生态养殖，达到大宗淡水鱼养殖的高产和高效的效果。

### 一、池塘条件

池塘面积 5～10 亩，东西或东南走向，蓄水深度可达 2～2.5 米。春季鱼种出售后，排干池水进行曝晒，并使用推土机清除过多的淤泥，保持淤泥 10～15 厘米，加固池壁，保证池塘可蓄水 2～2.5 米。晒池、清淤，翻动底质，鱼种放养前彻底清塘，是池塘生态养殖的重要步骤。清塘的具体做法是：用生石灰消毒 100 千克/亩干法清塘，杀灭各类敌害生物及病原体，同时能改善底质。

### 二、生态适时下塘

培育生物饵料浮游植物和浮游动物的过程俗称肥水，轮虫高峰期鱼苗下塘称之为生态适时下塘。放苗前肥水能给苗种提供丰富的天然饵料，保证养殖过程充足的溶氧，净化水质，减轻底质污染的压力，适时下塘能提高鱼苗生长速度，降低饵料系数。

北京地区5月上中旬池塘水温为18～20℃，根据轮虫达到高峰期和高峰期持续时间，在施用生石灰1周后，放苗前10～15天，池塘加水进行肥水。肥水可以多种肥料搭配使用，每亩投入发酵好的有机肥400千克，同时，为了加快肥水可兼施无机肥料，一般每亩施用氮肥4千克、磷肥4千克。生物饵料不足时，泼洒豆浆、面料或购买鱼虫投饲。

## 三、科学放养，合理搭配

主养草鱼鱼种，5月上中旬放养草鱼水花，鱼苗培育采取单养，一般亩放苗20万～30万尾。经过20天左右的养殖，六一前后出售部分夏花，留下部分继续养殖，翌年春季出售大规格鱼种春片。夏花放养时要求体质健壮，鳞片完整，色泽鲜艳，一次放足。同池放养的鱼种规格要求大小一致，剔除有病、有伤、畸形的鱼种，搭养花白鲢，并适量放养一些鲤、鲫。可充分合理利用饵料和水体空间，提高饵料利用率，根据生态平衡食物链中的金字塔，科学放养，合理搭配，形成良性循环，改善富营养化水体。具体放养情况见表5-1。

表 5-1　草鱼和搭养品种亩放养密度及年终产量

| 养殖品种 | 投放量 | 产量（千克） |
| --- | --- | --- |
| 草鱼 | 1.5万尾夏花 | 2 000 |
| 花鲢 | 300尾夏花 | 100 |
| 白鲢 | 1 500尾夏花 | 200 |
| 鲫 | 1 500尾夏花 | 200 |

## 四、科学管理

**1. 加注新水，掌握水位**　放养水花前15～20天加水50～70厘米进行肥水，放养水花初期正值春末、夏初，气温较低，采用浅水培育，水温上升较快，可加速有机肥料的分解，有利于天然饵料的繁殖和鱼苗的生长。同时水位较浅，豆浆等人工饵料的利用率较高，可以节省饵料和肥。随着鱼体的生长，每3～5天注水1次，每次注水10～15厘米，给鱼苗提供更大的生活空间和良好的水质，鱼苗培育期间共需加注新水3～4次。

在培养鱼种过程中5～10天补水1次，每次补水10～15厘米，直至加至水深2～2.5米。在摄食旺季根据蒸发量一般4～5天补水1次，以保持水位。秋季冰封前杀灭原生动物，保证冰下增氧，一次性补足水，冬季不再补水。

**2. "四定"投饵灵活掌握**　除定时、定量、定质、定点"四定"投饵外，少量多次，每天喂鱼6次。除肥水外在苗种初期饵料不足时加喂鱼虫，投喂时要根据气候条件和鱼的吃食情况灵活掌握，在鱼吃食时注意观察，及时发现病害。随着鱼体长大要及时增加饲料，增加饲料时循序渐进，坚决杜绝剩料。

**3. 病害防控**　北京站大力推广生态健康养殖技术：使用水体修复剂调节水质和中草药防病技术。除清塘外，在7～9月高温季节，每月使用漂白粉或强氯精进行水体消毒，定期投喂中草药药饵和维生素免疫增强剂预防。北京站试验示范的草鱼免疫增强剂和疫苗，已经得到部分养殖户的认可。

**4. 养殖季节水质调控**　因为养殖全过程只补水、不换水，加之养殖密度较高，在摄食旺季鱼体代谢物和残饵超过池塘水体的自净能力，直接威胁养殖安全，因此需要进行水质调控，主要是使用微生态制剂和人工种植水生植物，这里主要介绍微生态制剂的使用技术：

（1）测水施用微生态制剂　在施用前，对池塘水质现状进行分析，交叉使用不同类型的微生态制剂。常用的微生态制剂有光合细菌、芽孢杆菌和硝化细菌。光合细菌有固氮、固碳、氧化硫化物和促进有机物充分分解的作用；芽孢杆菌可以利用硝酸盐和亚硝酸盐，适用于亚硝酸盐含量和pH偏高的水体；硝化细菌以二氧化碳为碳源，通过代谢将氨或铵盐氧化成硝酸盐。影响微生态制剂作用的环境因子，主要有水温、酸碱度、水体溶氧、光照、有机物含量和含氮盐类等。不同菌株受环境因子的影响也有所不同：施用光合细菌需要较强的光照，阴雨天使用光合细菌效果不明显；pH低于7或者高于8.5的水体，以及溶氧含量低的水体，不利于硝化细菌的生长；光照对硝化细菌的生长、繁殖也有一定的抑制作用。因此，在使用微生态制剂前，依水环境因子指标选择相应的微生态制剂，并通过改进措施，减少环境因子的不良影响。如活菌在生长代谢过程中需要消耗氧气，为防止缺氧，可以在天气晴朗的中午使用微生态制剂；或者在施用微生态制剂的过程中，一定要进行增氧2～3小时处理。同时，微生态制剂是以菌治菌的竞争抑制作用，只有当有益菌在适宜的环境中形成优势菌群后，才能有效抑制有害菌株的生长。因此，要发挥微生态制剂预防病害的作用。

（2）把握微生态制剂最佳施用时间　微生态制剂使用后4～5天开始发挥作用，7～10天效果最佳。有益菌的数量均递增到高峰再递减的生长周期，一般为15～30天。在幼苗开食、食性转换、快速生长、季节变化和鱼病高发等关键时期，提前使用微生态制剂，能够收到良好的防病效果。

（3）使用微生态制剂的注意事项　微生态制剂为活菌制剂，禁止与杀菌化学药以及具有抗菌作用的中草药、杀虫剂等同时使用，水体中投放化学药物3～5天后，方可使用微生态制剂。池塘施用的微生态制剂，一定要保证菌体的数量和活力，且活力要强，随着微生态制剂保存期的延长，活菌数量逐渐减少，其作用效果明显降低。

## 五、养殖效果

通过养殖户的相关记录对比，在相同养殖条件下，氨氮和亚硝酸等指标明显降低，养殖环境得到了明显的改善。

2010年，徐长山承包的5亩鱼池共产出草鱼和花白鲢鱼种16 600千克。其中，草鱼种15 500千克、花白鲢鱼种1 100千克，草鱼种价格是12～13元/千克，总产值为193 700元；生产成本98 700元；养鱼利润95 000元，亩利润19 000元。张山承包的鱼池水面5亩，总产优质鱼种10 500千克。其中，草鱼种9 000千克、花白鲢鱼种1 500千克，总产值118 500元；各项开支68 500元；纯利润50 000元，亩利润10 000元。

（田照辉　卢俊红　倪寿文　朱华）

## 模式二：北京地区松浦镜鲤池塘苗种精养模式

北京市水产科学研究所作为北京综合试验站的依托单位，从2010年开始引进松浦镜鲤乌仔进行养殖试验示范。该品种具有体型好、背高而厚、生长速度快、鳞片少、抗病力强、抗寒、生长周期长和易垂钓等优点，深受广大养殖户和消费者的喜爱。松浦镜鲤在北京地区的池塘养殖周期一般为2年，第一年进行苗种培育，第二年进行成鱼养殖。

# 一、养殖模式介绍

大规格鱼种的培育以池塘精养为主，搭配花白鲢，也可搭配少量草鱼。

**1. 池塘条件**　池塘长方形，面积3～10亩，培育前期水深0.9～1.5米、后期1.5～2.5米，池埂为土质，池底保水力较强，配备3千瓦增氧机2～3台。

**2. 池塘的修整和清塘**　排干池水，清除过量淤泥，曝晒池底。鱼苗下塘前7～10天，彻底清塘消毒，干池清塘用生石灰75千克/亩，带水清塘每亩（水深1米）用125～150千克生石灰。清塘后施发酵粪肥每公顷200～300千克肥水，培养生物饵料，实行肥水下塘，使鱼苗下塘时有充足适口的饵料，施肥后池水逐渐变成茶褐色或油绿色。

**3. 鱼种放养**　松浦镜鲤乌仔来源于黑龙江水产研究所，每年5月底至6月初放养，密度为7 000～9 000尾/亩。搭养鲢、鳙乌仔，或待松浦镜鲤长至夏花时搭配鲢、鳙夏花，鲢、鳙放养比例为（2～5）∶1，亩放养量为1 200～1 500尾。

**4. 饲料投喂**　乌仔下塘后开始几天可以摄食池塘中的大型浮游动物，并使用鲤鱼种全价配合饲料进行驯化投喂，以保证鱼种整齐、快速生长，培养大规格鱼种，为翌年养成商品成鱼做好准备。投喂含蛋白质30%以上的颗粒饲料，根据松浦镜鲤规格选用粒径适合的颗粒饲料，使苗种吞食适口。刚下塘时，鱼苗小，把颗粒饲料破碎成0.5毫米大小。等到鱼苗长到5厘米后，投喂粒径1毫米的饲料。体重50～100克，投喂粒径1.5毫米的饲料；体重达100克后，投喂粒径2.5毫米的饲料。每天4次，使用投饵机投喂。松浦镜鲤的耐寒力较强，普通鲤养殖户到9月底至10月初基本停止投喂，松浦镜鲤可以延长投喂10～15天。饲料系数为1.6～1.8。定期检查食场，察看水底有无剩余饲料，观察苗种的生长情况，及时调整喂养饲料的重量和粒径。坚持定点、定时、定质、定量投喂：①定位，投喂饲料应有固定的投料点；②定时，天气正常时，每天投饵时间应固定；③定量，投喂饲料应做到适量、均匀，防止过多或过少；④定质，所投饲料必须新鲜，不应用腐败的饲料投喂，以免发生鱼病。日投饵量为鱼体重的5%～12%，但要根据天气、水温和鱼摄食情况灵活调整。

**5. 水质管理**　水质的好坏，直接关系到鱼苗的生长。因为北京市是缺水的城市，养殖过程中以水质调控为主，适当补水。依据天气施肥，晴天水瘦、透明度大，可多施一些；反之少施。既要保证鲢有足够的天然饵料，又要保证松浦镜鲤正常生长的需要。严格按照增氧机"三开两不开"的使用原则，合理使用增氧机，防止浮头泛塘和其他事故发生。每月全池泼洒生石灰1次，使pH保持在7.5～8.5，溶氧量在5毫克/升以上。7、8月高温季节，使用微生态制剂调控水质。微生态制剂主要使用光合细菌、芽孢杆菌和硝化细菌，并配以人工浮床以改善水质。

**6. 病害防控** 松浦镜鲤抗病力较强，保证充足的饲料和良好的水质，在鱼种养殖阶段没有大规模病害发生。因为松浦镜鲤为引进的新品种，在使用药物时要谨慎，最好进行小规模的试验。病害发生时，可参考黑龙江水产研究所育种专家的"松浦镜鲤"宣传册中的建议进行防治。北京地区松浦镜鲤养殖过程中发生的主要病害有：

（1）肠道孢子虫病

【症状及病因】由孢子虫引起，病鱼食欲下降，离群独游，严重的可见腹部膨大。通过对病鱼解剖，肠道内有大量的孢囊，镜检可见孢子虫。此病防治及时，不会造成大量死亡。

【防治方法】鱼孢净（成分：盐酸氯苯胍），1吨饲料用量2.5千克，连用3～5天。

（2）锚头鳋病

【症状及病因】锚头鳋在水温12℃以上时都可繁殖，故流行季节较长，虫体用头部钻入鱼的肌肉组织，引起慢性增生性炎症，在伤口处出现溃疡。对小鱼危害较大，少量寄生对成鱼伤害较小，大量寄生可使鱼死亡。

【防治方法】①每立方米水体用0.3～0.5克的晶体敌百虫全池泼洒，杀死水体中锚头鳋的幼虫；②用0.00125%～0.002%浓度的高锰酸钾溶液，水温20～30℃时浸洗鱼体1小时左右。

## 二、养殖实例

**1. 试验鱼池和鱼种放养** 北京市顺义区后鲁养鱼场，鱼池面积3亩，培育期水深0.9～1.8米。苗种放养量：6月12日放养2.6万尾松浦镜鲤大乌仔，6月25日投放白鲢夏花900尾、鳙夏花300尾。

**2. 产量及规格** 6月12日下塘，9月25日鱼种出塘。出塘规格：松浦镜鲤规格181克/尾、鲢252.5克/尾、鳙396克/尾。总产鱼种4 035千克，平均单产1 345千克/亩。其中，松浦镜鲤鱼种3 692千克，占总产量的91.5%，成活率78.5%；鲢鱼种225千克，占总产量的5.6%，成活率99%；鳙鱼种118千克，占总产量的2.9%，成活率99.3%。

**3. 经济效益**　松浦镜鲤鱼种总产3 692千克，单价18元/千克，计66 456元；鲢鱼种225千克，单价4元/千克，计900元；鳙鱼种118千克，单价6.4元/千克，计755.2元。总收入68 111.2元，总支出为41 715元（其中，鱼苗1 360元、饲料29 905元、人工5 000元、电费1 500元、鱼池租赁费3 000元、渔药费500元，其他450元）。纯利润26 396.2元，平均利润8 798.7元/亩。

（田照辉　朱华　孙然　李如潮　李新）

# 第二节　天津市高效养殖模式

## 模式一：主养鲤池塘套放南美白对虾养殖模式

## 一、养殖模式

**1. 池塘条件**　鱼虾混养池塘与养鱼池塘条件基本相同。对于淤泥较深（淤泥深度超过20厘米）的老池塘，在鱼虾放养之前要进行清淤。池塘淤泥深度在20厘米以下的池塘，鱼虾放养之前的10～15天，用氧化钙消毒池塘。

**2. 苗种投放**　先投放鱼类苗种，规格与数量为：乌克兰鳞鲤100克/尾、800尾/亩，鲫50克/尾、300尾/亩，鲢80克/尾、350尾/亩，鳙250克/尾、50尾/亩，草鱼300克/尾、30尾/亩。待大部分摄食鱼类上台吃食之后，再投放南美白对虾苗种。套养虾苗的规格在1厘米以上为宜，密度为20 000尾/亩。虾苗放养水温要求在20℃以上。虾苗放养后的30天内，每隔2～3天检查1次虾苗的养殖密度，发现虾苗放养密度较稀时，要及时查明原因并补充虾苗。虾苗投放时间应选择在摄食鱼类投喂之后，以防止鱼类过度地摄食虾苗。

**3. 饲料投喂**　养殖过程中不对套养的南美白对虾进行单独投喂，只对鲤进行正常投喂。选用配合饲料，日投饵4次，每天7:30～9:30、11:00～12:00、14:30～16:00和18:30～20:00进行投喂，投喂时间控制在25分钟以内。在饲料投喂中坚持"四定"（定质、定量、定时、定位），"四看"（看天气、看季节、看水色、看鱼的摄食状态）原则，根据个体大小在不同季节灵活掌握；投饵量为鱼虾体重的2%～5%，防止投喂过量造成水质恶化。

**4. 水质调控**　每天中午及晚上开启增氧机，中午开启时间为12：00～14：00，晚上开启时间根据实际情况而定。另外，高温季节及阴雨天气加长开启时间。定期使用微生物制剂调控水质，前期以稳定水色为主，主要以芽孢杆菌为主的微生物制剂；中、后期以复合型的EM菌为主，分解底质、水体中有害物质，稳定水质。池塘水体的透明度保持在20～30厘米，溶解氧3毫克/升以上，pH7.5～8.5，氨氮0.2毫克/升左右。每月进行1次水质检测，检测项目包括氨氮、溶氧、pH、盐度、亚硝酸盐、磷酸盐、浮游生物（定性、定量）等常规指标，对于不合格的水质及时采用换新水或使用微生物制剂等调节水质，取得了良好的效果，使水体保持在"肥、活、爽、嫩"的良好状态。每半个月泼洒1次生石灰，以补充虾生长所需要的钙质。

**5. 病害防治**　主要以"以防为主、防治结合"的原则，制定综合预防措施。在放苗前用生石灰清塘，鱼种入塘前用盐水浸洗。养殖过程中主要是通过池塘的清淤消毒、苗种检疫消毒、定期投喂药饵、水质消毒和底质改良等措施，预防病害的发生。对发生鱼病的池塘，在治疗鱼病时严禁使用对南美白对虾有强刺激的药物，每隔20天左右泼洒漂白粉消毒。同时，采用"外消内服"相结合的方法，投喂用中草药配制的药饵。

**6. 捕捞收获**　鱼虾混养池塘中的鱼类和南美白对虾分别捕捞。8月中下旬开始用虾笼或拉网捕捞南美白对虾，鱼类采用拉网捕捞。

# 二、经济效益分析

产品出池时乌克兰鳞鲤价格为6.7元/千克，饲料系数1.55、每千克鱼饲料成本5.1元，每千克苗种成本0.6元，其他费用每千克鱼0.6元，养1千克鲤成本约为6.3元。从鲤角度说按当时鱼的价格，效益较低，每亩利润300元左右。养殖池塘效益高低的关键。在于鲢、鳙和南美白对虾的产量高低。该池塘鲢、鳙除去成本平均亩净利润在400元左右，南美白对虾亩利润1 800元左右，合计池塘亩利润在2 500元左右。

（缴建华、张韦　吴会民　王永辰　高勇　王顺）

# 模式二：鱼虾菜生态循环养殖模式

## 一、养殖模式

**1. 池塘条件** 鱼虾混养池塘与养鱼池塘条件基本相同。对于淤泥较深（淤泥深度超过 20 厘米）的老池塘，在鱼虾放养之前要进行清淤。池塘淤泥深度在 20 厘米以下的池塘，鱼虾放养之前的 10～15 天，用生石灰消毒池塘。

**2. 苗种投放** 先投放鱼类苗种，鲤投放量为 400 尾/亩、规格 8 尾/千克，草鱼投放量为 100 尾/亩、规格 10 尾/千克，白鲢投放量为 240 尾/亩、规格 8 尾/千克，花鲢投放量为 30 尾/亩、规格 8 尾/千克，鲫投放量为 500 尾/亩、规格 20 尾/千克。套养虾苗的规格在 1 厘米以上为宜，密度为 20 000 尾/亩。虾苗放养水温要求在 20℃以上。虾苗放养后的 30 天内，每隔 2～3 天检查 1 次虾苗的养殖密度，发现放养密度较稀时，要及时查明原因并补充虾苗。虾苗投放时间应选择在摄食鱼类投喂之后，以防止鱼类过度地摄食虾苗。

**3. 浮床铺设** 浮床铺设面积与池塘面积比为 1∶10，一排一排铺于水面上，每排间隔 2～3 米，便于人工采摘，浮床距池塘边缘 4～5 米（防止陆地有害生物破坏）。每个浮床长 2～4 米、宽 1.2 米，中间用尼龙绳织成网，浮床间用绳索捆绑连接。在池中每排浮床的两端用粗绳索固定在岸上，浮床底部设置防护网（避免鱼类摄食蔬菜根部），并且浮床的布置点应避开增氧机周围。

**4. 水生蔬菜种植** 种植蔬菜为水生空心菜，学名水蕹菜，又名竹叶菜。可以生食、熟食，维生素含量较高，受百姓欢迎。空心菜移栽池塘之前，在温室大棚内育秧至 10 厘米以上，然后插于浮床网具的固定位置上。插秧时间应避开大风天气，否则浮床不稳，不容易操作。

**5. 饲料投喂** 投饵时以鲤饲料为主，每天投喂 2 次。水温在 13℃左右时，投饵量为鱼体重的 1%；5 月水温稳定在 18℃以上时，可逐步增加至鱼体重的 3%～5%；7～9 月饲料投喂量应占全年投喂总量的 60%左右。每天具体投喂量应视鱼吃食情况而定，做到不多投，减少饲料损失和水体污染。同时投喂一定量的水草，防止草鱼饵料不足时，摄食水中蔬菜。所投水草必须经过消毒，而且要新鲜适量，不投放腐败变质的饲料；投饵有固定食场，遇到闷热天、雨天或鱼浮头，应少投或不投。

**6. 水质调控**  在养殖过程中，受饲料、水源、天气等因素的影响，池塘水质易发生变化，进而影响鱼体生长和蔬菜品质，因此，水质调节很重要。具体措施是：①每天测水温、pH、溶解氧、氨氮等常规指标的数值，并做记录。每天取水样进行浮游生物定性测定，根据藻类组成适时施肥或泼洒药物。②养殖前期（7月以前），每20天注水1次（需经净化和化验达到养殖用水标准），保持池塘边沟水深2米左右，透明度不低于20厘米；7月中旬全池泼洒底质改良剂1次，不仅可以吸附水中的悬浮物，而且可以改良底质。③蔬菜、鱼类和浮游生物的生长，需大量 Ca、Mg、N、P 等营养物质，为保证水体营养物质的合理循环和平衡利用，每半个月进行1次 N、P 等元素和化学耗氧量的测定，营养不足及时补充施肥，以保证鱼类和蔬菜的正常生长。

**7. 病害防治**  养殖生产期间，为了预防鱼病发生，采取科学的防病方法和措施。①每20天全池泼洒生石灰1次，杀灭病原菌改善水质；每半个月用漂白粉进行1次食场消毒，保证食场清洁，避免鱼在摄食时感染疾病。②定期投喂药饵，增强鱼体免疫力，预防草鱼、鲤出血病和肠炎病的发生。③巡塘时密切关注水色、鱼体活动等情况，适时开动增氧机，充足的溶解氧是预防疾病和保证渔业生产的前提。

## 二、经济效益分析

成品鱼亩产量是850千克，亩产值是7 000元，亩效益835元；南美白对虾亩产值1 800元左右；空心菜每隔20天左右采摘1次，一共采摘4茬，亩效益485元。因此，该立体养殖试验池塘实际亩效益达3 120元。

（张韦　吴会民　缴建华　王永辰　刘维汉　樊振中）

# 第三节　辽宁省高效养殖模式

## 模式一：福瑞鲤池塘高效健康养殖技术模式

福瑞鲤作为大宗养殖新品种，因其具有体型好、生长速度快、饵料系数低和抗病力强等特点而深受广大养殖户青睐。放养大规格鱼种养殖商品鱼较放养小规格鱼种养殖商品鱼，在亩投入等同的情况下，亩增加经济效益6 252元。

# 一、大规格鱼种养殖

### 1. 池塘条件

（1）养殖池塘 面积5~10亩，水深1.5~2.0米，每个池塘单独注排水。95%为老池塘，约3年清淤1次，淤泥厚度约15厘米。

（2）水源 均为地下水，水质良好，可保证随时加注。

（3）设备 根据池塘面积及放养情况，平均每3亩池塘配备3千瓦叶轮式增氧机1台。

### 2. 清塘消毒
苗种下塘前10~15天，亩用生石灰100~150千克，化水全池泼洒干法消毒，2天后将池水加至1米左右备用。

### 3. 鱼种放养
6月中下旬，池塘清塘消毒10天后，放养规格均匀、体质健壮、鳞片完整、无伤病和无畸形的夏花苗种。苗种下塘前，用3%~5%的食盐水浸泡消毒5~10分钟。福瑞鲤夏花当年养成大规格鱼种具体亩放养情况见表5-2。

表5-2　福瑞鲤夏花当年养成大规格鱼种亩放养情况

| 时间<br>（月、日） | 福瑞鲤 | | | 鲢 | | | 鳙 | | | 合计<br>数量<br>（尾） |
| --- | --- | --- | --- | --- | --- | --- | --- | --- | --- | --- |
| | 平均规格（克） | 尾数 | 重量（千克） | 平均规格（克） | 尾数 | 重量（千克） | 平均规格（克） | 尾数 | 重量（千克） | |
| 6.15~6.20 | 1.5~2.0 | 1 500 | 2.6 | 0.5~1.0 | 2 000 | 1.5 | 0.5~1.0 | 1 000 | 0.75 | 4500 |

### 4. 饲养管理

（1）投饲 鱼种下塘第2天，在固定投饵台驯化投喂鲤人工配合颗粒饲料，粗蛋白质含量在33%~35%。根据鱼类摄食情况，日投喂4次（7：00、10：00、14：00、18：00），日投喂量约占鱼体质量的5%，下午投喂量约占日投喂量的60%。用投饵机调整投喂速度和投喂量，每次投喂时间1小时左右，使鱼吃八分饱为宜，阴雨天减少投喂量。

（2）水质调节 鱼种放养后，每7天向池中加水10厘米，至6月底加水至最高水位。7~8月，视池水情况不定期排出部分池水，每次约20厘米。同时，每15天全池泼洒1次水改或底改剂。阴雨天24小时开启增氧机，晴天开机时间保证白天不低于6小时，晚上不低于7小时。确保水质肥、活、嫩、爽。

（3）病害防治 养殖期间，每15天全池泼洒1次硫酸铜和硫酸亚铁合剂

（5：2）或90％晶体敌百虫，使池水质量浓度分别为0.7毫克/升和0.5毫克/升，第二天全池泼洒1次杀菌剂。

（4）日常管理　早中晚巡塘，观察鱼的摄食、活动和健康状况，水质、水位变化情况，增氧、投饵和进排水设施完好度等，发现问题及时采取措施。做好记录，建立档案。

**5. 结果**

（1）养殖效果　根据市场成鱼销售价格，灵活掌握出塘时间。具体亩收获情况见表5-3。

表5-3　福瑞鲤夏花当年养成大规格鱼种亩收获情况

| 时间（月、日） | 福瑞鲤 | | | 鲢 | | | 鳙 | | | 饵料系数 |
|---|---|---|---|---|---|---|---|---|---|---|
| | 平均规格（克） | 重量（千克） | 养殖成活率（％） | 平均规格（克） | 重量（千克） | 养殖成活率（％） | 平均规格（克） | 重量（千克） | 养殖成活率（％） | |
| 10. 20 | 680 | 1 020 | 100 | 100 | 200 | 100 | 150 | 150 | 100 | 1.0 |

（2）经济效益　按塘边市场价格8.50元/千克计算，亩生产成本（饲料、鱼种、其他）约6 240元，亩产出约8 653元，亩利润约2 413元。利润率27.89％，投入产出比1：1.39。

# 二、商品鱼养殖

**1. 池塘条件**

（1）养殖池塘　面积10～20亩，水深2.0～2.5米，每个池塘单独注排水。95％为老池塘，约3年清淤1次，淤泥厚度约15厘米。

（2）水源　均为地下水，水质良好，可保证随时加注。

（3）设备　根据池塘面积及放养情况，平均每3亩池塘配备3千瓦叶轮式增氧机1台。

**2. 清塘消毒**　苗种下塘前10～15天，亩用生石灰100～150千克，化水全池泼洒干法消毒，2天后将池水加至1.5米左右备用。

**3. 鱼种放养**　4月中下旬，池塘清塘消毒10天后，放养规格均匀、体质健壮、鳞片完整、无伤病和无畸形的鱼种。鱼种下塘前，用3％～5％的食盐水浸泡消毒5～10分钟。福瑞鲤商品鱼养殖具体亩放养情况见表5-4。

表 5-4 福瑞鲤商品鱼养殖亩放养情况

| 时间（月、日） | 福瑞鲤 | | | 鲢 | | | 鳙 | | | 合计数量（尾） |
|---|---|---|---|---|---|---|---|---|---|---|
| | 平均规格（克） | 尾数 | 重量（千克） | 平均规格（克） | 尾数 | 重量（千克） | 平均规格（克） | 尾数 | 重量（千克） | |
| 4.15～4.20 | 600 | 700 | 420 | 100 | 150 | 15 | 150 | 50 | 7.5 | 900 |

**4. 饲养管理**

（1）投饲　鱼种下塘第 2 天，在固定投饵台驯化投喂鲤人工配合颗粒饲料，粗蛋白质含量约 30%。根据鱼类摄食情况，日投喂 4 次（7：00、10：00、14：00、18：00），日投喂量约占鱼体质量的 3%，下午投喂量约占日投喂量的 60%。用投饵机调整投喂速度和投喂量，每次投喂时间 1 小时左右，使鱼吃八分饱为宜，阴雨天减少投喂量。

（2）水质调节　鱼种放养后，每 7 天向池中加水 10 厘米，至 6 月底加水至最高水位。7～8 月，视池水情况不定期排出部分池水，每次约 20 厘米。同时，每 15 天全池泼洒 1 次水改或底改剂。阴雨天 24 小时开启增氧机，晴天开机时间保证白天不低于 6 小时，晚上不低于 7 小时。确保水质肥、活、嫩、爽。

（3）病害防治　养殖期间，每 15 天全池泼洒 1 次硫酸铜和硫酸亚铁合剂（5：2）或 90% 晶体敌百虫，使池水质量浓度分别为 0.7 毫克/升和 0.5 毫克/升，第二天全池泼洒 1 次杀菌剂。

（4）日常管理　早中晚巡塘，观察鱼的摄食、活动和健康状况，水质、水位变化情况，增氧、投饵和进排水设施完好度等，发现问题及时采取措施。做好记录，建立档案。

**5. 结果**

（1）养殖效果　根据市场成鱼销售价格，灵活掌握出塘时间。具体亩收获情况见表 5-5。

表 5-5 福瑞鲤商品鱼养殖亩收获情况

| 时间（月、日） | 亩收获情况 | | | | | | | | | 饵料系数 |
|---|---|---|---|---|---|---|---|---|---|---|
| | 福瑞鲤 | | | 鲢 | | | 鳙 | | | |
| | 平均规格（克） | 重量（千克） | 养殖成活率（%） | 平均规格（克） | 重量（千克） | 养殖成活率（%） | 平均规格（克） | 重量（千克） | 养殖成活率（%） | |
| 10.20 | 2 590 | 1 813 | 100 | 1 000 | 150 | 100 | 1 500 | 75 | 100 | 2.0 |

（2）经济效益　按塘边市场价格：春季鱼种 7.00 元/千克、秋季商品鱼

14.00元/千克计算，亩生产成本约16 190元，亩产出约24 294元，亩利润约8 104元。利润率33.40%，投入产出比1∶1.5。

（闫有利）

## 模式二：松浦镜鲤池塘高效健康养殖技术模式

松浦镜鲤作为大宗养殖新品种，因其具有体型好、生长速度快、饵料系数低、抗病力强、纯度高等特点而深受广大养殖户青睐。池塘养殖模式采用夏花当年养殖100克的小规格鱼种较当年养殖250克的大规格鱼种效益比较，亩减少成本约500元，而亩利润增加900元；放养小规格鱼种养殖商品鱼较放养大规格鱼种养殖商品鱼，亩减少成本约2 180元，而亩利润分别为9 000元和2 600元。

# 一、鱼种养殖

### 1. 池塘条件

（1）养殖池塘　面积5～10亩，水深1.5～2.0米，每个池塘单独注排水。95%为老池塘，约3年清淤1次，淤泥厚度约15厘米。

（2）水源　均为地下水，水质良好，可保证随时加注。

（3）设备　根据池塘面积及放养情况，平均每3亩池塘配备3千瓦叶轮式增氧机1台。

### 2. 清塘消毒　苗种下塘前10～15天，亩用生石灰100～150千克，化水全池泼洒干法消毒，2天后将池水加至1米左右备用。

### 3. 鱼种放养　6月中下旬，池塘清塘消毒10天后，放养规格均匀、体质健壮、鳞片完整、无伤病和无畸形的夏花苗种。苗种下塘前，用3%～5%的食盐水浸泡消毒5～10分钟。松浦镜鲤夏花当年养成大规格鱼种具体亩放养情况见表5-6。

表5-6　松浦镜鲤夏花当年养成大规格鱼种亩放养情况

| 时间（月、日） | 松浦镜鲤 | | | 鲢 | | | 鳙 | | | 合计数量（尾） |
|---|---|---|---|---|---|---|---|---|---|---|
| | 平均规格（克/尾） | 尾数 | 重量（千克） | 平均规格（克/尾） | 尾数 | 重量（千克） | 平均规格（克/尾） | 尾数 | 重量（千克） | |
| 6.15～6.20 | 0.5～1.0 | 22 000 | 16.5 | 0.5～1.0 | 2 000 | 1.5 | 0.5～1.0 | 1 000 | 0.75 | 25 000 |

**4. 饲养管理**

（1）投饲　鱼种下塘第 2 天，在固定投饵台驯化投喂鲤人工配合颗粒饲料，粗蛋白质含量约 35%。根据鱼类摄食情况，日投喂 4 次（7：00、10：00、14：00、18：00），日投喂量约占鱼体质量的 5%，下午投喂量约占日投喂量的 60%。用投饵机调整投喂速度和投喂量，每次投喂时间 1 小时左右，使鱼吃八分饱为宜，阴雨天减少投喂量。

（2）水质调节　鱼种放养后，每 7 天向池中加水 10 厘米，至 6 月底加水至最高水位。7～8 月，视池水情况不定期排出部分池水，每次约 20 厘米。同时，每 15 天全池泼洒 1 次水改或底改剂。阴雨天 24 小时开启增氧机，晴天开机时间保证白天不低于 6 小时，晚上不低于 7 小时。确保水质肥、活、嫩、爽。

（3）病害防治　养殖期间，每 15 天全池泼洒 1 次硫酸铜和硫酸亚铁合剂（5∶2）或 90% 晶体敌百虫，使池水质量浓度分别为 0.7 毫克/升和 0.5 毫克/升，第二天全池泼洒 1 次杀菌剂。

（4）日常管理　早中晚巡塘，观察鱼的摄食、活动和健康状况，水质、水位变化情况，增氧、投饵和进排水设施完好度等，发现问题及时采取措施。做好记录，建立档案。

**5. 结果**

（1）养殖效果　根据市场成鱼销售价格，灵活掌握出塘时间。具体亩收获情况见表 5-7。

表 5-7　松浦镜鲤鱼种养殖亩收获情况

| 时间（月、日） | 松浦镜鲤 | | | 鲢 | | | 鳙 | | | 饵料系数 |
|---|---|---|---|---|---|---|---|---|---|---|
| | 平均规格（克/尾） | 重量（千克） | 养殖成活率（%） | 平均规格（克/尾） | 重量（千克） | 养殖成活率（%） | 平均规格（克/尾） | 重量（千克） | 养殖成活率（%） | |
| 10.20 | 100 | 2 178 | 99 | 100 | 200 | 100 | 150 | 150 | 100 | 1.2 |

（2）经济效益　按塘边市场价格 9.00 元/千克计算，亩生产成本约 1.46 万元，亩产出约 1.84 万元，亩利润约 0.38 万元。投入产出比 1∶1.26。

# 二、商品鱼养殖

**1. 池塘条件**

（1）养殖池塘　面积 10～15 亩，水深 2.0～2.5 米，每个池塘单独注排水。95%为老池塘，约3年清淤1次，淤泥厚度约15厘米。

（2）水源 均为地下水，水质良好，可保证随时加注。

（3）设备 根据池塘面积及放养情况，平均每2亩池塘配备3千瓦叶轮式增氧机1台。

**2. 清塘消毒** 苗种下塘前约10～15天，亩用生石灰100～150千克，化水全池泼洒干法消毒，2天后将池水加至1.5米左右备用。

**3. 鱼种放养** 4月中下旬，池塘清塘消毒10天后，放养规格均匀、体质健壮、鳞片完整、无伤病和无畸形的鱼种。鱼种下塘前，用3%～5%的食盐水浸泡消毒5～10分钟。松浦镜鲤商品鱼养殖具体亩放养情况见表5-8。

表5-8 松浦镜鲤商品鱼养殖亩放养情况

| 时间（月、日） | 松浦镜鲤 | | | 鲢 | | | 鳙 | | | 合计数量（尾） |
|---|---|---|---|---|---|---|---|---|---|---|
| | 平均规格（克/尾） | 尾数 | 重量（千克） | 平均规格（克/尾） | 尾数 | 重量（千克） | 平均规格（克/尾） | 尾数 | 重量（千克） | |
| 4.15～4.20 | 80 | 2 000 | 160 | 100 | 150 | 15 | 150 | 50 | 7.5 | 2 200 |

**4. 饲养管理**

（1）投饲 鱼种下塘第2天，在固定投饵台驯化投喂鲤人工配合颗粒饲料，粗蛋白质含量约30%。根据鱼类摄食情况，日投喂4次（7：00、10：00、14：00、18：00），日投喂量约占鱼体质量的3%，下午投喂量约占日投喂量的60%。用投饵机调整投喂速度和投喂量，每次投喂时间1小时左右，使鱼吃八分饱为宜，阴雨天减少投喂量。

（2）水质调节 鱼种放养后，每7天向池中加水10厘米，至6月底加水至最高水位。7～8月，视池水情况不定期排出部分池水，每次约20厘米。同时，每15天全池泼洒1次水改或底改剂。阴雨天24小时开启增氧机，晴天则保证2台24小时增氧和改善水质，其余3台22：00至5：00开启，确保水质肥、活、嫩、爽。

（3）病害防治 养殖期间，每15天全池泼洒1次硫酸铜和硫酸亚铁合剂（5：2）或90%晶体敌百虫，使池水质量浓度分别为0.7毫克/升和0.5毫克/升，第二天全池泼洒1次杀菌剂。

（4）日常管理 早中晚巡塘，观察鱼的摄食、活动和健康状况，水质、水位变化情况，增氧、投饵和进排水设施完好度等，发现问题及时采取措施。做好记录，建立档案。

**5. 结果**

（1）养殖效果 根据市场成鱼销售价格，灵活掌握出塘时间。具体亩收获情况见表5-9。

表5-9 松浦镜鲤商品鱼养殖亩收获情况

| 时间（月、日） | 松浦镜鲤 | | | 鲢 | | | 鳙 | | | 饲料系数 |
|---|---|---|---|---|---|---|---|---|---|---|
| | 平均规格（克/尾） | 重量（千克） | 养殖成活率（%） | 平均规格（克/尾） | 重量（千克） | 养殖成活率（%） | 平均规格（克/尾） | 重量（千克） | 养殖成活率（%） | |
| 10.20 | 1 500 | 3 000 | 100 | 1 000 | 150 | 100 | 1 500 | 75 | 100 | 1.43 |

（2）经济效益 按塘边市场价格9.00元/千克计算，亩生产成本约18 020元，亩产出约27 020元，亩利润约9 000元。投入产出比1：1.5。

（闫有利）

# 第四节 吉林省高效养殖模式

## 模式一：池塘主养2龄草鱼高产高效养殖模式

池塘以2龄草鱼为主要养殖对象，是近年来吉林省大宗淡水鱼主要养殖模式之一。但大多都是按传统的养殖模式，放养规格小，放养数量少，搭配品种单一，增氧机械配备不足，鱼病防治手段落后，劳动强度大，产量低，一般产量在500～700千克/亩，利润在1 000元/亩左右，经济效益较低。为了提高池塘养殖产量和养殖经济效益，2011—2013年，国家大宗淡水鱼产业技术体系长春综合试验站应用岗位专家提供的精准投饲技术、微孔增氧技术、生物絮团调控水质技术、2龄草鱼注射"草鱼出血病活疫苗"、"草鱼细菌病三联灭活疫苗"免疫等多项技术，从传统的粗放型向精养、集约化养殖方向发展，几年来在全省5个示范县示范养殖面积达到300亩，平均产量达到1 500千克/亩以上，效益达到4 000元/亩以上。

# 一、池塘条件

池塘面积10～15亩，池塘淤泥10～15厘米，蓄水深度2.2～2.5米。水源充足，水质清新无污染，以水库水和地下水为主。注排水方面有单独的注排水渠道。池塘配有动力电源，保证渔业机械正常运行，交通便利。

## 二、苗种放养前准备

**1. 池塘消毒** 鱼种下塘 15 天前，每亩用生石灰 75～100 千克或漂白粉 7～10 千克彻底清塘消毒，杀灭和消除池塘中的病原菌、中间寄主螺、蚌以及青泥苔、水生昆虫、野鱼和蝌蚪等鱼类敌害，从而减少鱼类病虫害的发生。

**2. 注水** 清塘 1 周后加注地下水和水库水各一半，水深 80 厘米左右，注水口用细密筛绢包好，以免野杂鱼、水生昆虫和蝌蚪等进入池塘。注水后经 1 周左右升温即可放鱼。

**3. 鱼种准备** 放养前要准备好备用鱼种，鱼种来源一是自己培育，二是就近购买。苗种要求规格整齐，鳞片完整，无病无伤。

**4. 养殖机械** 投饵机、增氧机械、潜水泵和网具等渔业机械生产前调试完毕。投饵机每口池塘配备 1 台。增氧机械选用微孔增氧技术，每亩配备罗茨鼓风机（1 400 转/分）功率为 0.15 千瓦，每亩配备 6 个直径 1.0 米的曝气增氧盘，并配有足够量的主管（PVC 塑料管）、支管（PVC 塑料管或橡胶软管）。每亩配备 2 台叶轮式增氧机，用于微孔增氧设备出现故障时备用。潜水泵及网具适量配备。

## 三、鱼种放养

**1. 放养时间及规格** 2 龄草鱼春片鱼种放养时间为 4 月 20～25 日，放养规格 150 克/尾左右。搭养异育银鲫"中科 3 号"夏花 6 月 10～15 日放养，搭养花、白鲢夏花 6 月底放养。

**2. 放养密度** 根据计划产量及计划出池规格而定。表 5-10 设计产量为 1 500 千克/亩的几种放养模式。

表 5-10　产量为 1 500 千克/亩的几种放养模式

| 模　　式 | | 1 | 2 | 3 |
|---|---|---|---|---|
| 放养量（尾/亩） | 草鱼 | 800 | 900 | 1 000 |
| | 鲫鱼 | 400 | 400 | 400 |
| | 花、白鲢 | 3 000 | 3 000 | 3 000 |

（续）

| 模 式 | | 1 | 2 | 3 |
|---|---|---|---|---|
| 成活率（％） | 草鱼 | 95 | 95 | 95 |
| | 鲫鱼 | 90 | 90 | 90 |
| | 花、白鲢 | 85 | 85 | 85 |
| 出池规格（克/尾） | 草鱼 | 1 500 | 1 350 | 1 250 |
| | 鲫鱼 | 150 | 150 | 150 |
| | 花、白鲢 | 130 | 130 | 130 |
| 产量（千克/亩） | 草鱼 | 1 140 | 1 154 | 1 187 |
| | 鲫鱼 | 54 | 54 | 54 |
| | 花、白鲢 | 332 | 332 | 332 |
| 总产量（千克/亩） | | 1 526 | 1 540 | 1 573 |

## 四、注射疫苗

为了提高草鱼养殖成活率，放养的草鱼鱼种全部注射"草鱼出血病活疫苗"、"草鱼细菌病三联灭活疫苗"。注射疫苗前，将鱼种放在网箱中暂养，在池塘深水处设置1口宽敞的网箱，在网箱处安上增氧设备。注射疫苗时，将鱼捞入塑料大盆内，盆内按50千克水加入80克含量为90％的晶体敌百虫和0.8千克食盐配制好药液，分批将草鱼投入容器内消毒，然后注射疫苗。注射时将"草鱼出血病活疫苗"、"草鱼细菌病三联灭活疫苗"混合一起注射，注射时将疫苗摇成均匀黄褐色乳剂液，每尾鱼注射0.2毫升，腹腔或肌内注射，注射深度为0.5厘米左右。鱼种注射完疫苗后马上放入池塘，全部注射完成后，用含氯消毒剂全池泼洒1次，防止由于操作不慎使鱼体受伤而造成病原感染。

## 五、饲养管理

**1. 饲料投喂**　采用配合颗粒饲料，鱼种规格500克以前，投喂蛋白含量32％的饲料；鱼种规格500克以后，投喂蛋白含量23％～28％的饲料。水温10～15℃，每天投喂2次；水温15～20℃，每天投喂3次；水温20℃以上，每天投喂4次，每次投喂以大多数鱼吃饱游走为止。

**2. 水质调节**　始终保持养殖水体"肥、活、嫩、爽"，透明度保持在30～

35 厘米。6 月后达到最高水位，高温季节每 7 天左右加注 1 次新水。在养殖过程中，因为饲料投喂充足，水质较肥，养殖过程不追施肥料。当水质过肥过老时，水体氨氮含量会超标，应用生物絮团技术来调节水质，定期向养殖池塘中施加碳源，调节碳氮比，促进水体中异养细菌大量繁殖，利用细菌同化无机氮，将水体中氨氮等有害氮源转化成菌体蛋白。并通过细菌将水体中的藻类、原生动物、轮虫及有机质絮凝成颗粒物质，形成"生物絮团"，最终被养殖动物摄食，起到调控水质、促进营养物质循环再利用和提高养殖动物成活率的作用。

**3. 鱼病防治**　北方地区鱼病发生季节一般在 6～9 月，盛期在 7～8 月。要遵守"无病先防、有病早治"的原则，采用生态预防、注射疫苗和定期水体消毒等方法。仔细做好鱼种放养前的池塘清整消毒和鱼种消毒，用以杀灭病原体。从 5 月下旬开始，每隔 15 天左右用生石灰 10～20 毫克/升全池泼洒 1 次。鱼病高发季节，可用 90% 晶体敌百虫 0.3～0.5 毫克/升全池泼洒，防治寄生虫病。用二氧化氯 0.3～0.4 毫克/升或溴氯海因 0.3 毫克/升全池泼洒，防治细菌性疾病。

**4. 日常管理**　仔细做好鱼种放养量、投喂量、鱼病防治及鱼类死亡数量等日常记录。坚持早晚巡塘，观察鱼的活动情况、吃食情况、水质水色情况和池塘险工险情等，发现问题及时解决。合理使用微孔增氧设备，鱼产量达到 300 千克/亩以上时，凌晨 1：00 左右开启增氧设备，开启到早上 6：00；产量达到 500 千克/亩以上时，晚上 22：00 开启增氧设备，开启到 6：00；产量达到 700 千克/亩时，白天开启一半增氧设备，晚上全部开启。

# 六、亩效益

## 1. 生产费用

（1）苗种费　草鱼 150 千克×14 元/千克＝2 100 元；鲫夏花 0.04 万尾×800 元/万尾＝32 元；花白鲢夏花 0.3 万尾×300 元/万尾＝90 元。苗种费合计 2 222 元。

（2）饲料费　饲料系数按 1.7 计，饲料用量 2.0 吨/亩，平均价格 4 400 元/吨，饲料费为 8 800 元。

（3）水、电费　600 元。

（4）药物费　疫苗费用为每尾鱼 0.1 元，计 100 元，清塘、杀菌、杀虫药物 200 元，施用碳源 200 元，合计 500 元。

（5）人工费　1 200 元。

生产费用合计：13 322 元。

**2. 产值**

（1）草鱼产值为 1 150 千克×13 元/千克＝14 950 元。

（2）鲫产值为 54 千克×14 元/千克＝756 元。

（3）花白鲢产值为 332 千克×7 元/千克＝2 324 元。

产值合计：18 030 元。

**3. 利润**　利润为 4 708 元。

（祖岫杰　刘艳辉）

# 模式二：池塘主养殖松浦镜鲤鱼种高产养殖模式

　　国家大宗淡水鱼产业技术体系长春综合试验站，于 2009 年从黑龙江水产研究所引进松浦镜鲤乌仔，经过几年的精心培育，2012 年亲鱼已全部成熟，并进行了规模化人工繁育，几年来累计生产松浦镜鲤 2 亿多尾，推广到全省及内蒙等地。经过几年的推广养殖，总结出适合北方气候特点的松浦镜鲤 1 龄鱼种高产养殖模式。

## 一、池塘条件

**1. 水源**　水源充足，水质良好，进排水方便，易于控制。

**2. 水深**　水深 1.5～3.0 米，以 2.5～3.0 米为好。

**3. 面积**　面积不宜过大，以 5～15 亩为宜。

**4. 池形**　东西长方形，长宽比（2～2.5）∶1，堤坝坚实，土质以壤土为好，不渗漏，便于控制水位，保水力强。边坝 1∶2.5，不受洪涝危害，池底向一侧倾斜，比降 0.3%～0.5%，淤泥厚不超过 15 厘米。

**5. 动力**　鱼池有固定动力电源，保证渔业机械正常运转。

## 二、鱼苗放养前准备

**1. 清塘**　每亩用生石灰 75～100 千克或漂白粉 7～10 千克干法清塘。

**2. 注水** 清塘 1 周后，加注地下水或水库水，注水深度 60 厘米左右，注水口用细密筛绢包好，以防野杂鱼及其卵进入池塘。

**3. 施肥** 注水后施发酵的有机肥，施肥量为 500～800 千克/亩。有机肥在发酵前加入 1%～2% 的生石灰，搅拌均匀，以杀灭细菌，防止疫情传播。

**4. 苗种准备** 放苗前一定要准备好足够量的苗种，苗种来源一是自己培育，二是就近购买，经严格筛选，选择规格整齐、无病无伤和体质健壮的苗种。

**5. 渔业机械** 投饵机、增氧机、潜水泵和网具等渔业机械在生产前要调试完毕。投饵机每口池塘配备 1 台，增氧机按 2.5～3 亩池塘配备 1 台 3.0 千瓦叶轮式增氧机，潜水泵及网具适量配备。

## 三、夏花鱼苗放养

**1. 放养时间** 在夏花苗符合放养规格的条件下尽量早放，一般应在 6 月中旬以前放完，鲢、鳙鱼夏花在 6 月底前放完。

**2. 放养密度** 根据计划产量和计划出池规格而定。表 5-11 设计亩产量 1 500 千克的几种放养模式。

表 5-11 鱼种不同出池规格时鲤、鲢、鳙夏花放养模式

| 鲤夏花 | | 鲤计划出池情况 | | 鲢、鳙夏花 | | 鲢、鳙计划出池情况 | | 亩总产（千克） |
|---|---|---|---|---|---|---|---|---|
| 放养量（尾） | 成活率（%） | 出池规格（克/尾） | 产量（千克） | 放养量（尾） | 成活率（%） | 出池规格（克/尾） | 产量（千克） | |
| 5 000 | 90 | 280～300 | 1 250 | 3 000 | 85 | 100～120 | 250 | 1 500 |
| 5 500 | 90 | 250～270 | 1 250 | 3 000 | 85 | 100～120 | 250 | 1 500 |
| 6 000 | 90 | 220～240 | 1 250 | 3 000 | 85 | 100～120 | 250 | 1 500 |

**3. 放养注意事项**

（1）同一池塘所放养的各品种夏花应一次放足，规格力求整齐一致。

（2）运输夏花鱼苗容器中的水温与所放池塘水温相差不得超过 5℃，温差过大应进行"缓苗"，待调节水温一致后放苗。

（3）条件允许的情况下，放苗前将夏花用 5% 食盐水浸洗 5～10 分钟。

（4）做好放养苗种记录。

## 四、投饲及驯化

夏花入池后主要摄食浮游动物，这期间主要以枝角类为主。如果池塘中的生物量不足，松浦镜鲤夏花也主动摄食人工饲料，这时含量也明显增大，单纯依靠天然饵料已不能满足其生长的需要，必须结合一定量的人工饲料。人工饲料选用粉状混合饲料，投喂方法是将饲料堆放在池塘四周，离池水边缘2～3米，每天堆放2次，堆放两三天后就可见到成群的夏花来摄食。见到有鱼苗摄食后，可缩小堆料范围，并逐渐缩小到饲料台附近，为以后驯化打好基础。

经过1周左右的投喂，夏花鱼苗长至5厘米左右开始人工驯化。用投饵机驯化，开始驯化选用粒径0.5毫米的破碎料，每天驯化2～3次，每次驯化30分钟以上，3～5天便驯化成功。待鱼苗长至6厘米时，改用粒径1.5毫米的颗粒饲料，以后根据鱼体规格大小及时调整饲料粒径。鱼苗规格25克以下时，饲料蛋白35%～36%；鱼苗规格26～50克时，饲料蛋白32%～34%；鱼苗规格50克以上时，饲料蛋白30%～32%。

在饲料投喂上不确定投喂量，能吃多少喂多少，以大多数鱼吃饱游走为止。6～9月每天投喂4次，9月后2～3次。2次投喂时间间隔保证3.5～4.0小时。

## 五、日常管理

**1. 巡塘**　坚持早、晚巡塘，观察水质变化，鱼的活动情况，鱼池险工险情，发现异常及时处理。

**2. 水质调控**　始终保持养殖水质"肥、活、嫩、爽"，透明度保持30～35厘米。进入6月下旬池塘水位要达到最高水位的80%，7月达到最高水位。高温季节每7～10天加注1次新水，水质过老可换掉部分老水。

**3. 增氧机利用**　溶解氧的高低，是能否取得高产的关键因素之一。溶解氧在4.0毫克/升以下时，鱼的生长、摄食量和饲料利用率会急剧下降。在整个养殖期间，池塘溶解氧要求达到5毫克/升以上。鱼产量在300千克/亩时，每天中午坚持开启2小时以上增氧机增加水体溶氧，遇到阴雨天及天气突变的浮头天气，要加强夜间巡查，适时开启增氧机；鱼产量达到500千克/亩时，除中午开启2小时增氧机外，每天半夜12时开启增氧机到天亮；鱼产量达到

800千克/亩时，白天中午开3~4小时增氧机，夜晚从20时开启到第二天天亮；鱼产量达到1 000千克/亩时，白天有一半增氧机开启，晚上所有增氧机全部开启。

**4. 鱼病防治**　除采取彻底清塘、鱼种消毒及加注新水调节水质外，随时进行鱼病检查，发现鱼病及时对症治疗。发病季节，每15天施用1次生石灰，每亩用量为20~30千克，化成浆液全池泼洒；每15天施用1次含氯消毒剂，全池均匀泼洒。

## 六、亩效益

**1. 生产费用**

（1）苗种费　鲤夏花按亩平均放养0.55万尾计算，0.55万尾×400元/万尾=220元；花白鲢0.3万尾×300元/万尾=90元。苗种费合计310元。

（2）饲料费　饲料系数按1.3计，饲料用量1.63吨，饲料价格平均5 800元/吨，饲料费用为9 454元。

（3）水、电费　600元。

（4）人工费　1 200元。

（5）药物费　300元。

生产费用合计：11 864元。

**2. 产值**

（1）鲤产值　1 250千克×10元/千克=12 500元。

（2）花白鲢产值　250千克×7元/千克=1 750元。

产值合计：14 250元。

**3. 利润**　产值-生产成本=2 386元。

（祖岫杰　刘艳辉）

# 第五节　上海市高效养殖模式

## 异育银鲫为主体鱼的成鱼养殖模式

在上海地区，经过多年的研究、探索，形成了以异育银鲫为主体鱼的池塘商品鱼养殖模式。

# 一、池塘

**1. 池塘水质**　池塘进排水独立，水源充足无污染，并符合国家渔业水质标准（GB 11607—1989）。

**2. 池塘面积**　5～10亩；水深2.0～3.0米（池塘面积较小时，水可略浅些）。池塘底质良好，无渗水、漏水现象。塘底平坦，淤泥厚度不超过20厘米。

**3. 池塘形状**　长方形，东西长、南北宽。

# 二、鱼种放养要求

**1. 鱼种放养前准备**　池塘水排干曝晒，堵漏整修后，采用生石灰和漂白粉杀灭野杂鱼、敌害生物和寄生虫等病原菌。清塘可用干法清塘和带水清塘两种方法。干法清塘，将池水排浅至5～10厘米，每亩用生石灰100～150千克或含氯量30%的漂白粉5千克，将刚溶解的石灰（或漂白粉）全池泼洒；带水清塘，池水控制在1米左右，每亩用生石灰150～200千克或含氯量30%的漂白粉15千克，溶解后全池泼洒。生石灰清塘后7～10天可放鱼种，漂白粉清塘后3～4天可放鱼种。放养前1周注水1米，注水口需用60～80目筛网过滤。每亩施入经发酵的有机肥500～700千克培养天然饵料。准备好增氧设备。

**2. 放养时间**　鱼种放养时间一般在冬季或早春，选择晴好的天气进行。

**3. 鱼种的选择**　选择体色正常、体表无伤、体质健壮、规格整齐的鱼种。

**4. 放养密度**　视池塘条件和养殖技术而定。主养一般每亩放养规格为50～100克的1龄鱼种1 800～2 000尾，塘中可搭养规格为100克左右的1龄白鲢鱼种100尾，规格为150克左右的1龄花鲢鱼种30尾，规格为50克左右的1龄鳊鱼种200尾左右，规格为100克左右的青鱼种50尾左右，搭养鱼的比例不超过放养总数的30%。套养一般为每亩放养500～800尾。

**5. 鱼体消毒**　鱼种放养时，用1%～3%的食盐浸浴5～20分钟或用10～20毫克/升的高锰酸钾浸浴15～30分钟，浸浴药物不得倒入养殖水体中。

## 三、饲养

**1. 投饲管理** 2月进行投饲前的准备工作，搭设投饲机并清理食场，购买饲料及相关检测药品、仪器等；3月中旬随着气温的上升，开始投饲驯化（驯化期7天左右），投喂饲料为鲫专用配合饲料，依据鱼体的大小选择适宜粒径的饲料。一般50～150克的异育银鲫，投喂的饲料粒径为2毫米；150～250克的异育银鲫，适宜粒径为2.5毫米；250～400克的异育银鲫，适宜粒径为3毫米；400克以上的异育银鲫，适宜粒径为4毫米。驯化期采用少量投饵的方式，将投饲机投饵间距调至11～17秒/次；待驯化摄食工作完成后，逐渐加大投饵量，将投饲机投饵间距调至3～7秒/次，检查摄食情况并及时调整投喂量。驯化期每天投喂2次（上、下午各1次），日投喂量为鱼体重的1.5%左右。

4月开始正常投饲。投喂时坚持"四定"原则，并根据天气、水质和摄食的实际情况灵活掌握投喂量，以鱼摄食到八成饱为准，日投饲量为鱼体重的2%～3%；根据水温情况确定日投喂次数：当水温低于24℃时，每天投饲2次，分别为9：30、16：00，饲料量对半分成；水温在24～32℃时，每天投饲3次，分别为9：00、12：30、16：00，中午一次占全天饲料量的20%，其他两次为余下量的对半。

**2. 水质调控** 每周检测1次水质，高温季节每周2次。主要检测水温、溶解氧、pH、透明度、氨氮和亚硝酸盐等指标，并将检测结果与渔业水质标准（GB 11607—1989）相对照，如有数值与其不符则采取措施立即解决。池塘正常水质指标如下：溶解氧保持在4毫克/升以上，透明度保持在25～40厘米，pH在7～8.5，非离子氨≤0.02毫克/升，亚硝酸盐≤0.15毫克/升。每周加（换）水1次，每次注水30～50厘米，高温季节换水量可达50～80厘米。养殖期间结合天气情况，每20天全池泼洒EM菌、光合细菌、芽孢杆菌和乳酸菌等生态制剂1次，以改善水质；也可每月1次用浓度为20～25毫克/升的生石灰溶解后全池泼洒，调节水质。

**3. 疾病预防** 鱼病防治工作是管理的要点，坚持以防为主、防治结合的原则，每25天左右进行1次水体消毒（按照说明使用二氧化氯、二硫氰基甲烷等）；每15～20天交替投喂1次杀虫、消炎的药饵，主要是防治孢子虫、肠炎和烂鳃等疾病，常用的药物有盐酸氯苯胍、氟苯尼考、恩诺沙星和三黄粉、板蓝根等；根据寄生虫的发生规律，采用泼洒杀虫剂或内服驱虫渔药，降低寄生性鱼病的发生概率；定期消毒食场、工具等。渔药的使用和休药期严格遵守《无公害食品　渔用药物使用准则》（NY 5071—2002），做到不乱用药，少用药。每月在生长检查时，镜检鱼体的鳃部和体表，发现病害及时处理。

**4. 日常管理**　4月起，坚持巡塘值班，每天早、中、晚3次巡塘，观测水色变化、鱼的活动情况、摄食状况及检查有无残饵，发现问题，及时解决；每口池塘配备好增氧机，使用溶氧自动控制仪，使溶氧值保持在3.5毫克/升以上。天气多变时，强化夜间值班，避免泛池发生。做好池塘日志。

**5. 结果**　通过在养殖过程中合理地投喂饲料、养殖管理，异育银鲫养殖模式得到了较好的体现，鲫平均规格达400克以上，主体鱼亩产800千克以上，池塘亩产1 000千克以上。此养殖模式体现了高效生态，经济效益显著。

（施顺昌）

# 第六节　江苏省高效养殖模式

## 模式一：江苏沿海大型池塘草鱼、鲫高效混养模式

池塘主养异育银鲫，一直以来就是江苏沿海大型池塘的主要养殖模式，高峰时异育银鲫养殖面积占池塘养鱼的90%，现在也维持在70%以上。但目前伴随着养殖面积和产量的快速发展，池塘主养异育银鲫的病害发生情况也越来越严重，且异育银鲫价格不稳定，养殖效益波动较大。为了分散养殖风险、减少养殖病害，提高养殖效益，项目组积极示范推广草鱼、鲫高效套养技术。

## 一、池塘条件

试验塘口位于射阳县芦苇开发公司基地内，塘口2个，合计面积262亩。池塘靠近四支渠，水源充足，水质清新，饵料丰富，排灌方便，电力设施配套完善，周边无污染源、高大建筑物和其他遮挡物，池塘为东西长、南北宽的长方形，光照时间长，受风面积大。池埂水泥护坡，池底平坦，淤泥厚度小于10厘米，最大水深2.5米，每口池塘配备自动投饵机3台、叶轮式增氧机6台。

## 二、清塘消毒

在冬、春成鱼起捕后可进行生石灰清塘消毒，首先将池里的水全部抽干。在做好池塘四周清杂、清整好池坡的基础上，每亩用 150 千克生石灰加水化浆后，全池泼洒到池底的淤泥上，让其自然清干，既可以杀虫灭菌，又可以改善淤泥的性质，调节酸碱度。

## 三、培肥水质

清塘消毒后在投放鱼种前 5～8 天，将基肥均匀撒布于池底或积水区边缘，一般每亩施用腐熟的有机肥 300 千克，经曝晒数日，使有机质适当分解矿化，翻动肥料再晒数日即可向池塘中注水 0.8～1 米，培育浮游生物和底栖生物等天然饵料，待浮游生物大量繁殖起来后，施用一次有益微生物菌调节稳定水质。

## 四、鱼种放养

3 月中下旬投放鱼种，草鱼放养规格为 0.55 千克/尾，放养数量 250 尾/亩；异育银鲫放养规格为 22 尾/千克，放养数量 1 000 尾/亩。为充分利用水体空间及天然饵料资源，搭配放养滤食性鱼类，白鲢规格为 300 克/尾、放养数量 100 尾/亩，花鲢放养规格 900 克/尾、放养数量 50 尾/亩。

## 五、投喂管理

自动投饵机均匀分布在池塘一侧，便于管理及鱼集中摄食。由于面积大，采用纯商品料成本较高，因此，可采用正规代加工的颗粒饲料，饲料价格降低到 3 400 元/吨。饲料蛋白含量在 28%～32%，春秋季节日投喂 2 次，早晚投喂，投喂量为存塘鱼体重的 3%；夏季高温季节日投喂 4 次，投喂时间分别为 8：00、11：00、15：00、18：00，投喂量为存塘鱼体重的 5%～6%。投喂颗粒饲料一般是按照"四定"原则，即定时、定点、定质、定量。可根据天气、水温及摄食情况及时增减。

## 六、水质管理

池水保持"肥、活、嫩、爽",透明度保持在 25～35 厘米。"肥"就是水色较浓,浮游生物数量较多,水中有机质较多,一般浮游植物量为 30～35 毫克/升,放鱼后可追肥,掌握少量多次的原则;"活"指水色随光照和时间的不同而常有变化,表明浮游植物种群处繁殖旺盛期,也是游动较快,具有显著趋光性的鞭毛藻类占优势的表现;"嫩"是指水色肥而不老,大部分藻体没有衰老;"爽"表示水质清爽,混浊度小,透明度适中,水中含氧量高。及时换注新水,4～6 月每 15 天换水 1 次;7～9 月每 10 天换水 1 次;10 月以后每 30 天换水 1 次。每次换水 30 厘米左右,定期使用有益微生物菌、底质改良剂调节水质和底质。

## 七、鱼病防治

坚持"以防为主、防治结合"的方针,除做好鱼种放养前的消毒外,积极采用经过人工免疫的草鱼鱼种,搭配适量鲫混养,能有效减少养殖过程中的病害。养殖过程中定期用生石灰、漂白粉消毒。每天定时巡塘,发现摄食变化及死鱼等情况要及时采取应对措施。

## 八、捕捞上市

根据鱼生长情况及鱼价变动情况,把握好上市时间。本试验收获上市统计,草鱼亩产 775 千克,平均规格 3.2 千克/尾;银鲫亩产 360 千克,平均规格 0.45 千克/尾;白鲢亩产 130 千克,平均规格 2.25 千克/尾;花鲢亩产 115 千克,平均规格 2.3 千克/尾。亩均效益超过 2 700 元。

(南京综合试验站)

## 模式二：大宗淡水鱼与长江特水品种混养高效养殖模式

扬州市邗江区公道镇农业资源开发有限公司现有养殖面积 2 200 亩,主要从事长江特色水产品的养殖生产和销售。2009 年,该公司成为大宗淡水鱼产业技术体系扬州试验站示范基地，开展了大宗淡水鱼与长江特水品种混养高效养殖试验，模式试验面积 100 亩。该模式选择本地市场受欢迎的异育银鲫、草鱼为主养对象，混养团头鲂、青鱼，套养少量黄颡鱼、翘嘴红鲌、花鲭及河蟹，采用投饵机投喂全价配合颗粒饲料，使得主养鱼在高温季节快速生长。同时施足基肥，适量施用化肥，使得鲢、鳙在早春及晚秋快速生长，实现了高产高效。

# 一、材料与方法

**1. 池塘条件** 要求养殖区水源水量充沛、水质良好。水深 2.0～2.5 米；面积以 10～20 亩为宜，形状为长方形，长宽比（2～3）：1。池埂坚实不渗漏，池塘四周有 5 米以上宽的浅水滩脚。具有独立的进排水系统，灌排分开。每 10 亩池塘配备 1 台增氧机和 1 台投饵机，每 10～20 亩水面配备灌排水泵 1 台。

**2. 清塘与施肥** 在每年冬季商品蟹起捕上市后，放干池水，清除过多淤泥，池底淤泥为 10 厘米以下，再干冻曝晒半个月以上。放种前 15 天，保留池水深 10 厘米，每亩用块状生石灰 100～200 千克，化水后全池泼洒。清塘 3 天后，从外河外荡向池塘加水，并用双层筛绢网过滤，使池塘水位控制在 0.6 米左右。每亩施发酵粪肥（猪、鸡粪）300 千克，池水透明度保持在 40～45 厘米。

**3. 苗种放养** 鱼种适宜冬放，最迟 3 月底。放养前用 3%～5% 的食盐水进行消毒，浸洗时间为 5～10 分钟。鱼种具体放养情况见表 5-12。

表 5-12 大宗淡水鱼与长江特种水产品种混养模式放养情况（面积 100 亩）

| 品 种 | 放 养 | | | |
| --- | --- | --- | --- | --- |
| | 实际放养平均规格（尾/千克） | 重量（千克） | 数量（尾） | 亩放养量（尾） |
| 鲢 | 2.29 | 12 427 | 28 510 | 285 |
| 鳙 | 1.23 | 5 139 | 6 340 | 63 |
| 草鱼 | 2.10 | 6 524 | 13 696 | 137 |
| 青鱼 | 1.17 | 815 | 950 | 10 |
| 异育银鲫 | 13.05 | 6 060 | 79 100 | 791 |
| 团头鲂 | 6.11 | 1 815 | 11 090 | 111 |
| 翘嘴红鲌 | 10.00 | 78 | 780 | 8 |
| 花鲭 | 19.83 | 59 | 1 170 | 12 |
| 黄颡鱼 | 39.80 | 98 | 3 900 | 39 |

（续）

| 品种 | 放 养 | | | |
|---|---|---|---|---|
| | 实际放养平均规格（尾/千克） | 重量（千克） | 数量（尾） | 亩放养量（尾） |
| 河蟹 | 200.00 | 15 | 3 000 | 30 |
| 合计 | | 33 030 | 148 536 | 1 486 |

**4. 投喂** 根据天气、水温、溶氧及水质状况定时、定量投喂，每次池鱼的投喂量达八成饱即可。投喂硬颗粒饲料，应在池塘中设定点投饵机。如果养鲫池塘中搭配混养少量团头鲂、草鱼，应每天傍晚投喂一定量的新鲜青饲料。不同月份投饵率和日投次数见表5-13。

**表 5-13 不同月份投饵率和日投次数**

| 月份 | 投饵率（%） | 日投饵次数 |
|---|---|---|
| 2～3 | 0.5～1 | 1 |
| 4～5 | 1～2 | 2～3 |
| 6～7 | 3～4 | 4～5 |
| 8 | 4～5 | 5～6 |
| 9～10 | 3～2 | 4～5 |
| 11～12 | 1.5～0.5 | 3～1 |

**5. 水质管理** 根据水质、天气、浮头情况随时加注水增氧。正常情况每5～7天加水1次，一般每次加水5～10厘米，水位相对稳定，透明度在35厘米左右，水质达到"肥、活、嫩、爽"的要求。每10～15天使用1次生石灰，每亩每米水深10～15千克，化水后全池泼洒。

**6. 病害防治** 在整个养殖试验过程中，未发生暴发性疾病。生长季节每半个月加喂1次药饵（50千克饲料加土霉素25克，每天2次，连喂3天）。另外，对于肥料和饵料台、工具等，经常用漂白粉消毒。

**7. 巡塘** 每天早、中、晚巡塘3次，注意观察养殖鱼类的摄食、生长和活动情况，以及气象和水质状况，检查防逃设施是否牢固或损坏，发现活动反常、气候与水质异常，及时采取针对性措施。

## 二、结果与分析

主养常规鱼，套养鳜、黄颡鱼、翘嘴红鲌等特水品种养殖模式：面积为

100亩，养殖产量102 540千克。其中，常规鱼101 300千克，特种水产品1 240千克；亩产1 025.4千克，其中常规鱼1 013千克，黄颡鱼、翘嘴红鲌、花𩾃等特水产品亩产12.4千克，占1.2％。收获情况见表5-14。

表5-14　收获情况（面积100亩）

| 品　种 | 收　获 | | | |
|---|---|---|---|---|
| | 规格（千克/尾） | 重量（千克） | 亩均产量（千克） | 数量（尾） |
| 鲢 | 1.26 | 30 597 | 306.0 | 24 235 |
| 鳙 | 1.65 | 9 416 | 94.2 | 5 706 |
| 草鱼 | 2.14 | 24 916 | 249.2 | 11 640 |
| 青鱼 | 5.45 | 4 660 | 46.6 | 855 |
| 鲫 | 0.38 | 25 800 | 258.0 | 67 235 |
| 团头鲂 | 0.63 | 5 915 | 59.1 | 9 420 |
| 翘嘴红鲌 | 0.53 | 374 | 3.7 | 709 |
| 花𩾃 | 0.3 | 312 | 3.1 | 1 030 |
| 黄颡鱼 | 0.13 | 468 | 4.7 | 3 510 |
| 河蟹 | 0.07 | 85 | 0.9 | 1 200 |
| 合计 | | 102 543 | 1 025.4 | 125 540 |

该模式选择本地市场受欢迎的异育银鲫、草鱼为主养对象，混养团头鲂、青鱼，套养少量黄颡鱼、翘嘴红鲌、花𩾃及河蟹，采用投饵机投喂全价配合颗粒饲料，保证了主养鱼在高温期的快速生长。同时，注意施足基肥，适量施用化肥，促进鲢、鳙在早春及晚秋的快速生长，实现了高产高效。100亩养殖池实现产值80.98万元，亩均8 098元。其中，常规鱼7 852元，常规鱼中主养鱼亩均产值4 822元，占59.5％；混养鱼亩平产值1 277.9元，占15.8％；特种水产品246元，占3.1％；服务鱼亩均产值1 751.2元，占21.6％。创纯效益27.26万元，亩均2 726元。

该模式提高了苗种的放养规格，青鱼、草鱼、鲢和鳙的放养规格都达到了500克，异育银鲫和团头鲂的放养规格分别达到了71.4克和166.7克。因此，提早了上市时间，提高了上市规格，提升了上市价格。该模式在春季就达到了较高的上市量，同时，青鱼、草鱼、鲢和鳙的上市规格达到了5.45千克、2.14千克、1.26千克和1.65千克，异育银鲫和团头鲂的上市规格也分别达到了384克和628克。上市价格也比前几年提升了15％～20％。

## 三、技术关键点

（1）建设标准鱼池，面积适中，水深适度，以达到较高的存塘量。

（2）要注重水质管理。施足基肥，适度追肥，有机肥与无机肥结合，实现鲢、鳙较高产量。

（3）明确食性相同或相近的主养鱼，以便投喂全价配合颗粒饵料，实现主养鱼在高温期快速生长，达到较高产量，又控制了高温期池塘水质肥度，防范浮头泛塘风险。

（4）适度提高放养苗种的规格，是增加产量、实现均衡上市和提高经济效益的重要手段。

（5）套养混养市场价格较高的优质水产品或特种水产品，提高水体利用率和饵料利用率，是提高池塘常规鱼养殖效益的重要途径。该模式混套养殖的青鱼、花鲭、黄颡鱼、翘嘴红鲌及团头鲂的市场价格，均高于主养鱼异育银鲫和草鱼，因此，对提高效益效果明显。

（唐明虎　俞小先　孙莉　杨廷玉）

# 第七节　浙江省高效养殖模式

## 模式一：三角鲂健康高效养殖模式

三角鲂(*Megalobrama terminalis* Richardson)是我国著名的淡水鱼类，与团头鲂、广东鲂、厚颌鲂同属于鲤形目、鲤科、鲌亚科、鲂属。三角鲂主要分布在长江中下游、黄河、黑龙江及东部沿海诸水系，具有生长快、食性广和易养殖等特点，且肉质细嫩、营养丰富，深受广大消费者喜爱。目前，在全国范围内，三角鲂由于生长快，抗逆性强，池塘、网箱、湖泊水库均可养殖，三角鲂品种优势得到进一步认可。目前，福建、广东、湖南等地三角鲂的养殖已具有一定的规模。三角鲂养殖在浙江省杭州地区形成了名优特色产业，现简要介绍一下浙江省三角鲂的健康高效养殖模式。

## 一、夏花鱼种培育

**1. 清塘消毒**　放养前 10～15 天，排干池水，每亩用生石灰 50～75 千克，或漂白粉（有效氯含量 25％以上）5～10 千克全池泼洒。

**2. 鱼池注水**　鱼苗放养前 3 天抽去消毒水，再注入新水 50～60 厘米，注水口用网目孔径 0.25～0.177 毫米（60～80 目）的筛绢袋过滤。

**3. 鱼苗密度**　每亩放苗 10 万～20 万尾。放苗时注意水温差不超过 2℃。有风天气在上风口放苗。

**4. 培育管理**

（1）投饲管理　采用传统"豆浆培育法"，黄豆用水浸泡后磨成浆，全池均匀泼洒，每天投喂 2 次（8：00～9：00、14：00～15：00）。鱼苗下塘 1 周内，每天每亩用干黄豆 3～4 千克；1 周后增至 5～6 千克。待鱼苗长到 2.0 厘米后，每天每亩加投喂粗蛋白为 35％～40％的粉状饲料 0.5 千克 1 次，饲料质量应符合《渔用配合饲料安全限量》的规定。

（2）水质调控　鱼苗下塘时，池水深度 50～60 厘米；1 周后加注新水一次，以后视池塘水质情况每隔 5～7 天加水 1 次，每次加水 5～15 厘米；调节水体透明度 20～30 厘米。

（3）日常管理　坚持早晚巡塘，观察水质及鱼生长、活动等情况，严防缺氧浮头，清除塘边杂物，做好养殖记录。

**5. 出池规格**　一般池塘培育 25 天左右，鱼苗可长至 2.5～3 厘米，此时可选择晴朗天气的上午分养出塘。鱼苗至夏花鱼种的培育成活率一般在 50％～70％。

# 二、三角鲂主养冬片鱼种池塘培育

**1. 清塘准备**　放养前 10～15 天，排干池水，每亩用生石灰 50～75 千克，或漂白粉（有效氯含量 25％以上）5～10 千克全池泼洒。初次注入新水 80～100 厘米。

**2. 放养时间**　冬片鱼种培育放养时间为 5 月底至 6 月中旬。

**3. 放养密度和规格**　池塘单养，每亩放养 8 000～10 000 尾，放养规格为 2.5～3 厘米/尾。

**4. 投饲管理**　人工洒投或搭设渔用饲料投饵机定点投喂。鱼种放养 1～2 天后进行人工驯食，经 7～10 天，使鱼种形成定点、定时的摄食习惯。饲料投喂水温 16℃以上，日投喂 2 次（7：30～9：00，16：30～18：00）；水温 10～15℃，日投饵 1 次（12：00～13：00）；水温 10℃以下停食。日投饵率控制在池内鱼总重量的 0.5％～5.0％，主要视鱼体生长和吃食情况、池塘水质及天气变化等灵活掌握，每次投喂的饲料控制在 1.5～2.0 小时吃完为宜。鱼种规格与投喂饲料要求见表 5-15。

表 5-15　三角鲂鱼种规格与投喂饲料要求对照

| 序号 | 鱼体全长（厘米） | 饲料粗蛋白（％） | 饲料粒径（毫米） |
|---|---|---|---|
| 1 | 3.0～5.0 | 35～40 | 0.5～1.0（破碎料） |
| 2 | 5.0～8.0 | 33～35 | 1.4～1.6 |
| 3 | ≥8.0 | 33～35 | 2.0～2.5 |

**5. 水质管理**　放养初期，池塘水深 80～100 厘米。以后每周加注新水 1 次，每次 10～15 厘米，7 月中旬后保持池塘水深 1.5～2.0 米，科学使用增氧设施增氧；每 5～7 天注水 1 次，每次 10～15 厘米，调节池水透明度 20～30 厘米。

**6. 出池规格**　当前夏花养至当年年底或翌年开春，规格一般为 15～30 尾/千克。养殖成活率可达 90％以上，养殖产量为 450～550 千克/亩。

## 三、池塘主养商品鱼

**1. 清塘准备**　放养前 10～15 天，排干池水，每亩用生石灰 50～75 千克，或漂白粉（有效氯含量 25％以上）5～10 千克全池泼洒。水深 1 米以上。

**2. 放养时间**　鱼种以每年 12 月下旬至翌年 2 月底放养为主，选择晴好的天气进行。

**3. 放养密度**　养鱼种规格 10～40 尾/千克。放养密度一般为每亩放养 800～1 200 尾，另套养每千克 6～10 尾的花鲢和白鲢鱼种 80 尾（花鲢 20 尾和白鲢 60 尾）。鱼种下塘前，用 2％～3％食盐水浸浴 5～20 分钟。

4. **养殖管理**　配合饲料选用饲料粗蛋白含量 32％～33％、饲料粒径 2.0～3.0 毫米的配合饲料。

5. **养殖收获**　三角鲂经过 9～10 个月的养殖，放养的鱼种在年底干塘时规格可达 500～700 克/尾，养殖成活率在 90％以上。此养殖模式较为单一，养殖总产量在 500～750 千克/亩（含花白鲢）。

## 四、网箱养殖

**1. 网箱选择**　选择无结节聚乙烯网片制作的网箱，一般选用规格长×宽为（5～10）米×（5～10）米，深度为 3～5 米，网箱网目在养殖过程中要适时调整（表 5-16）。

**表 5-16 鱼种规格与箱体网目**

| 鱼种规格（克/尾） | 50～400 | 400～800 | ≥800 |
|---|---|---|---|
| 箱体网目 2a（厘米） | 2.5～3 | 4～5 | 6 |

**2. 放养时间** 放养时间为每年 12 月下旬至翌年 2 月底，选择无伤无病、体格健壮、规格均匀的鱼种放养。

**3. 放养规格和密度** 放养前 5～7 天，将网箱安装下水。鱼种规格＜100克/尾，每平方米放养 100～150 尾；鱼种规格≥100 克/尾，每平方米放养 40～50 尾。放养前用 2‰～3‰ 的食盐水浸浴鱼体 5～20 分钟，注意库水温差不超过 4℃。

**4. 养殖管理** 水温 10℃ 以下不投喂；水温 11～15℃，日投饵 1 次，日投饵率为箱内鱼总重量 0.5％～2％；水温 16℃ 以上，日投饵 2 次，日投饵率为箱内鱼总重量 2％～5％。一般每隔 7～10 天洗刷网箱 1 次，防止网目堵塞。日常管理巡箱过程中，注意观察鱼群吃食及活动情况，定期检查网箱，及时清除箱体附着物。

**5. 网箱收获** 网箱养殖过程中注意防病，经 9～10 个月的养殖，养殖产量一般可达 25 千克/米² 左右。

（冯晓宇 王宇希 谢楠 刘新轶 黄辉 姚桂桂）

## 模式二：异育银鲫"中科3号"和黄颡鱼的高效混养试验

鲫肉质细嫩，肉味鲜美，营养丰富，在浙江省深受消费者喜爱，市场需求量大，是浙江地区主要的大宗淡水养殖鱼类。杭州综合试验站从 2011 年开始，在浙江地区引进体系重点推广的鲫鱼新品种——异育银鲫"中科3号"，开展了养殖模式研究和示范，并总结了适合浙江地区的异育银鲫"中科3号"养殖模式。

黄颡鱼是浙江地区传统的消费品种，近年来养殖面积和规模不断扩大，本文以针对黄颡鱼的养殖增产增效为例，介绍了规模性的异育银鲫"中科3号"混养殖模式。

## 一、池塘条件

鱼塘水深 2.2 米，进排水独立，水质良好，每口池塘配备 3 千瓦叶轮式增氧机 1 台、耕水机 1 台。池塘在放养前均用生石灰干法消毒清塘，5～7 天后再过滤进水，待清塘药物毒性消失、水质稳定后进行放养。

## 二、放养规格和数量

由于品种规格和季节上的差异，几个主要品种的放养时间上有区别，黄颡鱼和日本鳗放养的是大规格鱼种；"中科 3 号"和花、白鲢放养的均是当年夏花。因黄颡鱼的养殖密度不同，同时放养时间上有差别，故介绍两种不同密度下黄颡鱼鱼种分别进行冬放和春放养殖模式，共 4 种模式，具体放养模式见下表 5-17。

**表 5-17　黄颡鱼塘混养"中科 3 号"放养模式**

| 模式 | 放养情况 | | | | | |
|---|---|---|---|---|---|---|
| | 品种 | 时间 | 规格 | 密度<br>（尾/亩） | 放养量<br>（千克/亩） | 总放养量<br>（千克/亩） |
| 1 | 黄颡鱼 | 冬放 | 31.2 克 | 10 000 | 312 | 350 |
| | "中科 3 号" | 春放 | 2.5 厘米 | 400 | | |
| | 鳗鲡 | 冬放 | 380 克 | 100 | 38 | |
| | 白鲢 | 春放 | 3 厘米 | 200 | | |
| | 花鲢 | 春放 | 3 厘米 | 100 | | |
| 2 | 黄颡鱼 | 春放 | 36.3 克 | 10 000 | 363 | 401 |
| | "中科 3 号" | 春放 | 2.5 厘米 | 200 | | |
| | 鳗鲡 | 冬放 | 380 克 | 100 | 38 | |
| | 白鲢 | 春放 | 3 厘米 | 200 | | |
| | 花鲢 | 春放 | 3 厘米 | 100 | | |
| 3 | 黄颡鱼 | 冬放 | 31.2 克 | 15 000 | 468 | 506 |
| | "中科 3 号" | 春放 | 2.5 厘米 | 600 | | |
| | 鳗鲡 | 冬放 | 380 克 | 100 | 38 | |
| | 白鲢 | 春放 | 3 厘米 | 300 | | |
| | 花鲢 | 春放 | 3 厘米 | 100 | | |
| 4 | 黄颡鱼 | 春放 | 36.3 克 | 15 000 | 544.5 | 582.5 |
| | "中科 3 号" | 春放 | 2.5 厘米 | 300 | | |
| | 鳗鲡 | 冬放 | 380 克 | 100 | 38 | |
| | 白鲢 | 春放 | 3 厘米 | 300 | | |
| | 花鲢 | 春放 | 3 厘米 | 100 | | |

## 三、养殖管理

养殖所用的饲料为黄颡鱼专用浮性膨化饲料，粗蛋白含量在 40%。放养初期选用 1 号料，此后随着鱼体增大，逐步增加到 3 号料。

饲料投喂在食框内，每口池塘用网片做成的浮性食框为 40～50 米$^2$，离池岸 2～3 米。黄颡鱼一般在 11 月中旬后才停食，至翌年的 3 月中旬后开食，投饲量主要根据水温和鱼塘总载鱼量调整，日投饲量一般在 2‰～5‰，日投喂 2 次，上下午各 1 次。具体每天的投饲量，随天气、水质和鱼的吃食情况调整，以 1 小时内吃完为宜。

## 四、不同模式养殖结果

黄颡鱼从 9 月开始分批起捕上市，主要收获是在 10～12 月；"中科 3 号"和花、白鲢主要是年底起捕；日本鳗则是用"鳗笼"分批诱捕，最后是干塘捕获。不同模式具体收获情况见表 5-18（因黄颡鱼的规格和季节与价格密切相关，表中所列的为均价）。

表 5-18　黄颡鱼塘混养"中科 3 号"不同养殖模式收获情况

| 模式 | 品种 | 规格（克/尾） | 成活率（%） | 亩收获量（千克） | 总收获量（千克/亩） | 单价（元/千克） | 亩产值（元） | 总产值（元/亩） |
|---|---|---|---|---|---|---|---|---|
| 1 | 黄颡鱼 | 109～325（186） | 82.3 | 1 531 | | 20.6 | 31 534 | |
| | "中科 3 号" | 406 | 67 | 109 | | 16.8 | 1 828 | |
| | 鳗鲡 | 586 | 96 | 56 | 1 742 | 240 | 13 501 | 47 190 |
| | 白鲢 | 223 | 65 | 29 | | 6 | 174 | |
| | 花鲢 | 270 | 63 | 17 | | 9 | 153 | |
| 2 | 黄颡鱼 | 112～308（183） | 74.3 | 1 360 | | 20.6 | 28 010 | |
| | "中科 3 号" | 417 | 66 | 55 | | 16.8 | 925 | |
| | 鳗鲡 | 592 | 96 | 57 | 1 511 | 240 | 13 640 | 42 850 |
| | 白鲢 | 225 | 56 | 25 | | 6 | 151 | |
| | 花鲢 | 264 | 53 | 14 | | 9 | 124 | |
| 3 | 黄颡鱼 | 103～312（178） | 82.6 | 2 205 | | 20.6 | 45 432 | |
| | "中科 3 号" | 436 | 62 | 162 | | 16.8 | 2 725 | |
| | 鳗鲡 | 543 | 97 | 53 | 2 473 | 240 | 12 641 | 61 101 |
| | 白鲢 | 238 | 54 | 39 | | 5 | 193 | |
| | 花鲢 | 269 | 52 | 14 | | 8 | 110 | |
| 4 | 黄颡鱼 | 98～336（176） | 76.5 | 2 020 | | 20.6 | 41 604 | |
| | "中科 3 号" | 561 | 68 | 114 | | 16.8 | 1 923 | |
| | 鳗鲡 | 623 | 96 | 60 | 2 242 | 240 | 14 354 | 58 216 |
| | 白鲢 | 234 | 49 | 34 | | 6 | 206 | |
| | 花鲢 | 275 | 51 | 14 | | 9 | 129 | |

## 五、模式分析

**1. 主养品种**　主养品种黄颡鱼大规格鱼种放养分两种密度，分别为亩放10 000尾和15 000尾。同时结合两种放养时间，分别为当年10月下旬和翌年4月初。从表5-18的结果中可以看出，最终的养殖成活率，当年10月下旬放养的优于翌年4月初放养的，前者平均成活率都在80％以上，而后者平均75％左右。分析原因，相同规格的鱼种在10月下旬放养后，温度适宜，有相当一段时间的适应和生长期，同时气候也较稳定，鱼种进入成鱼塘密度也明显减少，利于生长；开春4月初放养，尽管水温也已适宜，但江浙的春季雨水较多，水温不稳定，放养后受伤的黄颡鱼不易恢复。从本试验的结果显示，10月下旬放养是较适宜的。但需注意的是，放养后需有20天左右的摄食期，以利于受伤个体的恢复。

其次，亩放10 000尾和15 000尾，对养成的产量有较大的影响，对养成的规格影响并不大。这一方面说明该养殖密度范围是合适的，另一方面也可说明9月后的轮捕上市也是较为合理的。黄颡鱼放养更高的密度，则需考虑养成的规格、消费习惯和相应的配套技术。

**2. "中科3号"的增效**　从表5-18的收获中显示：模式1和模式2中，黄颡鱼亩放养量均为10 000尾，"中科3号"夏花的亩放养量分别为400尾和200尾，年底收获规格在406～417克/尾，生长速度较快，亩效益分别为1 828元和925元，苗种成本可忽略，投入产出比和增效十分明显；模式3和模式4中，黄颡鱼亩放养量提高至15 000尾，"中科3号"夏花的亩放养量也分别提高到600尾和300尾，但年底收获规格436～561克/尾，高于模式1和模式2，亩效益分别为2 725元和1 923元，也高于模式1和模式2，增产增效更加明显。扣除"中科3号"的增效，模式3和模式4中的黄颡鱼亩放养量增加效益，并没有比模式1和模式2产生的效益多。这说明养殖生产中高密度并不一定能带来高效益，合理的养殖模式才能产生较好的养殖效益。

4种模式池塘总体放养量、养殖最大容量和收获规格分析，同时，结合"中科3号"的成活率、规格和产量比较，"中科3号"夏花的放养密度提高还是有一定潜力的；但同时必须考虑"中科3号"与主养品种的饲料争夺，黄颡鱼的浮性饲料价格远高于鲫饲料，"中科3号"在该模式中应该是起到"清道夫"作用，故密度和规格应该是重点要考虑的。

综上可以总结出，在黄颡鱼为主的高产养殖池塘混养"中科3号"，生长速度较快，增产增效十分明显，是一较好的养殖模式。

（姚桂桂　冯晓宇　刘新轶　潘彬斌　谢南　王宇希　陆伟民）

# 第八节　安徽省高效养殖模式

## 模式一：东至县黄泥湖池塘主养草鱼技术模式

安徽省东至县黄泥湖渔场创建于1981年，是由中央、省、县三级联营安徽省八大联营渔场之一，位于古镇东流和县城尧渡之间，公路穿场而过，将国道206与省道327相连，交通便利。

渔场拥有水面1.5万亩。其中，大湖1.1万亩（水源），标准化连片精养池2 800亩，青虾养殖基地600亩，稻田养殖基地400亩，常规大宗淡水鱼类人繁基地200亩。养殖区划分为大湖大水面养殖区、池塘养殖区、稻田养殖区、人繁及特种水产养殖示范区。

自2000年以来，渔场利用自己的健康养殖示范基地，先后承担种草养鱼、池塘鱼鳖混养、池塘80∶20颗粒饲料养殖、无公害草鱼生产、标准化生态养殖、青虾繁育与养殖和大水面鳜放养等技术。其中，草鱼为主的池塘80∶20养殖技术较为成熟，在池州、安庆地区被广大养殖场（户）所应用，取得了较好的经济和社会效益。

## 一、池塘

**1. 池塘条件**　渔场现有连片精养池塘2 800亩，共分为5个养殖区，即精养一场、精养二场、苗种分场、示范分场和多经分场。池塘分别建于1984、1992年。池塘设计面积：成鱼池每口9～15亩，鱼种池每口4～7亩，设计塘口面积与饲料地面积为1∶（1～0.4）；成鱼池塘平均水深2.5米，设计相对独立的供排水沟渠，进排水系统完善。池塘均采取水泥砂浆或块石护坡，池塘护坡占90%，场区及各分场的道路通达，渔场精养区配备350千伏变电设施，电力供应良好，交通便利。整个精养区位于1.1万亩大湖的下游，由高灌渠自流灌溉解决精养池塘的供水，生态环境条件符合GB/T 18407.4的要求，养殖用水达到GB 11607的要求，池塘出水由低排渠经水质净化池处理排出。

　　**2. 冬季晒塘**　年终根据实际情况尽量把商品鱼销售出去，若有商品鱼剩余安排并塘，把空塘进行冻晒及修整。

　　**3. 池塘消毒**　每亩用 150 千克生石灰清塘或用药物清塘。

　　**4. 池塘机械设施**　精养池塘平均 4 亩左右配备 1 台增氧机和 1 台自动投饵机。

　　**5. 水源水质条件**　试验池塘的水源来自黄泥湖，从高位水渠直接进水，一年四季水流不断，水质清新，水量充沛、无污染，溶氧量达 5 毫克/升以上，pH 保持在 7.0～8.0，水体透明度在 35～40 厘米。

## 二、鱼种放养

　　**1. 鱼种规格质量要求**　同一池塘放养规格相同，鱼体丰满，体色发亮，体表无伤，鳞片完整，体质健壮，顶水能力强，离开水后鳃盖不立即张开的优质鱼种。

　　**2. 鱼种放养时间要求**　当年 3 月上旬放养结束。

　　**3. 鱼种消毒**　所有放养鱼种用 5％氯化钠溶液消毒 3～5 分钟。

　　**4. 鱼种来源**　本场就近放养，若有缺口可从正规养殖场购进，但坚决杜绝从病区购进所需鱼种。

　　**5. 放养鱼类品种**　草鱼、团头鲂、鲫、青鱼、鲢、鳙。具体放养模式见表5-19。

表 5-19　黄泥湖主养草鱼亩放养模式

| 品种 | 放养情况 | | | 收获情况 | | |
|---|---|---|---|---|---|---|
| | 规格（尾/千克） | 数量（尾） | 重量（千克） | 成活率（％） | 规格（千克） | 单产（千克） |
| 草鱼 | 10～12 | 800～1 000 | 75～100 | 80 | 1～1.5 | 800 |
| 团头鲂 | 12～16 | 180～250 | 15～20 | 90 | 0.4 | 90 |
| 鲫 | 10～15 | 250～300 | 25 | 90 | 0.35 | 90 |
| 青鱼 | 10～15 | 80 | 6 | 90 | 0.5～0.6 | 80 |
| 鳙 | 15 | 600～700 | 40 | 90 | | 30 |
| 白鲢 | 10～15 | 60 | 5 | 85 | 0.4～0.6 | 200 |
| 黄颡鱼、鲶 | | 20 | 1 | | 1.25 | 60 |
| 合计 | | 1 990～2 410 | 167～197 | | | 10 |
| | | | | | | 1 270 |

## 三、养殖管理

　　**1. 青饲料投喂**　草鱼放养第 20 天，开始投喂（在食台中）鲜嫩青饲料，具体投喂量应根据天气、水温、水质和鱼摄食活动情况等灵活掌握。天气晴朗、水温适宜、水质良好、鱼类摄食活动旺盛，可适当加大投饲量；反之，则应减少投喂量。青饲料的投放一般选择下午，投喂量以草鱼第二天吃完略有剩余为度。如发现投放的青饲料吃得有剩余，应当减少投饲量，同时把剩余青饲料捞出。

**2. 配合饲料投喂** 虽然青饲料来源广、成本低，但其营养成分单一，不能满足鱼类生长的营养需求。因此，在投喂青饲料的同时投喂颗粒饲料。日投喂次数一般为 2~3 次，每次投喂时间控制在 10 分钟以内。配合饲料投喂要坚持"四定"、"四看"原则。"四定"即定质、定量、定时、定位。"四看"，即看鱼：根据鱼的吃食情况来投饵，当鱼群活动正常和摄食旺盛时要适当增加饵料投喂量，当鱼群活动不正常时则要减饵少投；看水：水质好时要多投，水质差时要少投，水色过淡应增加投饵量，水色过浓应少投；看天气：天气晴朗有风时多投，阴天或雨天时少投，天气闷热且无风欲下雷阵雨时应停止投喂；看季节：盛夏高温时要控制投饵量，水温低时要少投。

**3. 水质调节** 6 月鱼苗摄食量少，池水不肥，无须加注新水；在 7、8、9 三个月水温高，鱼类摄食旺盛，残饵和鱼类排泄物增加，因而每 7~10 天加注新水 1 次，每次注水 10~15 厘米，每月换水 1 次，每次换水 30%，以调节水质。特别在高温、闷热天气，除了给池塘补充新水外，适时开关增氧机，使池水始终保持"肥、活、嫩、爽"。

## 四、鱼病防治

鱼病防治，要做到无病早防、有病早治、全面预防、防重于治的原则。精养鱼塘密度大、水质肥，鱼很容易生病，平时要注意采取防疫措施。除了鱼种消毒外，5 月中下旬开始，每 15 天按 15 千克/亩生石灰化浆全池泼洒；5 月投喂苦草、莴苣叶和嫩旱草时，拌少许大蒜进行防病。5、6 月和 8、9 月是草鱼发病的流行季节，应特别注意投饵量和饲料卫生，不投变质发臭的水草。在盛夏高温季节，要适当控制投放量，避免草鱼因贪食而引发肠炎等疾病。养殖过程中发现鱼类活动异样，立即捞取进行检查，并对症用药，切勿延误。

# 五、结果

**1. 亩产量** 草鱼 800 千克、团头鲂 90 千克、青鱼 30 千克、鲫 80 千克；鲢、鳙 260 千克；其他 10 千克。合计亩产 1 270 千克。

**2. 亩经济效益** 总收入 11 270 元，总支出 6 786 元，利润 4 484 元/亩（具体产量及效益情况见表 5-20）。

表 5-20 黄泥湖主养草鱼养殖模式亩产量及效益情况

| 养殖效益<br>放养种类 | 生产投入 | | | 销售收入 | | | 利润 |
|---|---|---|---|---|---|---|---|
| | 数量<br>（千克） | 单价<br>（元/千克） | 金额<br>（元） | 产量<br>（千克） | 单价<br>（元/千克） | 金额<br>（元） | |
| 草鱼 | 90 | 11 | 990 | 800 | 9 | 7 200 | |
| 团头鲂 | 16 | 11 | 176 | 90 | 9 | 810 | |
| 鲫 | 25 | 10 | 250 | 80 | 10 | 800 | |
| 青鱼 | 5 | 18 | 90 | 30 | 14 | 420 | |
| 鳙 | 40 | 8 | 320 | 200 | 8 | 1 600 | |
| 白鲢 | 5 | 4 | 20 | 60 | 4 | 240 | |
| 其他 | 1 | 20 | 20 | 10 | 20 | 200 | |
| 小计 | | | 1 866 | | | | |
| 饲料 | 1 400 | 2.8 | 3 920 | | | | |
| 肥料 | | | 120 | | | | |
| 药物 | | | 150 | | | | |
| 水电费 | | | 130 | | | | |
| 人员工资 | | | 300 | | | | |
| 塘租 | | | 300 | | | | |
| 合计 | | | 6 786 | | | 11 270 | 4 484 |

# 六、小结

（1）黄泥湖池塘草鱼主养技术模式，在池州、安庆地区获得较好的经济效益。通过对黄泥湖渔场标准化连片精养池 2 800 亩养殖情况分析可知，冬季一次性捕捞每亩产量达到 1 270 千克，获利润 4 484 元。

（2）池塘草鱼主养技术模式成功的关键是水质调控。定期使用生石灰，以调节池塘养殖水体的 pH 及经常注换新水，合理使用增氧机，以改善养殖水质，有利于鱼类生长。

（3）此养殖模式是由广大养殖者和水产科技人员在生产过程中摸索、分析、总结得出的，具有适合安徽沿江池塘养殖的一种有效养殖模式。目前，安徽沿江的大部分商品鱼养殖池塘已应用此养殖模式，有较好的推广前景。

（李海洋　蒋阳阳　吴明林）

## 模式二：福瑞鲤健康养殖技术模式

福瑞鲤的生长性状良好，具有生长速度快、体型好和饵料系数低等特点。福瑞鲤属底层鱼，栖息于水域的松软底层和水草丛生处，喜欢在有腐殖质的泥层中寻找食物、食性杂、适应能力强，能耐寒、耐低氧，对水体要求不高，适宜在安徽淡水水域中养殖。

## 一、池塘条件

池塘面积 5 亩，长方形，东西走向，池塘平均深 3.5 米，沙土质，池底平坦，水质清新无污染，符合渔业水质标准，进排水设施完善，电力设施齐全，配备投饵机 1 台，1.5 千瓦叶轮式增氧机 2 台。

## 二、池塘消毒

鱼种放养前，对池塘周围杂草进行清理，冬季池塘曝晒。鱼种投放前半个月注入 10 厘米水，放养前 1 周，亩用 150 千克块状生石灰化浆后全池均匀泼洒进行清塘，清塘 2 天后向池塘注水，注水时水口用密眼网布包住，防止野杂鱼（卵）进入池塘。

## 三、鱼种放养

放养品种为福瑞鲤鱼种为主，搭配花白鲢鱼种。福瑞鲤鱼种平均规格为 200 克/尾，鲢、鳙平均规格为 250 克/尾，鱼种规格相对整齐，体表无伤病，有光泽，活力强；4 月 15 日放养福瑞鲤鱼种 7 500 尾、重量 1 500 千克，平均每亩放养 1 500 尾、重量 300 千克；4 月 25 日放养鲢 600 尾、重量 150 千克，鳙 400 尾、重量 100 千克。鱼种投放时用 5% 食盐水消毒，以杀灭鱼体表的病原体。

## 四、投喂

整个养殖过程以优质全价鲤颗粒饲料为主，夏季定期搭配植物性饲料。颗粒饲料粗蛋白含量为 30%～32%，粒径为 2.5～5 毫米。6 月前，用含 32% 的蛋白颗粒饲料，粒径 2.5～3 毫米；中后期投喂含 30% 的蛋白颗粒饲料，粒径 4～5 毫米。鱼种投放第 2 天开始驯食，将投饵机设置小量投料状态，投饵间隔在 10 秒/次，每次投料 1 小时，日驯食 5 次，3～5 天即可驯食成功，然后转入正常投喂。投饵坚持"四定"原则，即"定时、定量、定位、定质"，并且有专人负责；日投饵 4 次，时间分别为 8：00、11：00、14：00、17：00。高温季节适当调整投饵时间，避开高温时段；进入仲秋，改为日投饵 3 次，选择高温时段。投饵率为：6 月底前为 2%～3%，7～9 月为 4%，寒露后为 2%～3%。每周调整 1 次投饵量，每月测量 1 次鱼体规格，估算存塘鱼量，为科学投饵提供依据。根据天气、水质等情况，灵活调整投饵，减少饲料浪费和水质污染，每次投喂以鱼吃八成饱为宜。即投喂 40 分钟，有 80% 的鱼离开食场，便可停喂。7 月，每隔 4～5 天投喂 1 次新鲜蔬菜叶，补充维生素的不足，促进鱼类体色鲜艳。

## 五、水质调控

加强水质管理是养殖环节重中之重，确保水质良好，使鱼能够健康快速生长。具体水质综合调控措施为：

（1）水位调节　鱼种投放时水位保持在 1.0 米，便于水温上升，延长鱼摄食时间。6 月上旬保持水位在 1.2～1.3 米，7～9 月水位在 1.5～1.8 米，以利于水温调节，使鱼生长在最适温度范围内。

（2）注换水　正常情况每周注水 1 次，每次注水 30 厘米；高温季节每3～5 天注水 1 次，6 月前每 15 天换水 1 次，换掉底层老水，每次换掉池水的1/3，换水后同时注入相同量的新鲜河水，确保水体透明度在 30 厘米左右。平时密切注意水体透明度和水色变化，保持水质肥、活、嫩、爽。

（3）启动增氧机　6 月中旬要开启增氧机，改善水体溶氧状况。7～9 月，晴天中午要开机 2 个小时，凌晨 1：00～2：00 也要开机，确保早晨不出现浮头现象，阴雨天气及闷热天气要随时开机，严防泛池事故发生。

（4）水质调节　主要以 EM 菌和生石灰为主，在鱼种放养后，每 7～10 天

泼洒 1 次 EM 菌，改良水质和底质。6 月下旬至 8 月中旬，每半个月全池泼洒
1 次生石灰。

## 六、日常管理

主要是清除杂物，及时将池塘四周杂草清除，每天捞取水中污物，保持水
体清洁。坚持每天巡塘，观察水色变化情况及鱼摄食状况。同时，做好池塘日
记，将每天的天气状况、鱼类摄食、投饵和用药等情况做详细记录。

## 七、病害防治

坚持"以防为主、防治结合"的综合防病措施，这也是确保养殖成败的关
键。防治病害所用药不使用禁用的渔药，慎用抗生素，坚持用微生态制剂。虽
然福瑞鲤抗病力强，由于本试验鱼种放养密度较大，因此，全程更要重视病害
防治工作，防止发生重大疫病流行。采取综合防治措施，做好池塘、鱼种消
毒，合理开启增氧机，定期泼洒水质改良剂。4～6 月，每 20 天全池泼洒 1 次
阿维菌素，亩（平均水深 1 米）施用量为 40 毫升；7～9 月，每半个月全池泼
洒 1 次聚维酮碘，亩（平均水深 1 米）施用量为 125 毫升；每半个月内服 1 次
药饵，主要为大蒜、三黄粉和复合维生素等。

## 八、养殖结果

从中秋节陆续起捕上市至 11 月立冬全部干塘，试验共捕捞商品鱼 11 602 千
克，每亩产商品鱼 2 320.4 千克。其中，福瑞鲤商品鱼 10 290 千克，平均规格 1.4
千克/尾，计 7 350 尾，成活率 98%，亩产 2 058 千克；鲢 780 千克，平均规格 1.3
千克/尾；鳙 532 千克，平均规格 1.45 千克/尾。总产值 121 630 元，其中，福瑞
鲤 113 190 元，鲢 3 120 元，鳙 5 320 元。总投资 79 522 元，其中，鱼种 14 700 元，饲
料 59 772 元。总利润 42 108 元，每亩均利润 8 421.6 元，投入产出比为 1∶1.53。

## 九、小结

（1）福瑞鲤在黄淮地区是人们十分喜爱消费的鲤品种，市场需求量大。福

瑞鲤生长速度快、抗病力强、性状稳定和肉质上乘，具有极大的推广意义。

（2）根据鱼类不同食性进行合理放养，可控制池塘水质。福瑞鲤耐低氧，病害少，选择合理的放养密度，控制产量，可发挥最大的经济效益。套养滤食性鱼类，以调节池塘水质，同时，搭配花白鲢比例为 1∶1.5。因此，整个养殖期间池塘水质控制较好，有利于增加水体鱼载量。

（3）适当搭配绿色蔬菜，对提高鲤品种、体色有较好的作用，同时，又节约部分全价饲料，降低生产成本。青饲料投喂主要在 7 月至 8 月中旬，这时期鱼生长最快，营养成分容易缺乏，因此，适时投喂富含维生素的绿色菜叶，对鱼的生长所需营养是一个补充，这样生产出的商品鱼外观色泽亮丽，市场竞争力强，经济效益显著。

（4）加强水质调控，是福瑞鲤精养塘的关键管理措施之一。福瑞鲤的放养量及产量较普通淡水鱼类都大得多，且福瑞鲤食量大，饲料消耗量大，要降低饲料系数，提高饲料利用率，防止水质恶化，减少病害发生，水质调控就必须贯穿于养殖环节始终。尤其在高温季节，有时鱼的活动正常，天气良好，摄食却突然下降，其实是水质起了变化，尤其是氨氮和亚硝酸盐的含量急增，就会大大影响鱼摄食。因此，建议在精养福瑞鲤的池塘，要从开始就施 EM 菌类的水质改良剂，将氨氮、亚硝酸盐的含量控制在渔业水质标准内，其意义非常重大。

（李海洋　吴明林　蒋阳阳）

# 第九节　福建省高效养殖模式

## 模式一："猪-沼-萍-鱼"草鱼池塘高效生态养殖模式

"猪-沼-萍-鱼"草鱼池塘高效生态养殖模式，不但有效解决了养猪导致的环境污染问题，而且大幅度减少了草鱼养殖过程中配合饲料的使用量，降低了养殖成本，具有节能环保的优势，取得了显著的经济效益。该模式在福建省的永安市和明溪县等地部分养殖场的示范验证，成效显著。

## 一、养殖场的规划与建设

**1. 规划与布局**　该模式主要包括畜禽养殖区、浮萍培养区、鱼类养殖区和生活管理区四大功能区。将畜禽养殖区和生活管理区设置在地势较高的位置，畜禽养殖和生活粪便进入沼气池，沼气池下接浮萍培养区，浮萍培养区下接鱼类养殖区，一般将鱼类养殖区设在地势较为低洼的位置。规划时应充分利用地势落差，达到沼液自流入浮萍池，浮萍能自流入养鱼池、养鱼池排灌自流的流程要求，减少能耗和劳动量。

**2. 建设** 畜禽养殖区建猪栏、鸡鸭舍等，并在畜禽区配套建设沼气池。

生活管理区根据养殖场规模，建设相应的饲料、渔药、工具用房、职工宿舍和办公等管理用房。

浮萍培养池用于培养浮萍，占整个养殖场总水面的 30%～35%。将浮萍培养池分割成若干个小池子，池塘深不低于 1.2 米，水深 1.0 米左右，水面开阔采光性好，防止因病虫害导致浮萍大量死亡，影响正常的投喂。

鱼类养殖池占养殖总水面的 65%～70%，池塘建设因地制宜，宜为长方形、东西走向，延长光照时间，面积为 2 000～7 000 米²，池深 2.5 米左右；或直接在山垅田的峡口处建设堤坝，建成 7 000～20 000 米²甚至更大面积的鱼塘，池塘深度应大于 2.5 米，池塘堤坝必须用黄壤土夯实，堤坝坡度为 1：(2.5～3.0)。

浮萍培育池和养鱼池应根据需要，建设不同规格的进水渠和排水渠，进排水系统要分开，以便于管理。考虑到防洪等问题，每口池塘的底部要预埋直径 20 厘米的排水管，堤坝顶部靠山边的位置根据池塘大小和水流量建设排洪沟，避免在雨季来临时造成不必要的损失。浮萍培养池设有排水闸门与成鱼养殖池的进水渠道相连，从表层排水可直接将培养的浮萍排入养殖区，避免人工捞萍，节省劳动力。根据池塘大小和养殖密度配备不同规格的增氧机，每台 3 千瓦的普通增氧机可供 10 亩的池塘增氧；而选用微孔增氧系统，每台 2.2 千瓦的增氧机可供 10～15 亩的池塘增氧。在水源充沛、电力资源紧缺的地方，可通过加大养殖用水的自流量来增氧。

# 二、养殖与管理

在草鱼放养之前，应保障沼气池开始正常运转，将发酵后的沼液排入浮萍培养池进行肥水。

**1. 鱼种放养** 放养密度考虑到水源水量、苗种规格、增氧条件及浮萍养殖池所占比例等综合因素后合理搭配，每年 4～5 月投放苗种，主养草鱼规格为每尾 50 克左右、亩放草鱼 500～800 尾；其他配套鱼种，湘云鲫规格为每尾

25 克、亩放养 400～600 尾，鳙规格为 150～200 克、亩放养 50 尾左右，鲢规格为 150～200 克、亩放养 100 尾左右。苗种下塘前 10 天，用生石灰对池塘进行消毒，苗种消毒处理后下塘，草鱼按照规程接种草鱼出血病疫苗。

**2. 浮萍的培养和投喂**　在草鱼苗种放养前 1 个月，开始放养浮萍。根据草鱼不同生长阶段对食物的需求情况，可选择不同的浮萍品种进行培养。一般刚投入的夏花苗以七星萍为主，每天投喂 150 千克/亩；7～9 月投喂紫背浮萍为主，投喂量为每天 300 千克/亩；气温较低时，本地浮萍生长速度慢供应量跟不上，所以一般在 9 月至翌年的 3 月之间投喂杂交萍为主，投喂量为每天 500 千克/亩。在鱼苗投放初期，每天 10：00 投放细绿萍，16：00 补充投喂含 30%蛋白的浮性饲料，通过观察鱼类的摄食和生长情况，决定每天浮萍和饲料的投喂量；中后期养殖时，每天 10：00 和 16：00 投放紫背浮萍和杂交萍，投喂时开启浮萍培养池通往养殖池的闸门，使浮萍顺水流入各养殖池。根据每口池塘中草鱼的养殖密度和生长速度控制浮萍的投喂量，以摄食至八分饱为宜，浮萍投放量应以当天太阳落山前吃完为度，注意不要留有残饵。

**3. 日常管理**

（1）浮萍培育池的管理　浮萍培育池的水位保持在 1.0 米左右，为了保持浮萍正常的增殖速度，每天投喂的浮萍量不能超过浮萍总量的 60%。在浮萍产量或者水体营养不足时，可人工添加尿素等肥料，稳定浮萍的产量。浮萍培养的日常管理，主要是防治蚜虫、蜘蛛和萍螟等病虫害，稳定浮萍的产量。

（2）养鱼池塘水质管理　草鱼喜清新的水质，由于草鱼的摄食量大，排泄物多，当养殖密度高时，容易导致水质恶化。所以入夏时可将水位提高到 2.0 米左右，每半个月添加新水 1 次，每次 10 厘米左右。随着温度的上升，可以增加每月的补水次数和补水量，同时控制藻类的数量，避免产生水华。跟踪监测池塘的溶氧量，结合气候变化情况，合理利用增氧机，确保养殖水体中的溶氧量大于 5 毫克/升，透明度保持在 25～30 厘米。

**4. 病害防治**　通过观察摄食以及镜检等手段，对鱼类的健康状况进行观察检查。6～9 月是寄生虫和细菌性疾病高发季节，使用 0.7 克/米³ 的硫酸铜、硫酸亚铁合剂（5：2）全池泼洒防治车轮虫、斜管虫等纤毛类寄生虫；0.3～0.5 克/米³ 水晶体敌百虫防治单殖吸虫、蠕虫类寄生虫。从 6 月开始，每月全池泼洒生石灰、漂白粉等含氯消毒剂 1～3 次，每月定期投喂大蒜素药饵 1 次，每次连喂 5 天。

**5. 收获**　当草鱼养至 1～1.5 千克时，养殖空间受到限制，采用吊网捕捞部分草鱼，稀释养殖密度至200～400尾/亩；饲养至翌年夏花投放之前干塘捕捞，鱼体规格一般可达3.5～5.0千克。

## 三、模式优势分析

**1. 养殖效益分析**　该养殖模式可较大限度地减少配合饲料的投喂量，大大节省了养殖成本，提高经济效益。根据永安小陶的试验点养殖结果来看，"猪-沼-萍-鱼"养殖模式的养殖成本为3.6～4.0元/千克，而普通模式饲养的草鱼成本为5.6～8.0元/千克。每亩年产量为1 500～2 000千克，产值25 000元左右，利润为8 000～10 000元/亩，为全投喂配合饲料养殖模式利润的200%左右。因此，"猪-沼-萍-鱼"草鱼池塘高效生态养殖模式，可以大大降低养殖成本，为农户带来更大的利润空间。

**2. 节能减排**　"猪-沼-萍-鱼"的养殖模式，将畜禽的排泄物作为浮萍的养分，既解决了畜禽排泄物对环境的污染问题，同时，又为鱼类生长提供了充足的生物饵料，减少了配合饲料的投喂。同时沼气池的使用为生产、生活提供了方便。因此，该模式能有效达到节能减排、节约养殖成本的目的。

**3. 减少病害**　浮萍是草鱼较为喜食的植物性饵料之一，符合草鱼的天然食性，增强鱼体体质，有效降低草鱼赤皮、烂鳃、肠炎等疾病。

**4. 安全优质**　通过该养殖模式养殖的草鱼，肉质鲜嫩爽口，营养价值高，产品质量安全水平高。同时，解决了单一使用配合饲料导致草鱼营养摄入不够全面、鱼体免疫力下降、成活率不高和规格不齐等问题。但由于畜禽养殖可能导致污染问题，应加强质量危害控制点的研究。

（樊海平　薛凌展）

## 模式二：福瑞鲤稻田养鱼模式

稻田养殖在我国已有2 000多年的历史，属于我国传统农耕文化，目前已被列入世界首批农业遗产。它综合利用稻田生态环境，把水稻、鱼和昆虫等生物有机结合，组建一个特殊类型的生态共生系统，使鱼和水稻互惠互利，充分利用水田土地资源，提高经济效益，实现水稻与鱼的双丰收。而我国水稻种植面积约有0.25亿公顷，具有很大的发展空间。目前，福建地区在武夷山市和邵武市已悄然兴起稻田养鱼模式，与单品种种养方式相比，效益较为明显。

# 一、稻田条件

选择水源充足，进排水方便，保水性好，土壤肥沃，田埂坚固，面积为1～2亩的稻田较好。将四周的田埂加高至50～70厘米，田埂宽50～80厘米，并夯实，避免垮塌或漏水。在稻田中开挖鱼沟、鱼坑，便于鲤栖息和觅食。一般在稻田中间开挖十字沟，深50厘米、宽30～40厘米。早稻田在秧苗移栽7天后秧苗返青时开挖，晚稻田则在插秧前挖沟，鱼沟面积占稻田总面积的8%～10%。此外，在稻田的进排水口附近还要挖鱼溜（又称鱼凼、鱼坑），可为方形、圆形和长方形，大小为2～3米²、深1.5～2.0米，占稻田总面积的5%～10%。鱼沟与鱼溜串通，使鲤可以在鱼沟和鱼溜中自由活动。进水口要安装过滤网，避免其他野杂鱼或敌害生物进入稻田，排水口要安装拦鱼栅，做好防逃措施，进排水口应设在对角线两端的田埂上。由于稻田水位浅，高温季节应在鱼溜的西南侧搭设遮阳棚，高1.5米左右，面积占鱼溜面积的1/5～1/3，棚上用遮阳网或者稻草覆盖，防止水温过高，影响鲤的正常生长。

# 二、水稻种植

**1. 水稻种子选择与处理**　稻田养鱼可选择产量高、耐水淹、抗病力强、不易倒伏、茎秆高而硬、耐肥的优良水稻品种进行种植，不宜种植短杆、穗易下垂和易倒伏的品种。双季稻选生长期为100～110天的早、中熟品种，晚稻选生长期为120天左右的迟熟品种，一季稻选生长期为130～150天的迟熟品种。每亩稻田需种子0.75～1.0千克，先将种子清水浸泡1～2天，然后晾干，放入40%的福尔马林500倍液浸泡2天，捞出种子清水冲洗沥干后，保温保湿催芽，待种子露白后即可播种。

**2. 播种**　福建闽北地区水稻播种一般在5月上旬进行，每亩秧田需要种子10～12千克，播种前秧田每亩施50千克左右的复合肥作基肥。待秧苗1叶1心时，用15%多效唑可湿性粉剂100克兑水50千克后喷施，促矮壮分蘖；2叶1心时，施5千克氯化钾作断奶肥；3叶1心时，施尿素5千克作壮苗肥；移栽前4～5天施尿素5千克作送嫁肥，移栽时秧苗带蘖2～3个为好，整个育秧过程为期1个月左右。

**3. 水稻栽培与管理技术**　选择长龄壮秧，多蘖大苗，插秧后可减少无效分蘖，提高分蘖成穗率，减少和缩短晒田次数和时间。插秧时采取宽行、窄距，长方形东西行密植的方法，行间透光效果好，光照强，有效维持稻田生态系统，减少病虫害。早稻行间距为 23.3 厘米×（8.3～10）厘米，晚稻为 20 厘米×13.3 厘米，杂交水稻为 20 厘米×16.5 厘米。为了弥补因开挖鱼溜、鱼沟所占用的稻田面积，在行距不变的情况下适当缩小株间距。根据水稻苗种生长情况适当缩短晒田时间，并保持鱼溜、鱼沟中水位高度，减少晒田对鱼苗生长的影响。

## 三、鱼种放养

在鱼种下田前 10～15 天，每平方米用 200～250 克生石灰泼洒消毒，1 周后便可注水，水位控制在 30 厘米深，待鱼苗下田后慢慢将水位提高至 50 厘米左右。稻田养殖密度相当于池塘的 10％～15％，放养 50 克/尾左右的福瑞鲤 300～500 尾。鱼种下田前用 3％～5％的食盐浸泡 10～15 分钟，进行鱼体消毒。

## 四、投喂

由于稻田中天然饵料较多，因此日投喂量略低于鱼塘，一般为 1％～3％。投饵台设置在鱼溜中，每天投喂 2 次，饲料的规格和池塘养殖相同。诱虫喂鱼，在鱼溜上方 4 米高安装 1 盏小灯泡，将远处的昆虫引诱过来，在小灯泡下方，离水面 30 厘米处安装 1 盏大灯泡，将昆虫引诱至水面附近，使水里的鱼能够捕食到昆虫。

## 五、水位控制

水稻插秧时要浅水灌溉，返青期保持水位 4～5 厘米，分蘖期间水位控制在 2～3 厘米，分蘖期后水位加深至 6～8 厘米，拔节孕穗期水位提高至 10～12 厘米，扬花灌浆后水位逐渐下降至 5 厘米，成粒时提高水位，收割时慢慢放水，将鱼引入鱼溜中，待收割后及时恢复水位，以利于鲤生长。

## 六、稻田施肥

稻田养鱼过程中合理施肥，既可以为水稻提供养分，也能培育水体中的天然生物饵料,促进鲤的快速生长。施肥应坚持以有机肥为主、无机肥为辅,重施基肥、轻施追肥的原则。若施用化肥时,将鱼沟中的水排干,使鱼全部进入鱼溜,待所施化肥被稻田和泥土吸收后,再将水位复原。每亩稻田施用尿素4.5~5.0千克、硫酸铵6~7千克或过磷酸钙4~5千克。由于氨水对鱼类有害,因此通常不用于追肥,而且雨天和闷热天气不施肥,以免影响鱼苗的摄食与安全。

## 七、稻田用药

稻田养鱼过程危害水稻的主要病害为螟虫、稻飞虱、稻瘟病和纹枯病等,禁止使用高毒、高残留的农药,尽量选择常用的低毒农药有敌百虫、杀虫脒、杀螟腈、叶枯净和西维芙等;施用农药时要先适当加高水位,减低落入水体中的农药浓度,喷药时尽量避开鱼沟和鱼溜,减少对鱼的影响。施粉剂时,一般选择在清晨有露水时施用,以便药粉沾在叶片上,减少落入水体中的药量。若喷洒水剂、油剂农药,则选择在晴天的下午施用,将药喷洒成弥雾状,尽量避免农药直接喷于水面。若发现鱼有中毒症状,应立即停止施药,加注新水,或边注边排,直到稻田中的鱼恢复正常为止。

## 八、日常管理

鱼种投放后,除了每天的投喂观察外,每天早晚各巡田1次,观察水源、稻田水质状况和鲤的生长情况,检测进排水系统和防逃设施,发现死鱼、病鱼,及时捞起掩埋处理。生产记录和用药记录严格按照《水产养殖质量安全管理规格》要求填写。

## 九、收获

水稻黄熟时,稻田中的鲤便可以起捕了。首先疏通鱼沟,确保畅通,然后慢慢排干鱼沟中的水,切勿放水过快,确保大量的鲤能够沿着鱼沟游入鱼溜中。待鱼沟排干后用抄网或者渔网捞起鱼溜中的鲤,由于稻田鱼沟不平,无法一次将所有的鲤起捕净,因此需要反复注排水2~3次,使大部分的鲤能够沿着鱼沟游入鱼溜,直到将鱼捕尽为止。

(樊海平　薛凌展)

# 第十节　江西省高效养殖模式

## 模式一：草鱼"3小时"质量安全圈综合养殖技术模式

草鱼因其生长速度快、肉味鲜美、市场销量大、养殖成本低等特点而被广大养殖户接受，已成为江西省目前最大的水产养殖品种之一，年产量超过44.8万吨，占全省水产养殖产量的20%以上。制约其产业发展的主要因素之一，就是从苗种繁育、鱼种培育到成鱼养殖期间易暴发水霉、出血、烂鳃、肠炎和赤皮等疾病。如何有效控制草鱼病害难题，不仅关系到草鱼健康养殖效益，还在一定程度上减少渔药使用量，从而减轻对环境的危害，提升水产品质量安全水平。为此，南昌综合试验站邀请岗位科学家，一直致力于草鱼综合免疫及配套养殖技术研究，即草鱼鱼苗水霉病防治、夏花与冬片鱼种疫苗免疫及配套使用饲养管理等技术进行组装配套试验研究。按照3小时运输距离范围内，搭建了南昌神龙渔业公司良种扩繁场＋南昌神龙渔业苗种培育基地＋江西洪州渔业公司＋永修三角西湖水产场草鱼养殖基地示范平台，建立了3小时草鱼质量安全圈建设与规范管理。在圈内实现苗种供应自给，统一技术操作规程，统一投入品，统一免疫防疫等做法，示范推广"1包药、打2针、遵3个规程"（1包药，即替代孔雀石绿药物——"美婷"制剂防治水霉病；打2针，即草鱼夏花在7～8月实行100%注射免疫疫苗，鱼种出售前再次注射免疫疫苗，确保免疫保护率90%以上；遵3个规程，即繁殖技术、苗种培育技术和健康养殖技术规程）的草鱼综合免疫及配套健康养殖技术，取得了较好的效果。一般草鱼鱼苗水霉病发病率低于20%，鱼种培育成活率90%以上。成鱼养殖亩放鱼种1 000～1 200尾，亩产可达到800～1 200千克，亩增收1 700元以上，产品质量完全符合无公害产品标准，其技术要点总结如下：

## 一、草鱼鱼苗繁育水霉病防治

人工繁殖季节4～5月，刚孵化出来的草鱼苗极易感染暴发水霉病，综合站试验示范岗位科学家自主研发的一种专门替代孔雀石绿防治水霉病的药物——"美婷"制剂。遵循"美婷"制剂使用技术操作规程，草鱼卵至出膜前12小时，每天用10毫克/升的"美婷"溶液浸泡数次，孵化期间保证用水水温为 20～24℃，pH 7.0～8.0，溶氧 5.5～7.0 毫克/升，可有效防治水霉病。

## 二、草鱼鱼种注射免疫疫苗

**1. 疫苗选择、保存及稀释**

（1）疫苗选择　挑选正规厂家生产的，有名称、批准文号、生产批号、出厂日期、保存期、使用方法和保管容器等。

（2）疫苗保存　保存温度 0～4℃，保存时间 6 个月以内。保存过程中，玻璃瓶装的疫苗要经常翻动，防止冻破（裂）玻璃瓶。

（3）疫苗稀释　疫苗稀释的比例按使用说明书，所用的稀释水必须是灭菌的生理盐水，若用 5％葡萄糖盐注射液稀释效果更好。

**2. 准备工作**　注射前应空腹 1 天，拉网吊箱，再进行空腹注射。其方法是先将草鱼种拉网吊箱密集 8～10 小时，同时开动增氧机。在吊箱密集过程中，要注意草鱼种活动状况，以防操作不慎造成伤鱼、死鱼现象。

**3. 疫苗注射**　草鱼鱼种在夏花和冬片期间注射 2 次疫苗，免疫效果更好。选择清晨或雨后凉爽的天气进行注射，水温 8～22℃，避免高温和阳光直射。注射剂量按照疫苗产品说明书推荐的剂量注射，7～10 厘米的夏花鱼种注射量为 0.1～0.15 毫升，冬片鱼种注射量为 0.2～0.3 毫升，选择背鳍基部无鳞处注射较好。因草鱼背鳍基部肌肉较丰满，注射药液易吸收，注射深度一般为 0.2 厘米。注射疫苗后，集中放在消毒液中浸泡 10～20 分钟后（浸泡过程中注意鱼体的反应，防止缺氧等不良反应发生，出现不良反应立即将鱼种放入养殖池中）投放养殖水体。

## 三、配套使用技术

草鱼种进行免疫防疫后，冬片鱼种运往示范基地进行养殖。配套使用以下技术后，可起到综合预防作用，一般亩均增收 1 700 元左右。

**1. 种草养鱼技术**　根据草鱼食性特点，一年种植 2 茬青饲料、1 茬黑麦草、1 茬杂交狼尾草，搭配投喂配合饲料的综合技术。可以利用池塘坡埂、空隙地、水库消落区、荒地或者直接使用稻田种植。这样可降低成本，减少发病率。一般亩产 600 千克的鱼池，配套 0.2～0.4 亩饲料地即可。

**2. 草鱼基地质量可追溯制度建立技术**　根据出口鱼类备案基地建设要求，

从草鱼繁育、养殖、运输和加工等关键环节点着手，找出影响质量安全的可控因子和预防对策。建立苗种检疫制度、投入品进出登记制度、质量和病害"二员"制度、产地环境评估制度和用药处方等制度，确保各环节可控和产品质量安全可控。

**3. 使用良种技术**　水产苗种是水产养殖生产的第一要素，水产苗种质量直接关系到广大养殖户的生产效益和水产健康养殖的发展。本综合技术的关键是，使用优良的良种种质资源，选择从长江水系捕捞出来的苗种进行选育、培育和保种，作为繁殖亲本，繁育出来的苗种作为养殖对象，具有较强的抗病能力和生长性状。

## 四、饲养管理

**1. 日常管理**　一是做好登记和检测，每天对投入品登记，每季度对水质、产地环境进行检测；二是鱼种投放养殖水体后，在1周内泼洒氯制剂、溴制剂、碘制剂和季铵盐等药物消毒1~2次，以防鱼病发生；三是鱼种入池后，采用青饲料＋全价配合颗粒饲料养殖模式。前期（1~5月）投青饲料，主要以黑麦草为主，同时投喂少量（1%~2%）全价配合颗粒饲料（保膘料）；后期（5~10月）投青饲料，主要以拔根草、玉米草或苏丹草为主。随着水温、气温的升高，鱼的活动能力、摄食量增加，草料及全价配合颗粒饲料的投放量亦要随之增加。一般青草投喂量以第二天早上能吃完，颗粒饲料投放量以鱼在15~20分钟吃完，最高投放量一般不超过吃食鱼体重的8%；四是经常调节养殖水体，使养殖水体透明度保持在30厘米左右，在高温季节（6~8月）每周加注新鲜水1次，每次20厘米左右。根据水质状况，不定期使用芽孢杆菌、光合细菌和EM原露等微生态制剂调节水质；五是根据鱼的活动情况，定期开增氧机增氧。

**2. 鱼病防治**　鱼病防治坚持以"预防为主、防重于治"的原则。草鱼虽然注射了疫苗，也可能发病，平时应以预防为主。在发病季节，定期选用强氯精75克/亩、一元二氧化氯100克/亩、活化氯125克/亩等杀菌消毒药物预防鱼病，并不定期拌喂药饵，如鱼用肠炎灵、磺胺-2，6-二甲氧嘧啶等。一般每100千克鱼体重，每天用鱼用肠炎灵10克或2~10克磺胺-2，6-二甲氧嘧啶拌饲投喂，连喂3~5天，可有效预防或治疗烂鳃、赤皮和肠炎等疾病。

（傅雪军）

## 模式二：供港脆肉鲩池塘高效健康养殖模式

脆肉鲩，是采用浸水蚕豆作饲料饲养出来的优质草鱼。它体色金黄，肌肉坚韧、有弹性，切成薄片，可炒可余汤，鱼片完整不碎，口感又爽又脆，很受消费者欢迎，售价是普通草鱼的 2～3 倍。南昌综合站与江西武功山水产开发有限公司开展草鱼脆化技术研究，取得良好的经济效益。一般亩放 2 龄以上、规格为 1.5～2.0 千克/尾的草鱼 200～300 尾，亩产可达 800 千克，脆肉鲩成活率 95% 以上，平均规格 4.5 千克/尾，市场价格 24 元/千克以上，亩增收5 000 元以上。

## 一、池塘选择

一般选择池塘深 2.5 米，可蓄水深度 1.8～2.0 米，塘底为泥沙底质。池塘水源为无污染的溪河水，水温全年变化幅度为 12.4～29.8℃，pH 在 7.0～8.5，溶解氧达 4 毫克/升以上，盐度在 0.2 以下。池塘配备 2 台 1.5 千瓦的增氧机。进排水口用直径 6 毫米的钢筋焊成拦鱼栅加固防逃。池埂、斜坡上可种植黑麦草、象草和苏丹草等，提供青饲料。

## 二、鱼种投放

鱼种放养前，先将鱼塘烤干除杂并曝晒 30 天，灌水 0.5 米后，每亩用150 千克生石灰兑水化浆趁热全池泼洒，彻底清塘消毒。

**1. 鱼种选择**　脆肉鲩鱼种，是由传统的草鱼苗通过培育而来的。在选种方面，主要是选择体色正常、皮肤光亮、体质健壮、无伤无病、规格整齐和个体为 1.5～2.0 千克/尾的草鱼为宜。

**2. 鱼种放养**　脆肉鲩鱼种经"试水"确定安全后投放，放养数量准确，一次放足，放养种规格为 1.5～2.0 千克/尾（200～300 尾/亩），另可搭配鲢、鳙、鲫等鱼类调节水质，防止池塘水体富营养化。

**3. 放养方法**　鱼种投放一般选择在冬季进行（冬至到惊蛰之间）。此时天气较冷，鱼的鳞片比较紧密不易掉落，运输也不易死亡，成活率高，放养时要小心操作，避免人为损伤鱼种。

## 三、饲养管理

整个养殖过程，前期以投喂颗粒饲料及青饲料为主，规格达到 3 千克/尾时，以蚕豆投喂为主同时可加喂少量青饲料，提高鱼品质，减少渔药使用，达到绿色无公害产品的目的。

**1. 投喂原则**　投喂过程要坚持"四看、四定"原则，即坚持看季节、看水质、看天气、看鱼类活动摄食情况，投喂要做到定时、定位、定质、定量，保证鱼类吃好，吃匀，以粗带精，精粗搭配。日投 2 次，投饵时间一般在 9：00 和 16：00。日投饲量可根据草鱼摄食情况和水温变化情况进行调整。水温 22℃左右时，投饵为鱼体重的 2%～3%；26℃左右时，为 3%～4%；30℃左右时，为 4%～5%。具体以投料后 30 分钟内吃完为准，灵活掌握。

**2. 投喂方法**　养殖前期，投喂草鱼专用颗粒饲料，养至 3 千克/尾规格后，转喂蚕豆。投喂蚕豆前，先停食 2 天，第 3、4 天先投喂少量蚕豆，待草鱼正常摄食后，逐步增加蚕豆投喂量。在整个养殖过程中，适当辅以少量象草、黑麦草等青饲料，以满足草鱼的营养、生理要求，从而提高饲料利用率，促进其生长。用浸泡的蚕豆强化饲养 120 天左右，使个体达到出塘规格 4 千克以上。蚕豆喂食始末最佳时间为 6 月中旬至 10 月中旬，这段时间水温普遍高于 25℃。草鱼在水温超过 25℃的时候，消化能力更强。吃进去的蚕豆能使草鱼肌肉粗脂肪含量和肌肉失水率显著降低，胶原蛋白含量和肌原纤维长度显著增加。同时，草鱼肌肉的肌原纤维耐折力、失水率与胶原蛋白含量呈现出一定的相关性。而肌原纤维长度、失水率均与喂养时间呈现出指数关系。所以草鱼肉质会改变，变成名副其实的脆肉鲩。

脆肉鲩脆化过程要隔一段时间抽查 1 次，程度达到七八成即可，不需要继续喂食蚕豆，应改用草鱼专用颗粒饲料。因为如果脆化过量，脆肉鲩会因为肌肉结构改变而变得僵硬，容易死亡。

**3. 蚕豆制作**　投喂的蚕豆需浸泡催芽，浸泡 14～24 小时，并用净水冲洗干净，确定无异味后投喂。催芽时间与投喂时间要相衔接，保证每天不断食。投喂催芽蚕豆，草鱼嚼食适口，易嚼易消化吸收，转换率高，鱼长速度快，肉质鲜美、韧脆，而鲢、鳙、鲫等鱼类无法摄取，仅可吃其碎粒，饲料利用率高，水质较稳定，鱼类生长理想。

**4. 鱼病防治**　草鱼养殖期间，主要病害有出血、烂鳃、赤皮和肠炎等，大规格草鱼下塘前需浸泡或注射草鱼出血病活疫苗和草鱼烂鳃、赤皮、败血病三联疫苗，增强免疫力。按照无公害水产品养殖标准进行病害防治，坚持"预防为主、防重于治"的原则，定期选用强氯精（75 克/亩）、一元二氧化氯（100 克/亩）、活化氯（125 克/亩）等杀菌消毒药物预防鱼病，并不定期拌喂药饵，如鱼用肠炎灵、磺胺-2，6-二甲氧嘧啶等。一般每 100 千克鱼体重，每天用鱼用肠炎灵 10 克或 2～10 克磺胺-2，6-二甲氧嘧啶拌饲投喂，连喂 3～5天，可有效预防烂鳃、赤皮和肠炎等疾病。

**5. 日常管理**　一是坚持每天巡塘，做到每天 3 次，观察水质和鱼的动态，防止鱼类疾病发生及应急事故处理；二是及时清除池边杂草和水面污物，每天下午检查食场 1 次，了解鱼类吃食情况；三是根据天气状况，及时开增氧机，防止缺氧浮头；四是水质管理，高温季节，每 10～15 天注排水 1 次，注水量约为池水的 1/3，使池水透明度不低于 30 厘米，同时，定期泼洒生石灰、光合细菌和其他生物制剂，使水质保持清新；五是做好养殖生产日志记录，完善记录好鱼种放养、投喂、用药等情况。结合巡塘，看水色、看鱼的吃食情况，估算池鱼的重量，推算鱼的生长速度，确定下一阶段饲料投喂量。

（傅雪军）

# 第十一节　山东省高效养殖模式

## 模式一：俄罗斯鲤池塘主养模式

俄罗斯鲤学名乌克兰鳞鲤，在乌克兰地区的渔场大量养殖，属鲤形目、鲤科、鲤亚科、鲤属的 1 个经综合选育的养殖新品种。其特点是生长快，抗病力强，耐低氧，易驯化，易起捕，适温范围广，成活率高，适宜在各类淡水水域养殖，近几年来已推广到天津、河北、辽宁、黑龙江等地进行养殖。山东省淡水水产研究所于 2008 年 4 月从天津市水产技术推广站引进优质俄罗斯鲤，进行俄罗斯鲤健康养殖试验，取得了良好的经济和社会效益。

## 一、材料与方法

**1. 池塘条件**　试验池选在山东省淡水水产研究所 8 排 7 号池塘。池塘呈长方形，东西走向，面积 1 亩，水深 1.5 米，底质为黏土，淤泥深 20～30 厘米，水源为机井水和小清河上游水，水质清新，溶氧丰富，进排水设施齐全，水质符合《无公害食品　淡水养殖用水水质》要求，到养殖中后期配备3.0千瓦增氧机1台。

**2. 放养前的准备**　鱼种放养前要将池塘进行彻底清塘消毒，用生石灰200千克/亩干法清塘，池底留水10厘米，均匀放点，待生石灰完全溶解后全池泼洒均匀，保证消毒彻底，杀灭病原体和野杂鱼类。经3～4天晒池后，开始注水80～100厘米，进水口用30目筛绢过滤。在苗种放养前5～7天开始肥水，培育水中的基础饵料，一般采用经发酵好的牛粪来肥水，用量为500千克/亩。

**3. 鱼种引进、放养**　在4月28日试验塘引进俄罗斯鲤鱼种180千克、约1 300余尾，平均规格132克/尾，鱼种颜色鲜艳，体质健壮，规格均匀，体表完整，逆水性强，无畸形。鱼种放养翌日，试验塘泼洒二氧化氯0.4克/米³，以提高成活率。同时，套养花白鲢500尾，规格100克/尾。具体放养情况详见表5-21。

表5-21　鱼种放养情况

| 品　种 | 亩放养量 | | | |
| --- | --- | --- | --- | --- |
| | 放养日期（月、日） | 尾数 | 重量（千克） | 规格（克/尾） |
| 俄罗斯鲤 | 4.28 | 1 300 | 180 | 132 |
| 花白鲢 | 5.20 | 500 | 50 | 100 |
| 合计 | | 1 800 | 230 | |

**4. 饲养管理**　投喂鲤饲料，饲料成分和粒径随鱼体体重的增加而成相应变化。鱼种入池初期由于水中有大量浮游生物，可不投饵，第3天水中浮游动物减少，开始采用适口的鱼种料行投喂，经过3天的驯化，鱼种开始集中摄食。因此时水温比较低，每天投喂2次，分别为10：00～11：00、14：00～15：00，每天的投饵量为鱼体重5%～2%。以后随着水温的不断升高和鱼体的长大，投喂次数和投喂量也要逐渐加大。7～9月是鱼类的摄食旺季，要求每天投喂4次，每天的投喂量为鱼体重的4%～6%，由专人负责投喂，坚持"四定"原则，即定时、定位、定质、定量。具体投喂量应根据水温、季节、水质及鱼体摄食等情况适当调整，以80%鲤鱼吃饱为原则，具体投饵情况见表5-22。试验前期采用颗粒饲料粒径为3.0毫米，中后期采用5.0毫米的颗粒饲料来投喂。

表 5-22 俄罗斯鲤投饵情况

| 月份 | 5 | 6 | 7 | 8 | 9 | 10 |
|---|---|---|---|---|---|---|
| 月投饵量占全年比例（%） | 7 | 14 | 30 | 28 | 14 | 7 |
| 日投饵次数 | 2～3 | 4 | 4 | 4 | 1～3 | 2 |

**5. 水质调节** 在整个养殖试验期间，根据水温、水色、水体 pH 和透明度等水质因子，适时对水质进行调节，使池水透明度保持在 30～40 厘米，pH 保持在 7.8～8.6，溶解氧在 4 毫克/升以上，氨氮小于 0.7 毫克/升，水质要保持"肥、活、嫩、爽"和适宜的肥度。

一是加注新水，池塘应该每周加注 1 次新水，每次加 20 厘米；二是每月都要用 20 克/米³ 石灰水，养水神液（泥煤萃取物、黄腐酸、保护胶质等混合制剂）0.6 克/米³，益水宝（枯草芽孢杆菌）0.25 克/米³ 全池泼洒以改善水质，每隔 10～20 天使用 1 次光合细菌，使水色保持黄绿色或茶褐色；三是要在阴天下雨时，为防止鱼浮头，开增氧机增氧。同时保持高水位，保持水温的相对稳定，为鱼类创造良好的生长环境。

**6. 鱼病防治** 贯彻"以防为主、防重于治"的原则，重点放在对鱼病的定期预防上。鱼种放养前彻底清塘，平时注意水质变化，防止水质变坏，定期泼洒生石灰和二氧化氯。在试验期内，俄罗斯鲤得过一次指环虫病，但是由于措施得当，鱼并无死亡现象，在用药后第 2 天就摄食良好。杀完虫体后再用消毒剂全池均匀泼洒，以防细菌性的疾病发生，一般用二氧化氯消毒，也可用二溴海因，用量一般为 0.5 克/米³，杀虫药为指环清，药量为使用说明用量。为防止肠炎病的发生，定期投喂抗生素药饵，每月 1 遍，每遍连喂 3 天。

**7. 日常管理**

（1）巡塘观察 每天巡塘 3 次。黎明观察鱼的活动情况、有无浮头现象、水质变化，中午观察鱼的摄食情况和活动情况，傍晚观察有无残剩饵，水色变化。尤其在天气闷热的低氧天气下，要注意及时补充新水和开动增氧机，始终保持养殖水体的清爽嫩绿，为鱼的健康成长创造一个良好的生长环境。

（2）建立池塘管理日志 记录的内容包括水温、天气、投饵、用药、气温和施肥等，发现问题及时处理，确保鱼的正常生长。

（3）定期检查鱼的生长情况 及时测量相应的数据，如体长、体高和体重等。如发现生长缓慢或个体生长不均匀，则应及时采取相应的措施，如施药、换水和分塘。

## 二、试验结果

经过 6 个月的养殖试验，分阶段地对俄罗斯鲤的生长进行了测量，主要测量鲤生长的体长、体重、体高、成活率和产量等，来分析俄罗斯鲤的生长速度。引种当天，随机测量 60 尾鱼，养殖中期（8 月 14 日）因密度过大，将俄罗斯鲤全部倒入 4 排 5 号池子，面积 1.6 亩，水深 1.5 米，并随机测 60 尾鱼。10 月 20 日进行拉网测量，具体详情见表 5-23。

表 5-23　俄罗斯鲤生长情况

| 日期<br>（月、日） | 平均体长<br>（厘米） | 平均体高<br>（厘米） | 平均体重<br>（千克/尾） | 尾数 | 成活率<br>（%） | 产量<br>（千克） |
|---|---|---|---|---|---|---|
| 4.28 | 21.5 | 6.1 | 0.132 | 1 300 | — | — |
| 8.14 | 38.7 | 10.8 | 1.05 | 1 230 | 94.6 | 1 290 |
| 10.20 | 49. | 13.9 | 1.50 | 1 230 | 94.6 | 1 845 |

经过 6 个月的投喂，共计投喂饲料 2 500 千克。俄罗斯鲤从放养时的 132 克/尾，到当年 10 月下旬出池时的 1 500 克/尾，增重倍数 11.4，饵料系数 1.5。

## 三、分析与讨论

（1）本项目主要开展了俄罗斯鲤的养殖试验，其养殖结果表明，在山东地区进行俄罗斯鲤小规格鱼种直接养成商品鱼是可行的。且俄罗斯鲤具有生长速度快、抗抗病力强、饵料系数低、耐低温和肉味鲜美等特点，与本地鲤品种相比优势明显，是颇具推广前景的优良品种。

（2）在养殖过程中，通过投喂饲料时观察俄罗斯鲤摄食比建鲤缓慢，因此，在投喂时应尽可能地少喂勤投，时间放长。由于俄罗斯鲤的生长速度快，需要摄食的饲料较多，因此在养殖过程中，应尽可能地多换水，勤换水。

（3）由于试验的局限性，本试验俄罗斯鲤在 4 月 28 日才开始放养。而实际生产中，俄罗斯鲤在 5℃ 即可开始摄食，具有开食早、停食晚的特点。因此，通过早放苗、晚停食的措施，可将俄罗斯鲤直接养成大规格成鱼。在试验过程中发现密度不合理会影响俄罗斯鲤的生长速度，因此在养殖中期，应根据实际情况尽早地对俄罗斯鲤进行分塘、筛选，这样鱼的生长速度会更快，个体差异也不会太大，在倒池后效果明显好转，摄食量明显加大。

（朱永安）

## 模式二：异育银鲫"中科3号"在山东地区的养殖管理

2012年4月底，国家大宗淡水鱼产业技术体系济南综合试验站从湖北省水产科学研究所中试基地引进异育银鲫"中科3号"乌仔80万尾，在东平县第一淡水养殖试验场进行了苗种培育及1龄鱼种培育，并选取部分养殖户进行了池塘主养推广。

# 一、材料与方法

**1. 池塘条件**　试验池选在山东省东平县第一淡水养殖试验场，2口面积均为2亩的池塘作为鱼苗培育池（编号为1#、2#）；2口面积均为20亩的池塘作为鱼种培育池（编号为3#、4#）；选取3家养殖户承包的6口池塘共计80亩作为成鱼养殖池（编号为5#、6#、7#、8#、9#、10#），5#~8#池塘面积均为15亩，9#~10#池塘面积均为10亩。

池塘条件基本相同：池塘呈长方形，东西走向，水深1.5~2米，底质为黏土，淤泥深20~30厘米，水源为东平湖水，水溶氧量在4.3~6.5毫克/升，pH7.0~7.7，透明度20~35厘米，有独立的进排水系统，池塘配有增氧机、投饵机等配套设施。

**2. 放养前的准备**　鱼苗、鱼种放养前16天，对池塘进行彻底清塘消毒。每亩用生石灰200千克带水清塘，池底留水10厘米，均匀放点，化浆后全池均匀泼洒，保证消毒彻底，杀灭病原体和野杂鱼类。经4~5天晒池后，开始注水0.5米，进水口用40~60目筛绢过滤。在苗种放养前7天，按每亩施用500千克充分发酵的牛粪肥水，培育水中的基础饵料。

**3. 鱼苗培育**　在4月25日从湖北省水产科学研究所中试基地购进80万尾体长为1.3厘米的乌仔，按平均每亩放养20万尾分别放入1#、2#池塘，饲养方法按普通异育银鲫鱼苗进行饲养。在鱼苗下塘前加16天，严格清塘。放苗前10天注水，注水口用80目筛绢包扎，严防野杂鱼进入池塘。投放粪肥，培育鱼苗适口的天然饵料，同时，鱼苗下池的第2天开始投喂豆浆。采用"三边二满塘"投饵法，即8：00~9：00和14：00~15：00全池遍洒，中午沿边洒 1 次，用量为每天每 10 万尾鱼苗用 2 千克黄豆的浆，1 周后增加到 4 千克黄豆。当鱼苗个体全长达 1.5 厘米时，不能有效地摄食豆浆，改投喂粉状饲料。鱼苗下池 1 周后，每隔 4～5 天加注新水，每次 10～15 厘米。

4 月 25 日鱼苗进行发塘，5 月 22 日拉网锻炼，5 月 23 日进行分塘放养，分塘放养时平均体长为 3.5 厘米。

**4. 鱼种培育** 鱼种放养前 16 天用生石灰清塘，清塘 1 周后注水，注水口用 60 目筛绢包扎，严防野杂鱼进入池塘。同时，每亩施充分发酵的牛粪 500 千克，培育大量的大型浮游生物（枝角类、桡足类）。5 月 23 日 3# 池按照每亩放养 1.5 万尾、4# 每亩放养 1 万尾进行培育，并按每亩搭配规格为 3.4 厘米的白鲢和鳙各 1 000 尾和 500 尾。

放养初期，用鱼种颗粒破碎料投喂，14 天后改喂鱼种颗粒饲料（粗蛋白 30% 左右），后期改用成鱼颗粒饲料（粗蛋白 25% 左右）。投饵量前期为鲫体重的 1%～5%，一般每天投 2 次，分上、下午各 1 次，分别为 8：00 左右、16：00 左右，每次各投总量的 50%。后期在月投饲量确定的条件下，6～9 月日投饲次数可增为 4～6 次。每天投饲量，具体根据水温、水色、天气和鱼类吃食情况而定。

**5. 成鱼养殖** 2012 年 11 月，利用培育规格为 50 克/尾的鱼种，进行成鱼养殖。成鱼养殖模式分为两种：一是池塘主养异育银鲫"中科 3 号"；二是池塘主养鲤套养异育银鲫"中科 3 号"。

鱼种放养前 15 天用生石灰对池塘彻底清塘，清塘 1 周后注水，注水口用 40～60 目筛绢过滤，严防野杂鱼进入池塘。同时，每亩施充分发酵的牛粪 500 千克，培育大量的大型浮游生物（枝角类、桡足类）。2013 年开春后开始投喂全价配合饲料，蛋白含量为 25% 左右，饲料粒径 2.0～2.5 毫米，并且试开投饵机，以逐步驯食。因初春时水温比较低，每天投喂 2 次，分别为 10：00～11：00、14：00～15：00，每天的投饵量为鱼体重的 0.5%～2.0%。以后，随着水温的不断升高和鱼体的长大，投喂次数和投喂量也要逐渐加大。7～9 月是鱼类的摄食旺季，要求每天投喂 4 次，每天的投喂量为鱼体重的 4%～6%，由专人负责投喂，坚持"四定"原则，即定时、定位、定质、定量。

**6. 日常管理**

（1）水质调节 在鱼苗饲养过程中分期向鱼池中加注新水，是促进鱼苗生长和提高成活率的有效措施。鱼苗下池后 5～7 天即可加注新水，以后每隔 4～5 天注水 1 次，每次注水量 10～15 厘米。7～9 月高温季节要勤换水，每 7～

10 天换水 1 次，每次 20～30 厘米，先排水后进水，确保池水"嫩、活、爽"，促进养殖鱼类快速生长。池塘以"瘦水"为好，水体透明度在 30～40 厘米，水中溶氧保持在 4 毫克/升以上。每月都要用 20 克/米³ 石灰水，养水神液（泥煤萃取物、黄腐酸、保护胶质等混合制剂）0.6 克/米³，益水宝（枯草芽孢杆菌）0.25 克/米³ 全池泼洒以改善水质，每隔 10～20 天使用 1 次光合细菌，使水色保持黄绿色或茶褐色。

（2）疾病防治　鱼苗、鱼种放养前严格清塘，入塘前用盐水浸洗。夏花鱼种出塘前 10 天，用 90% 晶体敌百虫 350 克亩，隔天再按 0.5 克/米³ 硫酸铜使用 1 次。

鱼种培育及成鱼养殖在 3 月下旬至 4 月上旬，每月用 90% 晶体敌百虫 0.5 克/米³ 全池泼洒杀虫 1 次，第 2 天用 30% 强氯精 0.5 克/米³ 全池泼洒水体消毒 1 次，杀虫与消毒间隔时间为 1～2 天。同时，在 4 月下旬、8 月下旬或 9 月上旬，各投药饵 1 次，以防治出血病等疾病。平时，应每天早上巡塘，中午观察吃食情况，发现问题及时采取相应措施。始终贯彻"预防为主、无病先防、早发现早治疗"的防治方法。

鱼苗培育期间发现 2# 池患有车轮虫，鱼苗出现死亡，使用杀虫先锋，按 6～8 亩（平均水深 1 米）100 毫升计算药品用量，隔天按以上剂量再使用 1 次后痊愈。鱼种及成鱼养殖期间未发生碘泡虫病。

（3）巡塘观察　每天巡塘 3 次。黎明观察鱼的活动情况、有无浮头现象、水质变化；中午观察鱼的摄食情况和活动情况；傍晚观察有无残剩饵，水色变化。尤其在天气闷热的低氧情况下，要注意及时补充新水和开动增氧机，始终保持养殖水体的清爽嫩绿，为鱼的健康成长创造一个良好的生长环境。

## 二、试验结果

鱼苗培育 28 天，鱼种培育 163 天，成鱼养殖 326 天，各养殖阶段的基本情况见表 5-24 至表 5-26。

表 5-24　鱼苗培育情况

| 池号 | 放养时间<br>（月．日） | 池塘面积<br>（亩） | 放养数量<br>（万尾） | 出塘时间<br>（月．日） | 出塘数量<br>（万尾） | 出塘规格<br>（厘米） | 成活率<br>（%） |
|---|---|---|---|---|---|---|---|
| 1# | 4.25 | 2 | 40 | 5.23 | 26 | 3.6 | 65 |
| 2# | 4.25 | 2 | 40 | 5.23 | 24 | 3.4 | 60 |

表 5-25　鱼种培育情况

| 池号 | 放养时间（月.日） | 池塘面积（亩） | 放养数量（万尾） | 出塘时间（月.日） | 出塘数量（万尾） | 出塘规格（克/尾） | 成活率（%） |
|---|---|---|---|---|---|---|---|
| 3# | 5.23 | 20 | 30 | 11.2 | 22.5 | 46 | 75 |
| 4# | 5.23 | 20 | 20 | 11.2 | 15.6 | 55 | 78 |

表 5-26　成鱼养殖情况

| 养殖模式 | 池号 | 池塘总面积（亩） | 放养时间（年.月.日） | 品种 | 放养规格（克/尾） | 数量（万尾） | 出塘时间（年.月.日） | 出塘规格（克/尾） | 出塘数量（万尾） | 产量（千克） | 成活率（%） |
|---|---|---|---|---|---|---|---|---|---|---|---|
| 主养 | 5#~8# | 60 | 2012.11.02 | 中科3号 | 50 | 12 | 2013.09.24 | 280 | 10.32 | 28 896 | 86 |
| | | | | 草鱼 | 100 | 1.8 | | 1 980 | 1.62 | 32 076 | 90 |
| | | | | 白鲢 | 200 | 0.48 | | 1 230 | 0.422 4 | 5 196 | 88 |
| | | | | 鳙 | 250 | 0.21 | | 1 870 | 0.184 | 3 441 | 88 |
| 套养 | 9#、10# | 20 | 2012.11.02 | 建鲤 | 60 | 4 | 2013.09.24 | 1 120 | 3.64 | 40 768 | 91 |
| | | | | 中科3号 | 50 | 2 | | 295 | 1.88 | 5 546 | 94 |
| | | | | 白鲢 | 200 | 0.14 | | 1 150 | 0.121 8 | 1 400.7 | 87 |
| | | | | 鳙 | 250 | 0.07 | | 1 860 | 0.062 5 | 1 158.8 | 89 |

异育银鲫"中科 3 号"生长速度很快，从夏花放养到鱼种出池共饲养 163 天。3# 池共产鲫 10 350 千克，平均亩产 517.5 千克，平均体重 46 克/尾，成活率 75%，共用饲料 15 860 千克，饵料系数为 1.53；4# 池共产鲫 8 580 千克，平均亩产 429 千克，平均体重 55 克/尾，成活率 78%，共用饲料 13 299 千克，饵料系数为 1.55。由于放养密度不同，两池鱼种规格、亩产量及成活率相差明显。

成鱼养殖方面，5#~8# 池主养池塘总产量可达 69 609 千克，平均亩产为 1 160 千克，其中，"中科 3 号"亩产 481.6 千克，草鱼亩产 534.6 千克，白鲢亩产 86.6 千克，鳙亩产 57.35 千克，各品种成活率在 86% 以上，共用饲料 89 518.4 千克，平均饵料系数 1.68；9#、10# 套养池塘总产量可达 48 873.5 千克，平均亩产为 2 443.67 千克，其中，"中科 3 号"亩产 277.3 千克，建鲤亩产 2 038.4 千克，白鲢亩产 70.04 千克，鳙亩产 57.94 千克，各品种成活率在 87% 以上，共用饲料 73 379.9 千克，平均饵料系数 1.71。

经济效益方面，3#、4# 池鱼种共计销售鱼种 18 930 千克，总产值 354 880 元，亩均产值为 8 872 元，扣除各项总支出 232 680 元（其中，饲料费用为 189 050 元、电费 10 000 元、捕捞费 6 500 元、药械 6 000 元、人工工资 15 000 元，其他 6 130 元），净利润为 122 200 元，亩利润为 3 055 元。

5# ～ 8# 主养池塘共计总产值 765 699 元，其中，"中科 3 号"总产值 375 648 元，占 49.06%，亩均产值 12 762 元，扣除各项支出 574 000 元后，每亩净利润为 3 195 元；9# 、10# 池总产值 488 750 元，其中，"中科 3 号"总产值 72 098 元，占 14.75%，扣除各项支出后，每亩净利润为 2 980 元。

## 三、分析与讨论

（1）异育银鲫"中科 3 号"苗种的培育　从鱼苗培育情况来看，2# 池成活率偏低的原因：一是由于运输时间过长，体质减弱，影响了培育成活率；二是培育过程中患有车轮虫病，影响成活率。

（2）异育银鲫"中科 3 号"1 龄鱼种培育　本试验从夏花开始投喂饲料到收获鱼种共饲养 163 天，亩产能够达到 400 千克以上，其中，按每亩放养 1 万尾的生长速度是较快的，鱼种规格也较大。"中科 3 号"鲫的培育并不复杂，完全适应山东地区气候环境，该鱼病害少、生长快，在市场销售看好，销售价格高，养殖效益好，在山东地区具有发展潜力。

（3）成鱼养殖　从主养鲫和鲤池中套养鲫这两种养殖模式看，异育银鲫"中科 3 号"的养成规格差别不大。原因一是可能由于鲤和异育银鲫"中科 3 号"食性基本相同，而且均为底层鱼类，食物的竞争相当激烈，导致套养池中异育银鲫"中科 3 号"生长速度受限；二是本试验在主养鲤池中套养 1 000 尾/亩异育银鲫"中科 3 号"，可能数量过大。如果异育银鲫"中科 3 号"放养数量减少，出池规格可能会更大，其最佳套养比例也有待于今后进一步的研究。此外，异育银鲫"中科 3 号"在济南地区首次养殖，如何得到更加好的养殖模式，取得更高的养殖效益，还需今后进一步进行养殖研究。

（朱永安）

# 第十二节　河南省高效养殖模式

## 模式一：黄河鲤多元生态养殖模式

该模式应用水上栽培蔬菜或植物改良水质技术、微生物改良水质技术、多品种混养防病技术相结合，集成黄河鲤多元生态养殖技术模式。

# 一、池塘条件

**1. 排灌方便** 水源采用地下水或无污染河水。

**2. 池塘面积** 根据当地情况，大小以 10 亩以上为宜，池深 1.5～2.5 米，其他条件同一般养鱼池。

**3. 渔机配备** 一般每 10 亩塘应配备投饵机 1 台；亩产量在 1 250 千克以下时，8～10 亩的池塘应配备 3.0 千瓦的叶轮式增气机 1 台或 1.5 千瓦的叶轮式增氧机 2 台；亩产量在 1 250 千克以上时，8～10 亩的池塘配备 3 千瓦的增氧机 2 台；如采用地下水，每 20～50 亩水面应配备机井 1 眼，供水量应在 40 米³/小时以上。自配发电机，以防突然断电。

**4. 水生蔬菜栽培** 在水深 0.4 米处种植水生植物或蔬菜，也可用 PVC 管或竹子制作水生蔬菜浮架，在浮架上栽培蔬菜。浮架一般为上下两层，上下两层各有疏、密两种聚乙烯网片，分别隔断吃草性类鱼和控制茎叶生长方向。栽培品种有空心菜、水芹菜、丝瓜、水白菜、青菜、生菜和巴西美人蕉等，推荐选择空心菜，因为其生长旺盛，产量大，净水效果好。种植面积不超过水面面积的 1/10。

# 二、苗种放养

**1. 放养时间** 根据实际情况，常年皆可放养。

**2. 规格** 同一口池中应放养同一批鱼种，规格整齐。放养规格在 25～250克，选择一较整齐的规格放养。

**3. 放养模式** 每亩放养黄河鲤 1 500 尾左右，套养花白鲢鱼种 300 尾左右，花白鲢比例为 1∶4。另外，可根据池塘条件适量套养草鱼、鳊，少量套养鳜、乌鳢、鲈、黄颡鱼和鲇等，以控制水体中野杂鱼虾，清除水体死鱼等污染物。

# 三、饲养管理

**1. 饲料的选择** 选用有相当规模、有一定生产历史、信誉较好的大厂，以保证饲料质量。依鱼长势投喂幼鱼料、成鱼料，饲料型号与鱼规格的关系见表 5-27。

表5-27　饲料型号与鱼规格的关系

| 饲料型号 | 饲料规格 | 适用鱼规格 |
|---|---|---|
| 1#料（幼鱼料） | 1～1.5毫米 | 25～50克 |
| 2#料（幼鱼料） | 2～2.5毫米 | 50～250克 |
| 3#料（成鱼料） | 3.5～4.5毫米 | 250克至成鱼 |

**2. 饲料投喂量**　一般日投喂4次，投喂间隔3小时，投喂量根据天气、吃食情况每次投饵30～40分钟，待少部分鱼群散去，停止投喂。

投喂总的原则是"八成饱"，不能因为鱼不离开食场就一直喂，鱼吃得越饱，饲料利用率越低。应根据鱼体规格计算出鲤存塘量，再根据水温（水面下30厘米处的温度）高低查出投饵率，计算出当天的投饵量。实际生产中，可每7～10天计算调整1次投喂量。鲤颗粒饲料投饵率见表5-28。

表5-28　鲤颗粒饲料投饵率

| 水温（℃） | 体重（克） | | | | | | |
|---|---|---|---|---|---|---|---|
| | 50～100 | 100～200 | 200～300 | 300～400 | 400～600 | 600～700 | 700～900 |
| 15 | 2.0 | 1.5 | 1.4 | 1.0 | 0.9 | 0.6 | 0.2 |
| 16 | 2.2 | 1.6 | 1.5 | 1.2 | 1.0 | 0.6 | 0.2 |
| 17 | 2.4 | 1.7 | 1.6 | 1.3 | 1.1 | 0.8 | 0.2 |
| 18 | 2.6 | 1.8 | 1.7 | 1.4 | 1.2 | 0.9 | 0.3 |
| 19 | 2.8 | 2.0 | 1.8 | 1.4 | 1.3 | 0.9 | 0.4 |
| 20 | 3.0 | 2.4 | 2.0 | 1.5 | 1.4 | 1.0 | 0.5 |
| 21 | 3.2 | 2.7 | 2.4 | 1.5 | 1.5 | 1.0 | 0.5 |
| 22 | 3.4 | 3.0 | 2.7 | 1.7 | 1.6 | 1.1 | 0.6 |
| 23 | 3.6 | 3.3 | 2.8 | 1.9 | 1.8 | 1.2 | 0.8 |
| 24 | 3.9 | 3.6 | 3.0 | 2.2 | 2.0 | 1.4 | 0.8 |
| 25 | 4.2 | 3.9 | 3.2 | 2.4 | 2.3 | 1.6 | 1.0 |
| 26 | 4.5 | 4.2 | 3.3 | 2.6 | 2.5 | 2.0 | 1.2 |
| 27 | 4.8 | 4.5 | 3.5 | 2.8 | 2.7 | 2.2 | 1.2 |
| 28～30 | 5.2 | 4.8 | 3.8 | 3.0 | 3.0 | 2.3 | 1.4 |

**3. 水质管理**　如果池塘栽培了水生植物或蔬菜，再采取以下措施，一般情况下整个养殖期间不需换水，仅需补充蒸发和渗漏的水量。

（1）采用微生物制剂改良水质　6～9月，每20天用芽孢杆菌、光合细菌、双歧杆菌和EM菌原露等为主要成分的水质改良剂泼洒1次，当水温降至20℃以下时停止使用。

（2）pH调控　当水体pH不良时，应及时施用水质净化剂、底质改良剂、益生菌制剂、肥料或抑藻剂来调控藻相或藻量，或者施用酸性或碱性物质直接调节水体 pH。

（3）科学使用增氧机　一般晴天中午开机 1 小时左右，目的是将上层过饱和的氧气及时输送到下层，使池塘底层水溶氧增多；下午和傍晚不开机；阴雨天晚上早开机，晴天晚上可适当晚开。一旦开启了增氧机，就必须开到日出后才能关机。在 7 月至 9 月高温季节，中午及凌晨均开启增氧机，晴天14：00～15：00 开机；雷阵雨天气，适当延长夜间开机时间。

**4. 鱼病防治**　鱼病防治主要靠早发现、早预防、早治疗，以防为主、防治结合，定期消毒，喂药饵，增强鱼体的抗病力。

（冯建新）

# 模式二：团头鲂成鱼高效养殖模式

近 10 年，郑州、洛阳、开封等沿黄养鱼主产区，团头鲂养殖在池塘养殖中比重占据一定比例和增加趋势。在养殖产量逐步提高的同时，团头鲂的成鱼价格一直维持在较高水平，养殖团头鲂的经济效益较其他大宗鱼类高。近两年鲤的价格处于较低价位，2013 年开始团头鲂养殖面积有较大的增加，团头鲂的价格有回落。如何维持养殖团头鲂的较高经济效益，越来越成为养殖户的关注。现根据河南地区团头鲂多年养殖情况，总结出能获得较好经济效益的团头鲂养殖模式。

## 一、池塘条件

**1. 水源**　符合养殖鱼类用水标准，就近采用地下水或河水均可。

**2. 池塘面积**　选用 5～7 亩为宜，池深 1.5～2.5 米。

## 二、渔业机械

**1. 抽水及增氧设备**　按照每 20 亩池塘配备出水量在 40 米³/小时以上机井 1 眼，抽换水用的直径为 13 厘米的潜水泵 1 台，按每 5 亩配备 1 台 3.0 千瓦的叶轮式增气机或 1.5 千瓦的叶轮式增氧机 2 台。同时，配备 1.5 千瓦的叶轮式增氧机 1 台备用。

**2. 投饵机**　5～7 亩的池塘，架设质量稳定的投饵机 1 台。

**3. 池塘溶氧监控仪**　有条件情况下，每口池塘配备 1 台自动溶氧监控仪。

**4. 备用发电机**　备用足够容量的发电机 1 台，以备突然断电。

## 三、鱼种放养

**1. 池塘准备**　在鱼种放养前 15 天左右干塘，加水淹没池底，用生石灰或漂白粉清野；鱼种入池塘前 7 天左右，加水至 1 米左右。

**2. 鱼种放养及消毒**　选择在水温低的 11 月或翌年 2 月底前放养，团头鲂鱼种入池前，用 3% 食盐浸泡鱼种 10～15 分钟进行消毒。

**3. 放养规格**　同池放养的团头鲂鱼种一定要相近，一般放养规格在 16～24 尾/千克，当年生长均能达到上市的团头鲂规格。

**4. 放养模式**　主养团头鲂鱼池，根据近年市场变化，选择白鲢作为搭养品种。前几年作为主要搭配种类的鲫市场价格偏低（200 克以下鲫售价不足饲料成本），现介绍一种能取得较好经济效益的放养模式。

（1）团头鲂放养密度　密度根据当年的经济投入，在资金充足的情况下，团头鲂放养密度高的可达 2 000 尾/亩。

（2）白鲢放养量　控制在团头鲂放养量的 6%～8%，放养量宜少不宜多，放养规格在 30～50 克/尾。

（3）花鲢放养　严控花鲢的放养量，花鲢放养量最多是白鲢的放养量的 1/10 或不放养。

（4）套养鲤鱼种或夏花　在放养团头鲂鱼种后，每亩套养 30～50 尾 30 克/尾大小的黄河鲤鱼种或黄河鲤夏花

## 四、育成规格

育成规格指年底育成或春季出池的规格。

**1. 团头鲂**　团头鲂达到 0.6～0.75 千克/尾，团头鲂规格 0.6 千克/尾是鱼贩收购价格的分水岭。

**2. 白鲢或花鲢**　由于白鲢不达一定规格，鱼贩会降低主养鱼团头鲂的收购价。在上述套养白鲢放养量的情况下，当年白鲢达到 0.75 千克/尾以上，

**3. 黄河鲤**　放养黄河鲤鱼种当年可达 1.5～2.5 千克/尾，即使放养黄河

鲤夏花年底亦能到达 1 千克/尾以上。近年 0.9 千克/尾以上的黄河鲤售价高，可一定程度上提高经济效益。

## 五、生产管理

生产管理分为饲料投喂和鱼池管理两部分。

### 1. 饲料投喂技术

（1）选用团头鲂专用饲料　在整个生产环节，养鱼饲料的成本决定着养鱼的 70%～80% 成本。因此，选用有一定生产历史、规模大和信誉较好的厂家，选用团头鲂专用饲料，以保证饲料质量，满足团头鲂生长营养需要。

（2）饲料大小选择　根据团头鲂放养规格及生长规格，适时改变饲料的规格，满足团头鲂的生长需要。饲料规格与团头鲂生长规格匹配投喂推荐见表 5-29。

表 5-29　饲料型号匹配与团头鲂鱼生长规格推荐

| 饲料型号 | 饲料规格（毫米） | 团头鲂规格（克/尾） |
| --- | --- | --- |
| 1# 料（幼鱼料） | 1～1.5 | 40～100 |
| 2# 料（幼鱼料） | 1.5～2.0 | 100～250 |
| 3# 料（成鱼料） | 2.5 | 250 至上市 |

（3）饲料投喂次数　水温 8～15℃，每天 11：00 投喂 1 次；水温升高至 15～21℃时，每天投喂 2 次，9：00、15：00 各投喂 1 次；水温稳定在 22℃ 以上时，调整投喂次数至 3 次，8：00、12：30 和 17：30。

（4）饲料投喂量与时长　团头鲂喂养掌握总的原则是"八成饱"，即 80% 鱼吃饱离开即停止投喂。团头鲂的体型决定其转身较慢，投喂机时长间隔在 7 秒较合适；投喂时长控制在 45～60 分钟。不能因为部分团头鲂或其他鱼不离开食场就一直喂，到时一定要关机停喂。每天停喂量的大小根据水温高低，投饵率从 1% 增加至 2%，生产中每 7～10 天调整 1 次投喂量。年底育成商品鱼，饲料系数可控制在 1.3～1.4。

### 2. 鱼池管理

（1）水质管理　在河南缺水区域养鱼，团头鲂养殖前期 5 月，每隔 15 天适时加水即可；养殖中期 6～7 月，一般情况下每月抽取池水 1/3 左右，加注新水至 1.5 米水深；8～9 月，鱼池载量增加许多，每 20 天抽取池水 1/2 左右加注新水至高水位水深。

（2）鱼病防治　鱼病防治主要靠早发现、早预防、早治疗，以防为主、防治结合，定期消毒，喂药饵，增强鱼体的抗病力。6月以前的养殖前期，主要进行寄生虫类虫害的防治；养殖中后期，进行细菌或病毒类的病害防治，每月遍洒1次生石灰或二氧化氯进行池塘消毒。

（3）科学使用增氧机　在养殖中后期即6～9月，一般晴天中午，第二次投饵结束后开机1小时左右，目的是把上层过饱和的氧气及时输送到下层，进行溶氧交流，使池塘底层水溶氧增多；在阴雨天晚上要早开机，晴天晚上也要适时开机。在闷热的阴天，白天也可能出现缺氧，从而出现暗浮头，池塘配备1台自动溶氧监控仪开启增氧机，将会减少浮头或翻塘的出现。

（屈长义）

# 第十三节　湖北省高效养殖模式

## 模式一：大宗淡水鱼池塘种青主养草鱼生态高效养殖模式

2011—2013年，武汉综合试验站在5个示范区开展大宗淡水鱼生态高效养殖模式试验，总结并推广大宗淡水鱼生态高效养殖模式4个，推广面积达21.6万亩，取得较好的经济效益。现以荆门示范区官文波示范户2013年1口10亩池塘，开展大宗淡水鱼池塘种青主养草鱼为例，详细介绍武汉综合试验站"大宗淡水鱼池塘种青主养草鱼生态高效养殖模式"。

# 一、池塘条件及前期准备工作

**1. 池塘条件**　试验池为1口长方形10亩的池塘，水深2.0～2.5米，水源充足，溶氧量5毫克/升以上，pH7.0～8.5，水体透明度25～40厘米，水质符合NY 5051—2001《无公害食品　淡水养殖用水水质》要求和淡水GB 11607渔业水质标准。池塘机电、排灌、增氧设备、投饵机配套齐全，交通方便。

**2. 前期准备工作**　冬季池鱼起捕后排干池水，清整池塘，挖出过多淤泥，平整池底，加固池埂，冰冻、曝晒池塘。

鱼种放养前15天左右，对池塘进行药物清塘，以杀灭池塘中的病原体和敌害生物。方法为：池底分几处开挖小坑，坑内注水深 10 厘米，每亩用生石灰 75～100 千克，用坑中水将生石灰熟化成石灰浆，趁热均匀泼洒于池底和池坡，第二天或第三天翻动底泥，并曝晒 7 天左右，以增强效果。当水温上升至 8℃以上时施入基肥，一般每亩施人畜粪 300～500 千克，然后注入新水，培育浮游生物。

## 二、鱼种放养

2 月 26～28 日，池塘鱼种放养，一般放养比例为草鱼、团头鲂、鲫占 75％，花白鲢占 25％。其中，草鱼 55％、团头鲂 12％、鲫占 8％，鱼种放养总量为 150～175 千克/亩，本次养殖鱼种搭配投放品种、规格及放养量具体见表 5-30。

表 5-30    2013 年荆门示范区官文波示范户种青养鱼投入产出

| 种类 | 投放 | | | 收获 | | | 支出（元） | | | |
|---|---|---|---|---|---|---|---|---|---|---|
| | 规格（千克/尾） | 重量（千克） | 尾数 | 重量（千克） | 单价（元/千克） | 收入（元） | 苗种 | 饲料 | 渔药 | 其他 |
| 草鱼 | 0.4～0.8 | 1 200 | 2 000 | 7 150 | 12 | 85 800 | 15 600 | 饲料 3 吨，3 400 元/吨 | 5 000 | 人工、水电、租金等 |
| 花鲢 | 0.2～0.3 | 100 | 400 | 740 | 9 | 6 660 | 1 000 | | | |
| 白鲢 | 0.1～0.25 | 100 | 1 000 | 1 400 | 4 | 5 600 | 600 | | | |
| 鳊 | 0.1～0.2 | 70 | 500 | 270 | 10 | 2 700 | 1 260 | | | |
| 鲫 | 0.1～0.2 | 150 | 1 000 | 330 | 11 | 3 630 | 1 800 | | | |
| 青鱼 | 0.5～1 | 40 | 50 | 140 | 14 | 1 960 | 640 | | | |
| 合计 | | 1 660 | 4 950 | 10 030 | | 106 350 | 20 900 | 10 200 | 5 000 | 30 000 |
| | | | | | | | 66 100 | | | |

## 三、水草种植

**1. 种植**  2012 年 9 月，采用适口性好、鱼类喜食的、生长期长、耐刈割、产量高的黑麦草播种，采用撒播或条播，用种量 22.5～30 千克/公顷；翌年气温逐渐升高到鱼类开始摄食时，牧草长势旺盛即可收割投喂，可连续收割 3 次。到了翌年 4 月，黑麦草成熟后将土壤耕翻再种植苏丹草，用种量 30～45 千克/公顷。另外，还可套种鹅菜，以确保每天有鲜草喂鱼。鹅菜一般每年 4 月种植，5～10 月刈割利用，一年可刈割 6～8 次，是培育夏花草鱼的理想饲料。鱼塘面积与种草面积的比例为 3∶1，如单纯靠种植青饲料养鱼需多配备些；如能采集部分天然青饲料（如水草、旱草等）并与种植青饲料相结合，饲料种植面积可少些。

**2. 施肥** 在两季种草前应对土壤施肥，每收割 1 次后要对牧草追施 1 次无机肥料，以促进牧草快速生长，并使叶片茂嫩，营养丰富，利于草鱼摄食后的消化与吸收，从而促进草鱼生长。中等肥力的土壤，种植苏丹草以施氮肥 375～450 千克/公顷为宜；黑麦草以施氮肥 300～375 千克/公顷为宜；每次收割后可施氮肥 75 千克/公顷左右，或施一定量的人畜粪。田间管理主要是松土除草、久旱浇水，保证全苗，平时要搞好田间水系。

**3. 收割** 收割时期及次数，直接影响鲜草的品质和产量。收割过早，虽品质好，但产量低；过迟，产量高，但品质差。所以，掌握适宜收割时期及次数十分重要。黑麦草一般可割 3～4 次，4 月上、中旬开始刈割；苏丹草在 6 月下旬至 7 月上旬开始刈割，一般可割 4～5 次。

对准备留种的地块，一般刈割鲜草 1～2 次后就不再刈割。让其抽薹、开花和孕穗，待主茎秆上的种子成熟后即可割穗，做到随熟随收，防止和减少种子脱落。收到的种子及时晒干，脱粒保存。

## 四、养殖管理

**1. 水质调控** 放养初期气温较低，为防止鱼种被冻死，池塘水位应保持在 1.8～2.0 米；夏季高温季节，池塘保持最高水位。日常生产中要始终保持水质清新，控制水体透明度在 25～40 厘米。每隔 20 天左右换水 1 次，每次换水 20～30 厘米。每隔 25 天左右，用生石灰 225～300 千克/公顷化浆趁热全池泼洒 1 次，既能起到消毒水体的作用，又可使池水呈微碱性，pH 在 7.5～8.5；也可以用漂白粉 1 克/米$^2$ 全池泼洒，可保持池水溶解氧含量在 5 毫克/升以上。

由于池塘放养草鱼密度较大，青饲料投喂量大，草鱼排泄量大，容易引起水质恶化。一定要设置增氧机，且增氧机做到"三开、两不开"。即：晴天中午开，浮头及时开，连绵阴雨天气半夜开（阴天清晨开）；晴天傍晚不开，阴天白天不开，高温季节的中午坚持开机 2～3 小时。

**2. 饲料投喂** 青饲料饲喂时一定要新鲜，不投老化的茎叶和变质的陈草，在 4～9 月鱼类旺长期，日投草量应占草鱼实际总重量的 30%～50%。在早春、晚秋季节，要按鱼体总重量的 1%～3%投喂菜饼、糠饼和麦芽等精料，以保证增重保膘。在距离自动投饵机 20 米以外的地方设置投草框，一是防止青饲料被风吹满塘，引起腐烂而败坏水质；二是充分利用青饲料，防止浪费；三是便于及时捞取剩饵残渣。青饲料投喂量，以草鱼每天有少许残剩为好。

**3. 病害防治** 注重以"预防为主、防治结合"的原则，做到"无病早防、有病早治"，除清塘、鱼种浸洗消毒和水体消毒外，还应定期进行药物预防。可定期在食场周围，用漂白粉等药物挂篓、挂袋预防鱼病。高产草鱼塘在生长盛期，每5～7天要加水1次，每次加水深20～30厘米。若透明度低于30厘米，说明水质过肥，应及时注水换水。4～9月为草鱼病害频发期，每月全池至少泼洒1次生石灰，用量为50克/米³。出现疾病应对症下药。

**4. 及时起捕** 由于草鱼和鲢、鳙耐氧能力低，特别是高温季节，如不及时捕捞上市，则极易引起缺氧、浮头和泛塘。一旦市场上价格高、销路好，就应及时将能达到上市规格的草鱼和鲢、鳙捕捞上市，一方面可以回笼投资，另一方面可降低池塘的载鱼量，有利于小规格草鱼及其他鱼类生长。

## 五、效益分析

2013年，荆门示范区官文波示范户支出66 100元，共收获成鱼10 030千克，总收入106 350元，共获得纯利40 250元，亩均纯利4 025元（表5-30）。

（汪亮 雷晓中 李金忠 朱勇夫 张从义 别运业 朱代红 官章全 李娟娟）

## 模式二：草鱼80：20养殖模式探讨

草鱼80：20养殖模式适应性广、技术难度低、投入少且效益稳定，一直以来都得到广大渔民的喜爱。近几年来，石首综合试验站在传统草鱼80：20养殖模式的基础上，通过套养名特优品种、投喂高质量配合饲料、施用优质调（改）水药物，经济效益获得大幅提升。通过几年的试验示范，逐渐形成了一整套技术操作规程，在本地大宗淡水鱼养殖中树立了标杆地位。

## 一、放养前的准备工作

**1. 池塘要求** 成鱼养殖池以10～50亩为宜，底部平坦，储水深度1.8～2.5米，外部水源充足，进排方便，水质符合国家渔业用水标准。池埂稳固，坡度以 1 ∶（2.5～3）为好。池塘周围不应有高大的树木和房屋。

**2. 清塘消毒**　在冬季排干池水，挖去过多的淤泥（保留底泥 20 厘米左右），白天让阳光曝晒、晚上冰冻 1 周左右，同时清整池塘，清除池边滩脚上的杂草，以减少水生昆虫等产卵场所。每亩用生石灰 60～75 千克化浆均匀遍洒全池，有条件的可用机耕船翻耕底泥。对没有条件干池的池塘，也可带水清塘，每亩（水深 1 米）用生石灰 125 千克左右化浆全池泼洒或用漂白粉 20 克/米³消毒。另外，也可以先使用"底质净"改良池塘的底质，再用强氯精（含量≥90%）1.5 千克/（亩·米）进行彻底的水体消毒，杀灭水体中的病原微生物。总之，扎实而彻底的清塘，是保证养殖安全不可或缺的手段。

**3. 肥水下塘**　池塘在施药 4～5 天后，将水加到合适深度，进水必须用密眼尼龙网过滤，防止小杂鱼类和有害生物随水进入池塘。池塘注水后，每亩施用 100～150 千克发酵的人畜粪便，10～15 天后池水变绿，肉眼可见水中水生生物活跃，经试水无毒后就可放苗。

## 二、苗种的放养

**1. 鱼种选择**　选择规格整齐、健康活泼、顶水能力强、体表和鳃部无明显寄生虫寄生的大规格鱼种，在本地，渔民一般都会选择老河长江四大家原种场的原种鱼苗。放养时间通常在春节前后，最晚应在水温 6℃左右时放养完毕。放养鱼种应选择在晴天进行，以免冻伤鱼种。

**2. 放养数量**　每亩放养 100～200 克/尾的草鱼 1 000 尾，鲢、鳙 400 尾，30～50 克/尾的"中科 3 号"异育银鲫 150 尾，还可套入黄颡鱼或鳜。套养方式为：一是冬末、春初，亩放 10～20 克/尾的黄颡鱼苗种 100～150 尾或黄颡鱼亲本 10～20 尾；二是 6～7 月，亩放当年黄颡鱼夏花 200～400 尾。如不投黄颡鱼，可在当年 5～6 月套入 5～8 厘米/尾的鳜鱼苗，每亩不超过 50 尾。套养鳜的池塘，应在 6～7 月补投部分草鱼、鲢、鳙当年夏花，既可以解决鳜饲料来源，又可以为翌年储备大规格苗种。

**3. 放养方法**　为了提高苗种下塘成活率，防止应激性刺激，应先进行缓苗，使苗种所处的水体水温与池塘水体水温基本达到一致后，再对其进行"药浴"。具体药浴时间要灵活掌握，先进行小批量实验，一般使用 3% 的食盐水或 10% 的高锰酸钾溶液浸洗 10～15 分钟，配制药液时不要使用金属容器，药水应该现配现用。浸泡后不要将鱼苗带药液一同倒入池塘中，要直接捞取鱼苗放养，以免将在药物浸泡过程中脱落而尚未死亡的病原体放入养殖水体中。

## 三、日常管理

**1. 巡塘**　坚持每天早、中、晚巡塘 1 次，观察池塘水质变化是否正常，养殖鱼体的活动、摄食情况及养殖设施是否完好，随时除草去污，保持池塘的环境卫生，及时消除病害隐患。晚上巡塘后做好记载，养成每天记载生产活动的好习惯，记载内容包括天气、水色、鱼的活动情况，投饵量、用药情况，用药后效果等内容。

**2. 水质**　定期使用水质测定仪（或采用化学方法）测定池水相关指标的含量，控制氨、氮、亚硝酸盐含量。采用噬菌蛭弧菌制剂等生物制剂调节池塘的水质，保持池水的透明度在 30～40 厘米。透明度小于 20 厘米时，水质太肥，此时可换 1/3 左右的池水或用生石灰 10～15 千克/亩化浆全池泼洒。发现水色变淡及时补肥，一般 5～7 天每亩追施尿素 2.5 千克、磷肥 5 千克，或投施经过发酵的人畜粪便 50 千克左右。

**3. 投喂**　草鱼 80：20 养鱼模式是以投喂全价颗粒配合饲料为主，选择饲料时要选择知名度高、信誉好、质量稳定的大企业生产的饲料，颗粒饲料在水中稳定时间至少要 10 分钟以上。饲料投喂必须实行"四定"操作。定时：每天 10：00 左右、16：00 左右分别投喂一次饲料；定位：每 8～10 亩池塘设置 1 台投饵机，投饵机的位置轻易不要变动；定质：保证饲料质量标准达到所饲养鱼类的要求，杜绝投喂霉变、腐烂的饲料；定量：每天投放的饲料量应达到鱼体重的 4% 左右（指干饲料），分上、下午投喂，要掌握在饱食量的 70%～80%，即大部分鱼不再争食为止，投喂 10 分钟后检查有无剩料。投喂量不要超过太多，否则不仅造成饲料浪费，还会污染水质引发鱼病。有条件实行"精、青"结合饲养的农户，可用上午投青饲料（量约占鱼体重的 20%）、下午喂精饲料（量约占鱼体重的 3%）的方法操作，这样既节约了饲料成本，又可育成较高质量的水产品。

**4. 增氧**　池塘每 5～8 亩配备 1 台 3 千瓦增氧机，并合理使用：5 月中旬开始，晴天中午开增氧机 1～2 小时；6～9 月每天后半夜开机至黎明。合理开增氧机，能预防浮头，防止泛塘，特别是晴天中午开机 1 小时，能促进上下水体交换，加快池底有机质有氧分解，改善水质，缓解鱼病发生。这些措施的灵活运用，都能对预防鱼病的发生起到积极作用。预测可能有缺氧现象发生或实际缺氧与泛塘发生时，开动增氧机同时向池塘充注新水，如受条件限制的地方，可采用黄泥加人尿搅拌后，全池泼洒（比例是每亩水面均 1 米深时，用 6～8 千克黄泥加 50 千克人尿）；也可用明矾（俗称白矾），每亩水面均 1 米深时，用 5 千克明矾砸碎后溶于水全池均匀泼洒；都可起到缓解鱼类浮头的作用，以便迅速提高水体的溶解氧，达到解救的目的。

## 四、病害防治

**1. 鱼病预防** 在鱼病防治过程中，坚持采用"预防为主、有病早治"的原则进行。每年的 6～9 月，在坚持采用生物制剂调水的基础上，每个月用生石灰或含氯制剂或碘制剂进行消毒预防。同时，定期在饵料中添加大蒜素、维生素 C、保肝护肝药物等进行投喂，预防疾病的发生。在防病和治病过程中，要坚决杜绝使用违禁药物，保护水产品的质量安全。

**2. 鱼病诊断** 步骤为从外到内：首先，观察池塘的环境条件、水质状况、鱼的摄食和活动情况；其次，观察病鱼的头部、尾部、鳞片、鳍条和腹部有无异常，再打开鳃盖检查鳃丝是否正常；然后，再剖开鱼腹部，检查肠道有无食物和充血现象，有条件的地方可送检专业检查机构作进一步检查。

**3. 对症下药** 本地池塘养鱼一般草鱼病害较多，高温季节又以肠炎、烂鳃、赤皮、出血病为主，俗称草鱼"四大病"，来势猛，死亡率高，危害大。

（1）肠炎病 又称肠炎瘟。病鱼行动缓慢，不吃食，腹部膨大，体色变黑。特别是头部变黑，腹部有红斑，肛门红肿。用手轻压腹部，有黄色黏液从肛门流出。剖开病鱼的腹腔，有很多体腔液，肠壁充血呈红褐色。肠内无食物，只有许多淡黄色的黏液。如不及时治疗，病鱼很快就死亡。

【治疗方法】外用药：①每立方米水体用强氯精 0.5 克全池泼洒；②用"消毒威"按其使用说明全池泼洒。内服药：①大蒜头，每 50 千克鱼体重（包括草鱼、鲤、鲫等），用大蒜头 250 克拌 2.5 千克精饲料和 80 克粗盐，加米饭拧成板状投喂于食台上，连喂 4～6 天；②水辣蓼，用法用量按每 50 千克鱼体重，每次用干辣蓼 120～150 克，加干铁苋菜 130 克左右（折合鲜草 500 克），混合加水 2.5 千克，煎煮 2 小时，拌饲料（花生麸＋面粉或颗粒饲料等）2 千克连续投喂 3 天，每天 1 次即可达到治疗的目的。

（2）烂鳃病　也称乌头瘟。病鱼体色变黑，离群独游，不吃食。鳃丝上黏液很多，鳃丝腐烂带泥，病情严重时，鱼丝末端软骨外露，鳃盖内侧表皮充血，从外向内看似1个透明的小窗，称"开天窗"。此病常与赤皮、肠炎、出血病并发，来势猛，死亡率高。

【治疗方法】外用药：每亩水面均1米深时，用20千克生石灰全池泼洒；或每立方米水体用强氯精0.5克全池泼洒或每立方水体用五倍子2克煎水全池泼洒，间隔24小时连续泼洒2次。内服药：每天每50千克鱼体重或每万尾鱼苗用乌桕叶干粉250克，加少量面粉或米饭拌饲料2千克，连续投喂4～6天；或用草鱼复方渔药饲料投喂，日按鱼体重4%的量，连续投喂6天。

（3）赤皮病　又称赤皮瘟。病鱼症状明显，体表的局部或大部分充血、发炎、鳞片脱落；尤以鱼体两侧和腹部最为明显，严重时鳍条基部充血，鳍条末梢腐烂，鳍条裂开，呈烂纸扇状。病鱼体表瘦弱，行动迟钝，若不及时治疗，会出现大批死亡。

【治疗方法】外用药：①用强氯精，同肠炎病一样的量；②每立方水体用五倍子2克煎水全池泼洒，每天1次，连续2天；③每亩水面均1米深，用生石灰20千克溶水后全池泼洒1次。内服药：用草鱼复方渔药饲料投喂，每天按鱼体重4%的量连续投喂6天。

（4）出血病　也称败血病。剥去病鱼的皮肤可见肌肉上有点状出血，严重的病鱼肌肉全身发红。肠道、鳃盖有时也充血；鳃部、腹鳍和臀鳍基部之间亦有充血现象；病鱼离群独游。如不及时治疗，死亡率可达90%以上。

【治疗方法】①在发病季节（5～9月），每亩每隔15天用20千克生石灰（最好刚下窖的灰块）溶水全池泼洒1次；②池塘每亩（1米水深）取干烟叶100克，加入1.2千克的开水，浸泡6～8小时后，兑水全池泼洒（每次量），一般每天中午泼洒1次，连续3次；③用"暴血停"按其使用说明全池泼洒。以上方法均可达到治疗的目的。

## 五、成鱼销售

由于草鱼80∶20养殖模式养殖密度高，成鱼销售一定要灵活掌握，在本地一般在五一节或端午节前、中秋节前、国庆节前、春节前分多次进行。

（石首综合试验站）

# 第十四节　湖南省高效养殖模式

## 模式一：大宗淡水鱼类鱼鳖混养模式

大宗淡水鱼存在市场价格低，养殖效益低，近年来随着人工成本上升、饲料成本上涨等原因，大宗淡水鱼养殖亩平均效益不足2 000元，甚至低于1 500元/亩。如何在保证大宗淡水鱼优质安全养殖的前提下，探索盈利较好的养殖模式，切实提高养殖户经济效益，成为我们关注的热点。最近，在湖南省环洞庭湖养殖区，已经有部分养殖户对高效益混养模式开展了一些摸索，在大宗淡水鱼中套养经济价值较高的名特优品种，如黄颡鱼、中华鳖和乌龟等，获得了较好的经济和生态效益。

湖南省南县南洲渔场秦国其养殖户在16亩鱼池中套养中华鳖，取得了亩产常规鱼557千克、鳖12千克,亩平均纯收入达到4 000元以上的效益。南县15万亩水域养殖面积,已有1 000多户养殖户实行鱼鳖混养模式,并向周边县市辐射推广。

## 一、池塘条件与生态环境改造

**1. 池塘条件**　养殖基地全面围墙封闭，选择环境安静、东西走向、背风朝阳的塘口，有利于鳖晒背，池塘坡比（2～3）：1，池塘面积一般为5～10亩，水深1.2～2.0米。水质清新、无污染，水源充足，进排水方便。池塘水泥护坡，四周设置围板（水泥板或钙塑板），围板距塘口70厘米左右，高度不低于50厘米。池埂上种植黑麦草，作为草鱼补充饵料。每亩池塘设置1～2个食台，用木板做成1.2米×0.8米的食台。

**2. 清塘消毒**　具体操作方法是，年底起鱼先排干池水,挖掉池底淤泥,曝晒1个月左右。清塘时使用生石灰,用量为150～200千克/亩,生石灰化浆全池泼洒。

**3. 生态环境营造**　鳖池可栽种苦草、眼子菜等沉水植物，也可用围网种凤眼莲等水生植物，但面积不宜超过池塘面积的1/5～1/4。在清明节前后可在池塘放养活螺蛳，亩放150千克。

**4. 池塘分级设置**　常规鱼购买水花后自行标粗，中华鳖采用自繁自养，故将基地内池塘划分为水花一级池、幼鱼二级池、成鱼三级池三级池塘，分别在池塘中同级配套养殖稚鳖、幼鳖、成鳖。一级池200～300 米²，放养稚鳖比例为5 000只/亩，养至15～20克；二级池2～3亩，放养幼鳖比例为300只/亩，养至50～100克；三级池8～12亩，放养成鳖200只/亩，经过3年养殖，成鳖长至750克/只规格即可上市。部分养殖户将三级池再细分为Ⅰ、Ⅱ级池，将鳖苗Ⅰ级池从100克养至300～350克，再转入Ⅱ级池养至上市规格。

## 二、苗种放养

对幼鳖的质量要求较高，严格控制放养幼鳖的数量，有条件的养殖户，尽可能自己配套稚幼鳖的生产，提高中华鳖的养殖成活率和降低病害感染风险。鳖种放养时应注意：鳖种必须活力强，无病无伤，同池放养的规格应尽量一致，以免抢食竞争影响小规格的鳖种生长。为防止疫病发生，苗种须药浴下塘，通常可采用20毫克/升的高锰酸钾药浴15分钟，或用10毫克/升的漂白粉药浴10～15分钟，也可用2%～5%的食盐水药浴15分钟。具体放养模式见表5-31。

表 5-31 鱼鳖混养模式放养情况

| 品 种 | 草鱼 | 鲢 | 鳙 | 青鱼 | 黄颡鱼 | 芙蓉鲤鲫 | 中华鳖 |
|---|---|---|---|---|---|---|---|
| 数量（尾/亩） | 500～600 | 80～100 | 20～30 | 40 | 300～400 | 20～30 | 100～200 |
| 规格（克/尾） | 100～150 | 150 | 150 | 100 | 20 | 30～50 | 300～350 克/只 |

## 三、饲养管理

**1. 饵料投喂** 鱼类饲料投喂以混养配合饲料为主，搭配供给黑麦草等青绿饲料，按照"四定"原则使用投饵机投喂。按照鱼体重3%～5%确定投饲量，以保证2小时内吃完为准。鳖一般在5月后进入生长发育的最佳季节，需要单独供给充足饵料。鳖饵料来源广泛，动物性饵料有动物内脏、小杂鱼和下脚料等，也可使用商业甲鱼配合饲料，根据饵料来源和易获得情况，建议动物性饵料与配合饲料比例为1∶1。在6～10月每天投喂2次，即8:00～9:00、16:00～17:00各1次。水温在25～30℃时，日投喂量占鳖体重的5%～7%；水温在25℃以下时，占鳖体重的1%～3%。

**2. 水质调节** 鳖入塘前施足基肥，平时视水质情况施追肥，尽量培肥水质，使绿藻在池水中形成优势种群，透明度稳定在30～50厘米，pH7～8。每

15～20 天，每亩用生石灰 35 千克泼洒。定期使用 EM 菌或芽孢杆菌等有益微生物制剂改良水体环境。有条件的，每半个月加注新水 1 次。

**3. 日常管理**　每天坚持早、中、晚三次巡塘，检查进、排水口和防逃设施，杜绝闲杂人员进入养殖区，创造安静环境；及时清理鱼鳖吃剩的残饵和杂物，保持水质清新；观察池鱼和鳖的活动、摄食和生长情况，水质水位变化情况等，发现病鱼、病鳖及时捞出；同时，还要做到"五防"，即防浮头、防逃、防盗、防毒和防病害。

**4. 病害防治**　坚持"预防为主、防重于治、无病早防、有病早治"的病害防治方针，切实做到"四消"，即池塘消毒，工具和食场消毒，鳖、鱼体消毒，饲料消毒；在 6～9 月生长旺季，每隔 15 天左右使用生石灰全池泼洒 1 次消毒，以调节净化水质，每隔半个月在饵料中拌大蒜（每 50 千克饲料拌 250 克搅碎大蒜）成团状投喂于食台上，预防肠炎；每立方米水体每月用 0.7 克硫酸铜和硫酸亚铁合剂全池泼洒 1 次，预防寄生虫病发生。

## 四、结果

从 5 月初至 10 月底，经过近 6 个月饲养，11 月底开始起捕出售，未达到上市规格的甲鱼留待翌年续养。鳖平均规格为 0.6 千克/只，草鱼平均规格达 2 千克/尾，鲢、鳙平均规格 2.3 千克/尾，黄颡鱼平均规格达 0.12 千克/尾。

对鱼鳖混养情况进行了经济效益分析，当地鳖销售价格为 80 元/千克，草鱼、鲫 12 元/千克，鳙 9 元/千克，鲢 4 元/千克，黄颡鱼 30 元/千克，青鱼 16 元/千克，下脚料 7 元/千克，青饲料为自己种植未计成本。15 亩混养池塘总收入 158 427 元，净收入 62 024 元，亩均纯收益 4 134.9 元。

## 五、分析与讨论

（1）鱼鳖混养技术，既能充分利用水体空间，达到生态优势互补，又能挖掘池塘生产潜力，提高池塘水体的利用率，从而获得最佳的经济效益，让渔民增产增收。如种植水草，作为草鱼饵料来源的同时，也为鳖提供遮阳效果。

（2）鱼鳖混养可调节水体溶氧，改善水体环境。鳖频繁的上、下摄食和晒背活动，促进了池塘上、中、下水层水体溶氧的交换，有助于提前偿还氧债，保持水体较高溶氧，促进鱼鳖新陈代谢和摄食活动。

（3）鱼鳖混养可节约饲料，降低生产成本。鱼鳖摄食饲料互不冲突，不会出现高价格甲鱼饲料为鱼摄食情况。鳖在水底爬行活动，有利于淤泥有机质加快分解，供给浮游生物繁殖所需营养物质，同时，鳖的粪便和残渣为浮游生物、底栖生物提供营养来源，随着浮游生物、底栖生物的生长，也给鱼、鳖提供了饵料基础。在防止水质污染、减少饲料投喂量的同时，促进了鱼类和鳖的生长。

（4）减少疾病的发生，提高鱼鳖成活率。鳖能将部分得病而游动缓慢的鱼作为食物，起到阻断鱼病原体传染的作用。减少生产用药，提高了鱼体成活率。

（5）劳动力需求少，农村留守的老夫妻两个劳动力足以应付日常管理需求，起捕劳动量大时，附近养殖户采取换工方式帮助。

（6）资金需求少，回笼快。相对甲鱼温棚精养资金压力大或仿生态养殖周期长等情况，鱼鳖混养需要前期投入资金较少，每年都有资金回报，亩产效益高，适合面向有一定技术水平的养殖户推广。

（何志刚　伍远安　王金龙）

## 模式二：团头鲂池塘主养高产模式

以往养殖生产中，大多将团头鲂作为搭配品种进行混养。近几年来，随着市场经济的发展和养殖结构调整的推动，池塘主养团头鲂已成为湖南水产的一大新兴养殖模式。湖南省沅江市泗湖山镇双华渔场作为农业部健康养殖示范场，全场 900 亩精养池面积，共有 680 亩主养团头鲂，平均亩产团头鲂达 900 千克，提升综合经济效益显著，实现亩利润达 5 000 元，为创新大宗淡水鱼养殖模式、深挖大宗淡水鱼养殖潜力、提高大宗淡水鱼养殖效益做出了较好的示范作用。现以养殖户汤海青 1 口 18 亩面积的养殖池塘为例，将池塘主养团头鲂高产高效养殖技术介绍如下。

## 一、放养前准备

**1. 池塘条件**　试验塘口靠近水源，水质清新，无污染源，排灌方便，电力配套，交通便利。池塘呈东西走向，长方形，周边无高大建筑物、树木及其他遮挡物，水面光照时间长，受风面积大。池塘面积为 18 亩，水深 2～2.5 米，配备 3 千瓦增氧机 4 台、投饵机 3 台。

**2. 清塘消毒**　一般在养殖结束后排干池水，清除池底杂物，让池底曝晒半个月；挖去过深塘泥，平整池底；修补并加固塘埂，浚通排水渠道，如果有水草用除草剂喷洒除草。团头鲂鱼种入池前 7～10 天，每亩用 75 千克生石灰化浆全池泼洒清野消毒，1 天后加水 60～70 厘米，7 天后投放鱼种。

**3. 施肥增水**　放苗前 7 天投施基肥，将畜禽粪（鸡粪）、生石灰、磷肥混合堆沤发酵的有机粪肥施入池底。一般施入量为 200～220 千克/亩，以培育浮游生物，3～4 天后再追施 EM 菌、单细胞藻类激活素等，增强培水和净水效果。池水透明度一般维持在 25～30 厘米。

## 二、苗种放养

为保证生长速度和养殖效果，选择同种同龄规格一致、鳞鳍完整、体格健壮、无病无伤的优质团头鲂苗种放养。同时，搭配滤食性的鲢、鳙、草食性的草鱼和杂食性的鲫，苗种全部来源于沅江市鱼类良种场。为防止疫病发生，苗种须药浴下塘，通常可采用 10 毫克/升的漂白粉药浴 10～15 分钟，也可用 3%～5% 的食盐水药浴鱼种 15 分钟。具体放养模式见表 5-32。鱼种放养时间一般在 2～3 月，此时正值低温季节（水温 5～10℃），鱼种活动力弱、新陈代谢低，捕捞搬运不易受伤，可减少饲养期间的发病和死亡率。

**表 5-32　团头鲂主养模式放养情况**

| 品　　种 | 团头鲂 | 鲢 | 鳙 | 草鱼 | 芙蓉鲤鲫 |
|---|---|---|---|---|---|
| 数量（尾/亩） | 1 800～2 000 | 100～150 | 30～50 | 40～60 | 20～40 |
| 规格（克/尾） | 40～80 | 150～180 | 150～180 | 200～300 | 40～60 |
| 鱼种价格（元/千克） | 13 | 4 | 8.5 | 10 | 10 |

## 三、饲养管理

**1. 饵料投喂**　以团头鲂配合颗粒饲料或者膨化饲料为主，适当投喂一定量的青饲料。配合饲料蛋白质含量一般要求在 28%～30%，饲料品牌选择大型水产饲料公司，信誉和质量较为可靠。青饲料要求新鲜、清洁和适口性好，可以在塘边空地种植黑麦草。按照"定质、定量、定时、定位"原则进行投饵，采用自动投饵机投喂，因为团头鲂抢食饲料后即会离开，不会停留在饵料台边，因此需要投饵机投料均匀，投料面积大。投饵率根据鱼种生长阶段和存塘数量而定。3～5 月鱼体小，投饵率为 3%；6～9 月鱼体逐渐长大，投饵率为 4%~6%；10 月以后鱼体较大，温度降低，投饲率为 2.5% 以下。投喂次数一般为每天 3 次（8：00、12：00、17：00）。

**2. 水质调节** 全年坚持每 15 天每亩泼洒生石灰 37 千克以调节水质，定期使用 EM 菌或芽孢杆菌等有益微生物制剂改良水体环境，使用碧水安或硫酸氢钾等药品进行改底和调水。外部水源水质较好的情况下，每 10 天加注 1 次新水。坚持在 6~8 月间每天测定鱼池溶氧 2 次，时间为 6：30~7：00、23：30~24：00。根据测氧数据确定增氧机开机时间，确保每天 11：00 左右水体溶氧可达 5.0 毫克/升左右，保证团头鲂正常摄食和生长。

**3. 日常管理** 记录每天投料情况，观察鱼的吃食情况，每天早、中、晚必须巡塘 3 次，对轻浮头的鱼采取开增氧机或加水等方法，对发病的鱼要及时捞出并做好预防和治疗措施；正确使用增氧机，保证电路系统安全畅通；每隔半个月抽查 1 次鱼的长势，以此计算出饲料用量，并对下一阶段喂养管理作出相应调整。

**4. 病害防治** 鱼病防治要坚持"以防为主、防治结合、无病早防、有病早治"的原则，主要做好鱼塘、鱼种、饲料台消毒和季节性鱼病防治。鱼种下塘前用生石灰清塘消毒，鱼种放养时用盐水浸洗消毒。在 6~9 月生长旺季每月杀虫、消毒 1 次，杀虫和消毒间隔时间为 2~3 天，杀虫用氯氰菊酯，消毒用硫酸铜和硫酸亚铁合剂 0.7 毫克/升；用中草药、光合细菌、免疫多糖、复合维生素、大蒜素等药物溶水喷洒在饲料上制成药饵，定期投喂，可增强鱼体免疫力，减少鱼病的发生。

## 四、效益分析

从 2012 年 3 月初养到 2013 年 2 月底，经过近 12 个月饲养，团头鲂个体达到 0.75 千克，最大个体达 1 千克，团头鲂亩产量达 1 138 千克，亩总产量达到 1 548 千克，亩产值达 15 516 元（表 5-33）。

表 5-33 团头鲂主养模式收获情况

| 品　种 | 起捕量（千克） | 亩产量（千克） | 规格（千克/尾） | 价格（元/千克） | 产值（元） |
| --- | --- | --- | --- | --- | --- |
| 团头鲂 | 20 500 | 1 138 | 0.75 | 11 | 225 500 |
| 鲢 | 3 780 | 210 | 1.7 | 4.6 | 17 388 |
| 鳙 | 1 620 | 90 | 2.2 | 9.2 | 14 904 |
| 草鱼 | 1 500 | 83 | 1.5 | 11 | 16 500 |
| 芙蓉鲤鲫 | 500 | 27 | 1.2 | 10 | 5 000 |
| 合计 | 27 900 | 1 548 | | | 279 292 |

团头鲂养殖过程中投入成本，主要包括鱼种放养成本、饲料成本、消毒杀虫药物和底改调水药物成本、塘租成本、增氧机和投饵机电费成本和其他成本等。其中，饲料成本最高，占总成本的 68%（表 5-34）。

表 5-34　团头鲂主养模式亩成本及利润（元）

| 放养成本 | 饲料成本 | 药物成本 | 塘租 | 电费 | 其他 | 合计 | 亩纯利润 |
|---|---|---|---|---|---|---|---|
| 1 076 | 6 680 | 1 000 | 600 | 300 | 200 | 9 856 | 5 660 |

## 五、分析与讨论

（1）由表 5-34 可见，团头鲂池塘主养亩纯利润可达 5 660 元，相比普通大宗淡水鱼经济效益要高。团头鲂养殖属于高投入高产出，发挥集约化养殖，降低饲料成本，进一步提高管理效益，能让团头鲂主养模式更具市场竞争力。

（2）团头鲂的市场价格和销售情况，很大程度上影响团头鲂主养模式的获利情况，在目前养殖过程中养殖户存在等待过年时节鱼价好集中上市销售而影响鱼价的困境。应该采取轮捕轮放或者分批捕捞上市销售的方法，在 8 月和国庆节期间已经有部分团头鲂达到 500 克/尾的上市规格，及时捕捞、错市销售能提高销售价格和养殖效益，也能降低存塘鱼的密度，使其生长更快。

（3）要使团头鲂生长速度快、规格整齐，必须购买品质较好的团头鲂良种。目前，团头鲂种质退化情况较为严重，表现在生长速度慢、抗病力低。另外，团头鲂鱼种放养规格尽量在 50 克/尾以上，摄食和生长情况均较小规格苗种有优势。

（4）水质尽可能清新，溶氧指标尽量要保证在 4 毫克/升以上。良好的水质、充足的溶氧，是保证团头鲂生长迅速、疾病少发的关键因素，对于主养团头鲂池塘要想获得高产尤为重要。

（何志刚　王金龙　伍远安）

# 第十五节　广东省高效养殖模式

## 模式一：咸化瘦身草鱼养殖方法

草鱼食性简单，生长迅速，肉质肥嫩，味道鲜美，但由于养殖环境污染以及渔药抗生素等滥用，鱼肉品质及口感不佳，泥腥味较重。本文提供一种咸化瘦身草鱼养殖方法，可以很好地用于改善草鱼品质，养殖得到的草鱼体色光鲜、体质强健、无泥味、少脂肪、少药残、口感好，质量佳。主要包括瘦身池的构建、成鱼的选择、成鱼休养和咸化养殖。

## 一、瘦身池的构建

水泥池可采用不同的规格，经过长期的实验总结得出，池子规格8米(长)×6米（宽）×（0.6～1）米（深）为最佳。池水太深不利于清除池底粪便、鳞片等残留物，一般水深不超过1米，0.5～0.8米为较佳，0.5米水深为最佳，水泥池无漏水、无渗水现象。所有水泥池尽量建在同一地方，且池子间间距应当一致，在每个池塘对应的两边0.5～0.8米深处，钻有直径为7厘米的光滑圆孔，然后用内径为3厘米的PC管通过圆孔将所有池塘串联在一起，水由第一个池塘放入，最后一个池塘排出，通过不断放水、排水使之形成流水。

## 二、成鱼的选择

草鱼成鱼应选择无损伤、无感染、无畸形、体质健壮的个体，体重原则上要大于2千克。

草鱼在放入池塘休养之前，首先，对孔雀石绿、硝基呋喃、氯霉素、沙星类等违禁药物做抽样检查，杜绝检测不合格的成鱼。然后，按体重大小将草鱼分为5种规格。体重为2～3千克的为A规格，体重为3～5千克的为B规格，体重为5～7千克的为C规格，体重为7～10千克的为D规格，体重为10～20千克的为E规格。最后，将分配好的成鱼用浓度为0.01～0.03克/升高锰酸钾溶液或者4%～5%盐水消毒。

## 三、成鱼休养

将上述草鱼成鱼消毒后，按每立方米水体密度6～8千克放入上述水泥池中，进行流水瘦身休养28～35天。为避免较大规格的草鱼跳动伤害到较小的草鱼，放入同一水泥池的成鱼体重应为同一种规格，为防止草鱼跳出池外，可用网把水泥池盖住。池塘休养期间不投喂任何饲料。

## 四、咸化瘦身

在水泥池休养 1 个月后，将水泥池中水缓慢排干，同时，将配制好的盐度为 2 的盐水注入池中，为避免过强的应激反应，注入盐水和排水宜同时进行。同时用盐度计测定各水泥池盐度，当水泥池盐度达到 2 时停止进水与排水，开始静水咸化，以后盐度每天增加 2，最后增加到 8 保持不变，静水咸化期间，每周换 1 次水，每次换水 1/3 左右即可。经本研究大量实验证明，盐度 8 的盐水不仅可以杀死鱼肉中大量的细菌和寄生虫，而且此盐度咸化瘦身后的草鱼肉质最鲜美，经济价值最高。坚持每天观察水质变化以及是否有浮头现象。A 规格的草鱼咸化养殖 30 天，B 规格的草鱼咸化养殖 33 天，C 规格的草鱼咸化养殖 37 天，D 规格的草鱼咸化养殖 41 天，E 规格的草鱼咸化养殖 45 天，就可以上市了。

## 五、常规草鱼与咸化瘦身草鱼对比

通过咸化瘦身养殖的草鱼体色较好，口感上佳。经实验检测，咸化瘦身草鱼肥满度、脏体比、肠脂比、粗脂肪、羟脯氨酸、胶原蛋白等 6 个指标，与常规养殖草鱼存在显著性差异，实验具体结果如表 5-35、表 5-36 所示。

表 5-35　常规养殖草鱼与咸化瘦身草鱼体型比较

| 指标/对象 | 对　　照 | 本研究咸化瘦身草鱼 |
|---|---|---|
| 肥满度 | $2.14\pm0.08^a$ | $1.41\pm0.06^b$ |
| 脏体比 | $8.81\pm0.33^a$ | $6.76\pm0.42^b$ |
| 肠脂比 | $1.37\pm0.08^a$ | $0.71\pm0.07^b$ |

注：肥满度＝体重（克）/体长（厘米$^3$）×100，脏体比＝内脏重（克）/体重（克）×100，肠脂比＝肠脂重（克）/体重（克）×100；a、b 字母相同表示差异不显著，字母不同表示差异显著。

表 5-36　常规养殖草鱼与咸化瘦身草鱼肉质比较

| 指标/对象 | 对　　照 | 本研究咸化瘦身草鱼 |
|---|---|---|
| 水分（%） | $74.42\pm0.34^a$ | $76.85\pm0.38^a$ |
| 粗蛋白（%） | $18.52\pm0.17^a$ | $18.78\pm0.16^a$ |
| 粗脂肪（%） | $1.27\pm0.11^a$ | $0.51\pm0.08^b$ |
| 灰分（%） | $1.31\pm0.06^a$ | $1.17\pm0.03^a$ |
| 羟脯氨酸（毫克/克） | $0.224\pm0.012^a$ | $0.341\pm0.027^b$ |
| 胶原蛋白（毫克/克） | $1.972\pm0.152^a$ | $2.672\pm0.136^b$ |

注：对照为常规养殖草鱼，a、b 字母相同表示差异不显著，字母不同表示差异显著。

## 六、养殖咸化瘦身草鱼注意事项

(1) 为了减少捕捞过程中草鱼的受伤率和死亡率，咸化瘦身整个养殖过程中温度应尽量保持在 8～25℃。由于全国不同地区月平均温度相差很大，因此，各地区选择咸化瘦身养殖月份当因地制宜。

(2) 水泥池必须规则且内表面应平滑，防止草鱼激烈游动损伤鱼体。在草鱼放入之前，先将池水放干，清除淤泥，漂白粉消毒（使用量为 35 千克/亩），晒干水泥池，注入山泉水（也可用其他水源，但必须保证水质清新，溶氧充足）0.5～0.8 米深。

(3) 坚持每天早中晚巡查水泥池，观察水质变化和活动情况，每天及时吸出池中草鱼排泄物，以能观察到池底为标准。观察是否有病害出现以及缺氧浮头现象，观察鱼的体重变化和有无污染、病鱼和死鱼等，及时捞出死鱼或病鱼。

（邹记兴　王超　陈金涛　谢少林　姚东林　吕子君）

## 模式二：黑麦草、象草搭配饲料饲喂草鱼的健康养殖模式

以前利用象草和黑麦草养殖草鱼，随着配合饲料的普及，种草养鱼已经越来越少，但配合饲料养殖草鱼导致病害越来越多，水质污染越来越严重，而且配合饲料养出的草鱼肉质也较以前种草养殖的草鱼要差。为此，广州综合试验站通过调研，探索出一种在广东清远市适于推广的种植黑麦草、象草养殖草鱼的模式。这种模式的建立，基于两种问题的考虑：一是清远水产养殖户知识文化层次不高，对于鱼病防控和治疗的技术难以掌握，一旦养殖发病，养殖户束手无策，技术人员不足，导致损失严重；二是利用象草、黑麦草养殖草鱼，病害发生率少，养殖成本低，同时充分利用鱼塘周边荒地种草，既改善了环境又养出了健康草鱼，一举两得。通过这种模式养殖出的草鱼肉质清甜、清脆，水质不易受污染，目前已在清远市形成了一种种草养鱼的新模式。

## 一、经济效益分析

2010 年，清远市利用黑麦草和象草养殖草鱼的推广情况：2010 年，清远市

全年利用黑麦草、象草轮作养殖草鱼面积3.25万亩（纯养2 500亩、混养30 000亩），全年收获草鱼9 750吨，新增效益3 510万元，比2009年新增效益680万元；全价配合饲料养殖草鱼面积9.85万亩（纯养2 800亩、混养95 700亩），全年收获草鱼16 725吨，新增效益2 676万元，比2009年新增经济效益520万元。此后，草鱼的养殖效益平均每年提高3%～5%。根据清远市水产养殖模式分析，草鱼养殖主要还是以混养为主，饲喂方法也是用传统的投喂配合饲料（膨化颗粒料）养殖方式为主，以这种方式养殖的草鱼产量较低，发病率较高，饲料成本较大，其产生的经济效益也较低。而利用黑麦草和象草轮喂，以配合饲料作为补充的草鱼养殖方式，由于综合饲料成本较低，发病率较低，生长速度较快，从而产生了非常好的经济效益。在大宗淡水鱼产业技术体系广州综合试验站的推广下，现在清远市越来越多的草鱼养殖户开始由配合饲料的精养方式，转变为用象草和黑麦草轮喂、以配合饲料作为补充的养殖方式进行草鱼养殖。

## 二、象草和黑麦草轮喂草鱼的优势

根据示范片的数据显示，草鱼吃30千克象草和黑麦草可以长1千克肉，与全程喂配合饲料的草鱼相比，生产1千克草鱼可节约成本2.5～3元，病害防治方面由于草鱼的抗病力增强，药物成本每亩节省80元，而且单价也高出10%以上。就成本效益核算来比较，种植象草、黑麦草养草鱼的经济效益比用膨化料养殖高，尽管饲料系数30左右，但种草的地方是平时不利用的塘基或农闲时的荒地，而且施肥浇水可利用塘底富含有机物的废水，通过种植绿色作物改善了环境，通过测算，每亩利用青饲料养殖草鱼比利用膨化料养殖草鱼新增经济效益800～1 000元。由此可见，在成本方面，象草和黑麦草轮喂草鱼比只用配合饲料投喂的优势还是非常明显的。

## 三、目前清远本地区的黑麦草、象草的种植方法

（1）清远全市有专业黑麦草种植面积500亩以上，不算养殖户利用池塘边角进行的种植。每年的9月播种黑麦草，水稻收割后放1次"跑马水"，然后施第1次肥。第1次肥每亩施5千克左右，第2次开始每亩每次施20千克左右，每月可收割1次，每收割1次施1次肥，到翌年的清明左右结束种植，每亩黑麦草的产量达7 000～9 000千克。

（2）象草是牧草之王，生长较快，营养丰富，是草鱼的优质饲料。目前，全市有专业象草种植面积600亩，养殖户大量利用池塘边角、荒地进行的种植无法统计。象草一年四季都可生长，象草的种植一般不用专门的农田，可在塘基上进行，一般在春季利用塘基种植象草，利用塘底废水浇灌，亩年产量可达10 000千克。早春季种植的象草，当年的4～11月就可以喂养草鱼，种植1次收割后，只要浇水施肥，翌年又可以收割象草喂鱼。由于皇竹草的产量比象草要高出很多，以后可利用皇竹草种植代替象草。

## 四、黑麦草和象草喂养草鱼的时间

黑麦草也是草鱼的优质青饲料，它与象草搭配，平衡了草鱼的营养，也弥补了象草在冬季的不足。黑麦草在冬季种植，饲喂时间基本在每年的12月到翌年的3月；象草的种植一般不用专门的农田，春季在塘基上进行，当年的4～11月是收割喂养草鱼的时间，象草是刚好在没有黑麦草的时候投喂草鱼，弥补了黑麦草和象草相互之间的时间间缺，它们保证了草鱼一年四季都有充足的青饲料来源。

## 五、草鱼的养殖和青饲料的投喂方法

草鱼纯养时，鱼种放养密度1 000尾/亩；混养每亩放养草鱼300尾左右。清远全市利用黑麦草、象草纯养草鱼有2 500亩，混养有30 000亩。草鱼放养前，注射本体系珠江水产研究所岗位科学家的"三联苗"和出血病冻干疫苗，养殖成活率达90%以上。在按无公害健康养殖标准方法进行养殖过程中，每长100千克草鱼需用黑麦草或象草3 000千克，一般在9：00和16：00投喂，每次投喂量以刚好吃完或略有剩余为佳，否则会影响水质。在不能满足草鱼的青饲料供应情况下，可投喂颗粒饲料补充，利用这种方法养殖出来的草鱼，每50千克草鱼可节约成本125元以上，同时，养殖出来的草鱼肉质细腻，口感好，无药物残留，达到无公害健康养殖的标准。

## 六、投喂青饲料的注意事项

（1）投喂鲜嫩的黑麦草和象草　鲜嫩草营养丰富，纤维素少，易被消化。草鱼摄食鲜嫩草，生长速度较快，病害较少，可减少配合饲料的投喂量，降低养殖成本，提高经济效益。因此，投喂草鱼草料，应尽量选用鲜嫩草料。

（2）注意草料的质量和消毒　投喂种植的黑麦草、象草时，大家还要对草鱼吃草的情况进行观察，以满足草鱼生长发育的需要。草鱼厌食的草类应不喂或尽量少喂，在投喂前要注意草的质量和消毒。

（3）按鱼类口径大小不同投喂草料　草鱼在幼鱼阶段口径小，不能投喂粗大、坚硬的草，可将鲜嫩的草铡碎后投喂。随着鱼龄增大，口径逐渐增大，便可过渡到投喂鲜嫩草料。

（4）注意投喂方法要得当　对草鱼喂草，每天要定时、足量、均匀投喂，力求将草料撒开，让鱼吃饱、吃好、吃匀，以提高养殖效果。同时，根据天气、水质和鱼类活动等具体情况调整投喂量，以适应草鱼对草料的需求。严禁投喂存放过久和霉烂变质的草料，避免草鱼感染疾病。

## 七、注意鱼病的预防

养殖草鱼容易暴发鱼病，在养殖过程中应做好鱼病的预防工作：①每 100 千克草鱼体重用大蒜 0.5 千克捣碎后加入等量食盐拌饵，每隔半个月投喂 1 次；②每隔 12 天左右，用消毒剂 250 克溶解于少量水中，在草鱼集中摄食时进行泼洒 1 次；③每隔 15 天，全池泼洒生石灰水 1 次，每亩水面每次用量为 15～20 千克。

（蓝宗坚　王超　巫绍明　吕子明　陈振龙　邹记兴）

# 第十六节　广西壮族自治区高效养殖模式

## 模式一：广西大水面鳙网箱生态养殖模式

大水面网箱生态养殖鳙，可以利用水体的浮游生物和有机碎屑资源，净化水质，降低水域富营养化程度，改良水体环境，具有良好的经济、社会和生态效益。

## 一、养殖环境要求

**1. 环境条件**　网箱养殖水域要在当地政府及其渔业行政主管部门规划的

养殖范围内，不妨碍航运交通，周边环境无工业污染源。水源水质符合《渔业水质标准》（GB 11607）的规定，养殖水质符合《无公害食品　淡水养殖用水水质》（NY 5051）的规定，其他条件符合《农产品安全质量　无公害水产品产地环境要求》（GB/T 18407.4—2001）的要求。

**2. 水域条件**　网箱养殖水域避风向阳，水深大于 4 米，水面宽阔，水质清新且较肥沃，浮游生物丰富，透明度 0.4～0.6 米，流速 5～10 厘米/秒，溶氧 3 毫克/升以上。

**3. 网箱条件**　使用全封闭网箱，通常以网目 3～5 厘米的聚乙烯网片缝制而成，成方形或长方形，高 3 米，面积 30～80 米$^2$。网箱框架用竹子或杉木制作，箱盖中央用竹子撑离水面，网箱底部四角分别捆扎用 1 升以上饮料瓶装满沙石制作的沉子，或 1～2 千克的砖块或水泥块等重物使网箱张开。用聚乙烯缆绳系上数十千克重的几组水泥砖块或石块等重物作为沉子沉入水底，固定网箱避免冲走。网箱尽量分散设置，网箱养殖面积限制在总水面积的 0.3% 以下。

## 二、鱼种放养

**1. 放养前准备**　鱼种放养前 5～7 天安装好网箱。放养前注意检查箱体是否有损坏漏洞，安装是否牢固，箱盖除预留给鱼种进箱的开口以外，其他地方是否有破漏，有问题及时处理。

**2. 苗种来源**　应来源于水产良种场或具备水产种苗生产许可证的苗种繁育场，并经检疫合格。

**3. 放养品种**　以鳙为主，可搭配少量斜颌鲴、鳊、野鲮等有清理网箱作用的鱼类。

**4. 质量要求**　苗种体表洁净光滑，鳞片鳍条完整，体质健壮，无病无伤无畸形。

**5. 放养规格与密度**　放养规格以养成规格和养殖周期长短决定。同样上市规格，放养规格大，则养殖周期短；反之亦然。鱼个体大小要求不能通过网箱网目逃逸。

放养密度要根据放养规格、水域饵料生物状况和历年养殖情况进行调整。一般放养 200 克/尾以上的鳙鱼种 6～8 尾/米$^2$，搭配同规格其他配养鱼种 1～2 尾/米$^2$。

**6. 放养时间**　鱼种入箱时间宜选择春季或秋季进行，一般晴天 9：00～

10:00或16:00~18:00将鱼投放到网箱中，注意将网箱盖口封好。

**7. 苗种消毒** 放养前鱼种用3‰的食盐水浸浴5~10分钟。

## 三、日常管理

**1. 饲料和投喂** 鳙是滤食性鱼类，主要以水体中的浮游生物为食，生态养鱼一般不投喂饲料，也不施用有机、无机肥料。有条件的可在每口网箱中间的水面上方1米左右的地方装1盏5瓦的节能灯，夜间通电照明，既可防止船只误撞网箱，又能将箱外趋光的水生动物诱入箱中，为鱼类提供活体饵料。

**2. 巡查处置** 每月检查1次网箱，发现破损及时修补，避免逃鱼。注意根据水位的变动和水质的变化情况及时调整网箱位置，避开不良养殖环境，选择条件适宜的场所。

**3. 清洗网箱** 大水面鳙生态网箱适当配养舔食性或刮食性鱼类，可控制网箱上的附着生物，一般不用人工清洗网箱。若网箱附着大量污物，影响水体的交换，则应及时人工清除。

## 四、病害防治

鱼种运输放养等操作要避免损伤鱼体，放养前要严格进行检疫和消毒。养殖过程中采用人放天养的纯生态方式，不使用药物治疗。

## 五、捕捞

经2年左右养殖，成鱼个体达1.5千克以上可周年捕捞上市。

## 六、效益分析

由于大水面水质清新，鳙以天然饵料为食，网箱生态养殖时间长，个体大，因此其市场价格高。按其每平方米产量一般为8~10千克、价格6~8元/千克计，每平方米产值50~80元，扣除网箱、鱼种等成本后，每平方米可获利40~50元。

（吕业坚 叶香尘）

# 模式二：广西官垌鱼养殖模式

官垌鱼是广西的知名水产品品牌，以其产地广西浦北县官垌镇命名，其主要品种是草鱼。其特色是小水体山泉流水养草鱼，投喂青饲料养成大鱼，鱼肉香嫩无泥腥味，产品供不应求。

## 一、养殖池塘要求

**1. 环境条件**　森林植被良好、常年具有山溪泉水可直接流入池塘，交通方便，供电正常，水源充足，无任何污染，排灌方便，水源水质符合《渔业水质标准》（GB 11607）的规定，养殖水质符合《无公害食品　淡水养殖用水水质》（NY 5051）的规定，其他条件符合《农产品安全质量　无公害水产品产地环境要求》（GB/T 18407.4—2001）的要求。

**2. 池塘条件**　池塘可根据地形条件，因地制宜建设成正方形、长方形或其他各种形状；面积一般为 10～100 米$^2$，水深 1～2 米；塘底锅底形，周围浅、中间深。底质以沙泥底、硬泥底等为宜，淤泥厚度小于 10 厘米；进水口与排水口呈对角方位，高度与最高水位持平或高出；排水口设在底部，方便排水排污。进排水口分别设置用钢筋铁丝网或小竹棒做成的拦鱼栅，既防鱼逃跑，又挡浮游杂物；塘埂用石块或水泥砌筑，高度应超过最高水位 0.5 米以上，无陡坡，塘埂宽 1 米左右，便于管理操作和种植落叶瓜果植物，有利于夏季遮阳，防止阳光照射时间过长。

## 二、鱼种放养

**1. 放养前准备**　放养前应进行清塘消毒。先排干池水，清除池塘内及周边污泥杂物，修整堤埂，断水晒塘 5～7 天，放入清水，使水深达 20 厘米，截水后用生石灰 0.3 千克/米$^2$或漂白粉 20 克/米$^2$兑水全塘泼洒，2 天后进水。消毒后 10 天放养鱼种。

**2. 鱼种来源**　应来源于水产良种场或具备水产种苗生产许可证的苗种繁育场。

**3. 放养品种**　以草鱼为主，可搭配少量鳊、鲤和鲫。

**4. 放养规格**　草鱼体长 20 厘米以上，1 龄草鱼尾重 250 克以上，其他搭配鱼种尾重 50 克以上。

**5. 质量要求**　体表洁净光滑，鳞片鳍条完整，体质健壮，无病、无伤、无畸形。同一池塘放养规格一致，其余应符合《草鱼鱼苗、鱼种质量标准》（GB/T 11776）的要求。

**6. 放养密度**　草鱼 5～10 尾/米²，其他搭配鱼种 1～2 尾/米²。

**7. 放养时间**　以秋季和春季放养为宜，选择 9：00～10：00 或 16：00～18：00 下塘。

**8. 免疫防疫与鱼种消毒**　在鱼种放养时，将草鱼免疫疫苗稀释，然后按 0.5 毫升/尾的剂量，通过背鳍基部肌内注射的方式注射。疫苗注射时要防强光照射，经开封的疫苗应当天使用，剩下的不能再用。

放养前，鱼种用 3% 的食盐水浸浴 5～10 分钟。

# 三、日常管理

**1. 饲料和投喂**

（1）青饲料种植　按池塘面积与种草面积 1：3.5 比例，配套种草土地。青饲料的品种很多，陆生的有桂牧 1 号、矮象草、黑麦草、冬牧 70、苏丹草、稗草、小米草、杂交狼尾草、紫花苜蓿、白三叶、红三叶、红薯藤、苦荬菜、玉米和南瓜等；水生的有浮萍、芜萍、苦草和轮叶黑藻等；水、陆兼生的有水蕹菜、喜旱莲子草等，要根据实际情况，因地制宜地选择几个品种，形成合理的种植、利用模式。

（2）投喂　采用"四定"投饲，即定时、定位、定质、定量。定时：每天 2 次，8：00～9：00、17：00～18：00 各 1 次；定位：用竹子制作浮框，青饲料投入框架内；定质：投以新鲜、嫩绿的桂牧 1 号或矮象草、黑麦草、红薯藤、苦荬菜、玉米叶、浮萍和水草等无公害青饲料；定量：日投饲（青饲料）量为鱼体体重的 30%～50%，以鱼吃八分饱为准，即以投喂后 3 小时内吃完为宜。

**2. 调节水质**

（1）水温调节　依季节不同调节池水的深度，以控制水温；池边不宜种植高大的树木和有高耸的建筑物，冬春季节池中不应遮蔽阳光，以免影响水温的升高。

（2）流量调节　流量的大小可按季节不同来掌握，以达到调节池塘溶氧的目的。一般夏、秋季流量大，冬、春季流量小，以池鱼不会浮头为宜。

（3）水质调节　每半个月，按每立方米水体用生石灰 20 克用量全池泼洒生石灰水 1 次。

**3. 巡池、建档**　每天早晚各巡池 1 次，观察水质、水温变化和流水量以及鱼的活动情况，发现异常情况及时采取措施。做好日常记录，每口养殖池塘都应建立养殖档案，包括放养、投饲、用药、水温等情况的记录及巡池观察记录。

**4. 防缺氧**　及时清除进水口杂物，防止堵塞，保持流水畅通。经常捞除坑塘内饲料残渣，保持水质清新，防止浮头缺氧死鱼。

**5. 防逃**　经常检查进、排水口鱼栅是否损坏，掌握池水进排，保持适当水量，严防塘水漫堤逃鱼。汛期要做好防洪工作。

## 四、病害防治

养殖草鱼常见病为细菌性肠炎、烂鳃病、出血病和水霉病等。日常管理中，定期泼洒生石灰水调节水质；高温季节，注意遮阴和加大水流量降低水温。发生鱼病时，要及时对症治疗。渔药使用应符合《无公害食品　渔用药物使用准则》的规定。

## 五、捕捞

成鱼个体达 3 千克以上、饲养时间 2 年以上的草鱼可周年捕捞上市，其他鱼视市场要求上市。用网具或放水捕捞，注意勿伤及鱼体。起捕前一天停喂饲料，以提高运输成活率。

## 六、效益分析

官垌鱼因其独特的纯青料喂养、山溪泉水多年流水养成方式，商品鱼品质好，因此供不应求，市场收购价每千克达 40 元以上，是普通草鱼价格的 2～3 倍，而养殖成本仅占其售价 1/4～1/3，经济效益非常显著。

（吕业坚　叶香尘）

# 第十七节　重庆市高效养殖模式

## 模式一：池塘吨鱼万元生态高效养殖模式

## 一、基本情况

2013 年，重庆市水产养殖面积（不含稻田）达 132.1 万亩，其中池塘 76.5 万亩（专用池塘 40 多万亩）。水产品总产量为 40.7 万吨，其中养殖产量 38.9 万吨，池塘养殖产量为 33.6 万吨，占养殖产量的 86.4%，是重庆商品鱼生产的主要支撑。由于地形地貌特点，在重庆地区建设池塘一是成本较高；二是大多成块状分布，相对分散和不规则。一般规模养殖的盈亏点在亩产鱼 700 千克左右，小散模式不利于重庆渔业的可持续发展，生态高效集约化养殖模式将是重庆渔业的一个主要发展模式。

## 二、推广效果

2013 年，重庆吨鱼万元模式推广面积达到 15.3 万亩，亩均产 1 248.5 千克，总产量达到 19.7 万吨，占重庆养殖产量一半以上，亩均收入达到 1.37 万元，亩纯利润达到 2 978.7 元，总收益 21 亿元，保供增收效果十分明显。

## 三、主要技术模式

以池塘"一改、五化"技术为核心，"一改"指改造池塘基础设施；"五化"包括水质环境洁净化、养殖品种良种化、饲料投喂精细化、病害防治无害化和生产管理现代化等。实行规范化养殖生产，以高产、高效和无公害为技术要点，实施一系列配套技术，包括品种选择、池塘准备、饲料选择、投饲技术、病害综合防治、水质调控和渔业机械等标准化养殖生产。

**1. 改造池塘基础设施**

（1）小塘改大塘　将用于成鱼养殖不规范的小塘并成大塘，池塘以长方形东西向为佳（长宽约比为 2.5∶1），面积 10～20 亩为宜。

（2）浅塘改深塘　通过塘坎加高、清除淤泥实现池塘由浅变深，使成鱼塘水深保持在 2.0～2.5 米,鱼种池水深1.5 米左右,鱼苗池水深在 0.8～1.2 米。

（3）整修进排水系统　整修进排水、排洪沟渠等配套设施,要求每口池塘能独立进排水,并安装防逃设备。

（4）水源条件　养殖用水质必须符合《渔业水质标准》（GB 11607）的要求,水源不符的地方应有必要的水处理措施,要求生产旺季每月换水量达到1～2 次。

**2. 水质环境洁净化**

（1）池塘水质的一般要求

①悬浮物质：人为造成的悬浮物含量不得超过 10 毫克/升。

②色、嗅、味：不得使鱼、虾、贝、藻类带有异色、异味。

③漂浮物质：水面不得出现明显的油膜和浮沫。

④pH：淡水 pH 6.5～8.5。

⑤溶解氧：24 小时中 16 小时以上氧气必须大于 5 毫克/升,任何时候不得低于 3 毫克/升。

（2）池塘水质调控

①生物调控：鱼菜共生调控,以菜净水,以鱼长菜；微生物制剂调控,使用光合细菌、芽孢杆菌和硝化细菌等有益细菌,实现净水；以鱼养水,适当增加滤食性鱼类和食腐屑性鱼类投放量,改善池塘的生态结构,实现生物修复,保持池水活、爽、嫩,透明度在30 厘米左右。

②物理调控：合理使用增氧和水质改良机械；加注新水；适时适量使用环境保护剂。

**3. 养殖品种良种化**

（1）主养品种　选择优质鱼类,主养品种的选择需具备三个条件：①具有市场性（适销对路）；②苗种可得性（有稳定的人工繁殖鱼苗供应）；③养殖可行性（适应当地池塘生态系统）。

（2）养殖模式　池塘 80∶20 养殖模式。

（3）鱼种质量　各种鱼种标准参照已有的标准和鱼种质量鉴定标准执行。要求品种纯正,来源一致,规格整齐,体质健壮,无伤病。

（4）鱼种规格　规格整齐,个体差异在 10% 以内,搭养鱼类的个体大小一般不得大于主养鱼类的个体大小。

**4. 饲料投喂精细化**

（1）饲料的选择　饲料有良好的稳定性和适口性,饲料要求新鲜、不变质，物理性状良好，营养成分稳定；饲料加工均匀度、饲料原料的粒度，符合饲料加工的质量要求。

（2）限量投喂　根据养殖鱼类的生长速度、阶段营养需要量和配合饲料的质量水平，确定每天的饲料投喂量。

**5. 病害防治无害化**

（1）疾病的预防　在养殖的中、后期，根据养殖池塘底质、水质情况，每月使用环境保护剂 1～2 次。定期施用生石灰、沸石粉等。合理放养和搭配养殖品种，保持养殖水体正常微生物丛的生态平衡，预防传染性暴发性疾病的流行。

（2）切断传播途径消灭病原体

严格检疫：加强流通环节的检疫及监督，防止水生动物疫病的流行与传播。

鱼种消毒：食盐（浓度 2‰～4‰、浸洗 5～10 分钟，主要防治白头白嘴病、烂鳃病，杀灭某些原生动物、三代虫和指环虫等）；漂白粉（浓度为每立方米水体 10～20 克，浸洗 10 分钟左右，能防治各类细菌性疾病）。

饵料消毒：水草为每立方米水体用 6 克漂白粉溶液浸泡 20～30 分钟，经清水冲净后投喂；陆生植物和鲜活动物性饵料用清水洗净后投喂。

工具消毒：网具用 10 克/米³ 硫酸铜溶液浸洗 20 分钟，晒干后再使用；木制工具用 5% 漂白粉液消毒后，在清水中洗净再使用。

食场消毒：及时捞出食场内残饵，每隔 1～2 周为每立方米水体用漂白粉 1 克、或强氯精 0.5 克，在食场水面泼洒消毒，或在食场周围挂篓或挂袋消毒。

（3）流行病季节的药物预防（3～9 月）

①体外预防：食场挂袋挂篓（每隔半个月挂袋或挂篓 3～6 个，防细菌性病用漂白粉或强氯精，防寄生虫病用硫酸铜和硫酸亚铁）。

②全池遍洒：每隔半个月为每立方米水体用生石灰 30 克等消毒。

（4）增强鱼体抗病能力　放养优良品种，选择抗病力强、体质健壮、规格整齐和来源一致的养殖品种放养；投喂优质适口饲料；注射疫苗。

（5）严禁乱用药物　使用水产养殖用药应当符合《兽药管理条例》和农业部《无公害食品渔药使用准则》（NY 5071—2002）。

**6. 生产管理现代化**　了解当年鱼价走势，分析明年市场；结合本地实情，设计出鱼计划；放养优质鱼种，合理使用饲料；落实生产计划，加强生产管理。

（李虹　翟旭亮）

## 模式二：池塘鱼菜共生综合种养模式

## 一、基本情况

由于地形地貌特点，在重庆地区建设池塘一是成本较高，二是大多成块状分布，相对分散和不规则，且受到水源条件极大限制，提灌成本高，换水困难。因此，重庆的专用池塘一般都采用集约化养殖，单产大多在1 000千克以上，如养殖时间超过 5 年，则池塘淤泥大多会达到 30 厘米左右，养殖时间越长，淤泥越厚，水体富营养化不可避免并日趋严重，在一定程度上影响了产品质量和效益的提高。池塘鱼菜共生综合种养技术于 2010 年研发并逐步推广，深受渔民欢迎，推广面积逐年大幅增加，技术越来越成熟，社会、经济、生态效益十分突出。

## 二、推广效果

2013 年，推广面积6.2 万亩，亩均产水产品1 317.6千克，产量8.2 万吨，亩产蔬菜897.4 千克，产量5.6 万吨，亩均收入16 913.4元，较项目实施前增加了41.7%，实现收入10.5 亿元，亩利润为4 672.3元，是项目实施前亩平利润的132.6%，总利润2.9 亿元，其中，蔬菜新增纯收入达到1 083.5元/亩。全年节约水电投入 58.3%、药物投入 65%、人工费用投入 16.8%，间接年增加渔民收入 558.6 元/亩。

"池塘鱼菜共生综合种养技术"，被农业部选为 2013 年、2014 年全国主推技术。《鱼菜共生综合种养技术规范》（DB 50/T 545—2014）由中华人民共和国地方标准备案公告 2014 年（第 3 号）发布。

## 三、主要技术内容

### 1. 浮架制作工艺

（1）平面浮床

①PVC 管浮床制作方法：通过 PVC 管（50～90 管）制作浮床，上下两层各有疏、密两种聚乙烯网片分别隔断吃草性类鱼和控制茎叶生长方向，管径和

长短依据浮床的大小而定，用 PVC 管弯头和粘胶将其首尾相连，形成密闭、具有一定浮力的框架（图 5-1）。综合考虑浮力、成本和浮床牢固性的原则，以 75 管为最好。

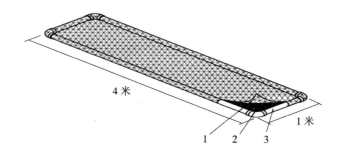

图 5-1　PVC 管浮床
1. 表层疏网（用 2～4 厘米聚乙烯网片制作）
2. 底层密网（用＜0.5 厘米的聚乙烯网片制作）
3. PVC 管框架（直径 50～90 毫米的 PVC 管）

　　此种制作方法成功解决了草食性、杂食性鱼类与蔬菜共生的问题，适合于任何养鱼池塘。

　　②竹子浮床制作方法：选用直径在 5 厘米以上的竹子，管径和长短依据浮床的大小而定，将竹管两端锯成槽状，相互上下卡在一起，首尾相连，用聚乙烯绳或其他不易锈蚀材料的绳索固定。具体形状可根据池塘条件、材料大小、操作方便灵活而定（图 5-2）。

　　③其他材料浮床：凡是能浮在水面的、无毒的材料都可以用来制作浮床，如废旧轮胎、泡沫和塑料瓶等，可根据经济、取材方便的原则选择合适浮床。

　　（2）立体式浮床　拱形浮床：在 PVC 管浮床的基础上，在其长边和宽边的垂直方向分别留 2 个和 1 个以上中空接头，用 PPR 管或竹子等具有一定韧性的材料搭建成拱形的立体框架（图 5-3）。

　　（3）三角形浮床　在 PVC 管浮床的基础上，在其长边和宽边的 45°方向分别留 2 个和 1 个以上中空接头，用 PVC 管或竹子等具有一定硬度的材料搭建成三角形立体框架（图 5-4）。

　　**2. 栽培蔬菜种类选择**　栽培蔬菜种类，应选择根系发达、处理能力强的

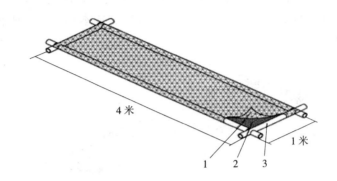

图 5-2　竹子浮床
1. 表层疏网（用 2~4 厘米聚乙烯网片制作）
2. 底层密网（用<0.5 厘米聚乙烯网片制作）
3. 竹子框架（直径 50~70 毫米的竹子）

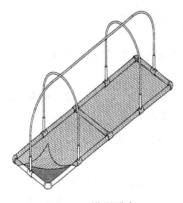

图 5-3　拱形浮床

图 5-4　三角形浮床

蔬菜瓜果植株，利用根系发达与庞大的吸收表面积，进行水质的净化处理，开展鱼菜共生养殖主要选择品种为空心菜。

养殖户也可以根据生产和市场需要，选择其他蔬菜。一般夏季种植绿叶菜类有空心菜等，藤蔓类蔬菜有丝瓜、苦瓜等；冬季种植蔬菜有西洋菜、生菜等。

**3. 蔬菜栽培时间**　空心菜、丝瓜、苦瓜等夏季蔬菜，4 月下旬以后、水温高于 15℃时开始种植；西洋菜等秋季蔬菜，10 月下旬以后、温度 15℃以上时开始种植。其他蔬菜种植品种，根据生长季节和适宜生长温度栽种。重庆气候温暖，鱼池大多在海拔 500 米以下，冬季不结冰，可实现全年种植不同种类蔬菜。其他地区应根据水温，灵活确定蔬菜的种植时间。

**4. 蔬菜种植比例** 根据对比试验结果和生产经验，总结得出不同肥瘦程度池塘蔬菜种植面积参考比例（表 5-37）。

表 5-37 池塘种植鱼菜面积比例参考

| 池塘类别 | 池塘年限 | 养殖亩产（千克） | 水体、底泥颜色 | 透明度 | 淤泥深度 | 参考种植比例（%） | 备 注 |
|---|---|---|---|---|---|---|---|
| 普通池塘 | 3 年以下 | 800 以下 | 水色浅，清淡 | 50 厘米以上 | 10 厘米以下 | 0～3 | 根据各个参考指标，可以在参考种植比例周围上下浮动，但种植比例最好在 20% 以内 |
| 精养池塘 | 3 年 | 800 | 水色茶色、茶褐色、黄绿色、棕绿色等 | 30 厘米以下 | 30 厘米以上 | 3～5 | |
| 精养池塘 | 5 年 | 1 000 | 水色较浓，颜色黄褐色、褐绿色、深棕绿色，有腥臭味，底泥颜色黑 | 20 厘米以下 | 40 厘米以上 | 5～10 | |
| 精养池塘 | 5 年以上 | 1 000 以上 | 水色浓，颜色发黑，铜绿色等，底泥颜色黑，有腥臭味 | 10 厘米以下 | 50 厘米以上 | 10～15 | |

**5. 蔬菜栽培技术方法** 主要采用移植的方式栽种。如 PVC 标准浮床，可采用扦插栽培、种苗泥团和营养钵移植等方法进行池塘蔬菜无土种植，后两种采用营养底泥作为肥料，成活率较高。

（1）扦插栽培 直接将空心菜种苗按 20～30 厘米株距插入下层较密网目，固定即可。

（2）营养钵移植 主要是将蔬菜种苗植入花草培育钵，将钵内置入泥土（塘泥），按 20～30 厘米株距放入浮床。

（3）泥团移植 主要是指将蔬菜种苗植入做好的小泥团（塘泥即可），按 20～30 厘米株距放入浮床。

**6. 蔬菜收割技术** 每次采摘的时候应做好记录，包括收获池塘编号、池塘面积、收获蔬菜面积以及产量、处理方式（销售或者投喂）、销售收入以及投入量等。

空心菜等蔬菜采摘，当株高 25～30 厘米时就可采收，采收周期根据菜的生长期而定，一般 10～15 天采收 1 次。其他蔬菜根据生长状况适时采收。

**7. 浮床清理及保存** 在收获完蔬菜或者需要换季种植蔬菜时，应通过高压水枪或者刷子，将架体上以及上、下两层网片上的青苔等杂物清理掉，阴凉处晾干；若冬天未进行冬季蔬菜种植，应将浮床置于水中或者将其清理加固处理后，堆放于阴凉处，切不可在室外雨淋日晒。

**8. 捕捞** 一般使用抬网捕捞，捕捞位置固定，而鱼菜共生浮床对捕捞没有影响。如拉网式捕捞，可将浮床适当移动，对捕捞影响也不大。

（翟旭亮　李虹）

# 第十八节　四川省高效养殖模式

　　四川省池塘养殖面积达102 147公顷，池塘养鱼在改造老旧池塘、强化渔业基础设施上下功夫，大力推广底层增氧、池塘原位生态修复、生物絮团和鱼种免疫等高产高效新技术，推动养殖产量上了一个新台阶。2013年统计结果显示，全省池塘（含山平塘）平均每公顷产量达到5 908千克，成都市平均每公顷产量高达12 080千克，通过基础设施改造，采取轮捕轮放等高效养殖技术模式，部分精养池塘每公顷单产可高达到22 500千克以上。

2014年3～5月，郫县综合试验站对四川省大宗鱼类主产区养殖户、饲料及渔药经销商进行调研，基本摸清了有代表性的四川省大宗淡水鱼类高效养殖技术模式。四川省大宗淡水鱼类的混养模式复杂，一般以草鱼、鲫、鲤、鲂为主养鱼，搭配放养部分鲢、鳙。为提高养殖效益，避开下半年水产品集中供应和鲜活水产品物流的高峰期，精养池塘普遍采用混养和轮捕轮放方式，一年轮捕3～6次，大部分鱼类集中在6～10月捕捞热水鱼上市，吃食性鱼类毛产量每公顷一般为15 000～22 500千克，滤食性鱼类平均每公顷毛产量为3 000～4 500千克。下面介绍2种有代表性的四川省大宗淡水鱼类池塘高效养殖模式。

## 一、以草鱼、鲫并重的高效养殖模式

　　**1. 放养收获模式** 该模式的特点是以草鱼和鲫为主养鱼，放养重量和收获重量大致相当，占总放养量的74%（重量比）。草鱼放养每尾规格为50～400克的鱼种，大致分为300～400克、150～200克、50～150克共3个规格层次；鲫放养每尾规格为20～50克的鱼种，大致分为50克、20～30克共2

个规格层次。配养的鲢、鳙和斑点叉尾鮰占总放养量的 26%（重量比），配养鱼放养规格大致相当，不实行轮捕（表 5-38）。

表 5-38　以草鱼、鲫为主的放养收获模式（面积：26 亩）

| 鱼类 | 放养 | | | | 成活率（%） | 收获 | | | |
|---|---|---|---|---|---|---|---|---|---|
| | 时间（月、日） | 鱼种平均规格（克/尾） | 尾数 | 重量（千克） | | 时间（月、日） | 养成规格（千克） | 毛产（千克） | 净产（千克） |
| 草鱼 | 2.23 | 300～400 | 5 000 | 3 100 | 86 | 7.10 | 1.25 | 4 800 | 13 150 |
| | | 150～200 | 5 000 | | | 8.13 | | 4 210 | |
| | | 50～150 | 5 000 | | | 9.15 | | 3 100 | |
| | | | | | | 10.26 | | 2 700 | |
| | | | | | | 翌年 1.30 | 1.25 以上 | 1 440 | |
| 鲫 | 2.27 | 40～50 | 30 000 | 2 600 | 94 | 7.10 | 0.15～0.25 | 3 200 | 13 400 |
| | | 20～30 | 55 000 | | | 8.13 | | 3 580 | |
| | | | | | | 9.15 | | 3 465 | |
| | | | | | | 10.26 | | 4 000 | |
| | | | | | | 翌年 1.30 | | 1 755 | |
| 鲢 | 4.18 | 150 | 4 000 | 600 | 95 | 翌年 1.30 | 1.3 | 4 875 | 4 275 |
| 鳙 | | 220 | 1 600 | 350 | 94 | | 1.5 | 2 250 | 1 900 |
| 斑点叉尾鮰 | 2.27 | 350 | 3 000 | 1 050 | 93.3 | | 680 | 1 900 | 850 |
| 合计 | | | 108 600 | 7 700 | | | | 41 275 | 33 575 |

说明：①模式采集地：成都市龙泉驿区。②池塘配备叶轮式增氧机 5 台，功率 15 千瓦。鱼种下池前 10 天，用 2 100 千克生石灰干法清塘。③食场 1 个，食场设置抬网 1 副。④鲢、鳙在吃食性鱼类下池后 23 天入池。⑤吃食性鱼类在养殖中间的 7～11 月用抬网轮捕 4 次，轮捕量达吃食鱼总产量的 90.6%；鲢、鳙和未起捕的吃食性鱼在 2014 年 1 月 30 日采用池塘大拉网捕捞上市。池鱼轮捕前 1 天停食，轮捕选鱼区加注新水，防止缺氧，轮捕后用二氧化氯、生石灰等消毒剂全池泼洒消毒。⑥池塘毛产量41 275千克，净产鱼33 575千克；每亩毛产量为1 587.5千克，净产量为1 291千克。⑦鱼种下池后，于 3 月 1 日起投喂饲料。全程饲养期为 245 天。饲料投喂总量为 53 吨，吃食性鱼类饵料系数为 1.93。

**2. 成本效益统计分析**　该池食用鱼全部销售完毕后，根据该养殖户的池塘日志，对成本和销售收入进行统计，结果见表 5-39。

表 5-39　养殖成本、效益统计分析

| 项　目 | | 成　本 | | | 销售收入 | | |
|---|---|---|---|---|---|---|---|
| | | 单价（元/千克） | 重量（千克） | 总金额（元） | 单价（元/千克） | 重量（千克） | 总金额（元） |
| 鱼种 | 草鱼 | 10.2 | 3 100 | 31 620 | 12 | 16 250 | 195 000 |
| | 鲫 | 11 | 2 600 | 28 600 | 13 | 16 000 | 208 000 |
| | 鲢 | 6 | 600 | 3 600 | 7 | 4 875 | 34 125 |
| | 鳙 | 12 | 350 | 4 200 | 12 | 2 250 | 27 000 |
| | 斑点叉尾鮰 | 11 | 1 050 | 11 550 | 13 | 1 900 | 24 700 |
| 饲料费 | | 5.075 | 53 000 | 268 975 | | | |
| 渔药 | | | | 4 000 | | | |
| 塘租 | | | | 15 000 | | | |
| 水电费 | | | | 9 800 | | | |
| 捕捞人工费 | | 0.2 | 41 275 | 8 255 | | | |
| 杂支 | | | | 5 000 | | | |
| 合计 | | | | 390 600 | | | 488 825 |
| 利润 | | 98 225 元（不含人工费及管理费），每亩利润 3 778 元 | | | | | |

## 二、以鲫为主的高效养殖模式

鲫作为传统的水产养殖品种，历来受到四川消费者的喜爱，近年来价格稳中有升，且该鱼耐低氧，抗病力强，产量高，适合高密度精养。在成都市、德阳市等地，池塘精养鲫产量每公顷可高达 30 000 千克。通过科学制定养殖模式，投喂优质饲料、积极调控水质和鱼病预防、强化饲养管理等措施，养殖效益取得较大的提高。

**1. 放养收获模式**　该模式的特点是放养规格为每尾 20～50 克的鱼种，鱼种放养时间根据鱼池的具体情况采取秋放或春放，放养密度为每公顷 15 万尾，适当搭配部分的草鱼、鲢、鳙等鱼类。鲫食用鱼起捕规格为每尾重 0.15～0.3 千克，从 6 月起每月轮捕 1 次上市，前期以达到每尾重 0.15 千克即可起捕上市，以减小池塘载鱼量，后期起捕规格基本上能达到每尾重 0.25～0.30 千克。养殖模式实例见表 5-40。

表 5-40 以鲫为主的放养收获模式（面积：30 亩）

| 鱼类 | 放养 | | | | 成活率 (%) | 收获 | | | |
| --- | --- | --- | --- | --- | --- | --- | --- | --- | --- |
| | 时间 (月、日) | 规格 (克/尾) | 尾数 | 重量 (千克) | | 时间(翌 年月、日) | 规格 (克/尾) | 毛产 (千克) | 净产 (千克) |
| 鲫 | 11.20 | 20～50 | 250 000 | 8 750 | 95 | 7.10 8.12 9.15 10.15 11.5 | 150 150 200 200 250 | 10 000 10 000 10 000 10 000 7 500 | 38 750 |
| 草鱼 | 11.20 | 250～400 | 5 000 | 1 700 | 95 | 6.25 | 750 | 3 563 | 1 863 |
| 鲢 | 11.20 | 100～250 | 7 000 | 1 400 | 95 | 8.5 11.5 | 1 250 ≥1 250 | 5 000 3 312 | 8 300 |
| | 翌年 7 月 | 夏花 | 12 000 | 12 | 60 | 11.5 | ≥100 | 1 400 | |
| 鳙 | 11.20 | 100～250 | 1 500 | 300 | 95 | 8.5 11.5 | 1500 ≥1500 | 1200 937 | 2134.5 |
| | 翌年 7 月 | 夏花 | 2500 | 2.5 | 60 | 11.5 | ≥100 | 300 | |
| 合计 | | | 278 000 | 12 164.5 | | | | 63 212 | 51 047.5 |

说明：①模式采集地为四川省成都市双流县。②池塘配备叶轮式增氧机 5 台，功率共计 15 千瓦。用 PVC 管作浮框搭设食场，并安装抬网。池塘排水为底排水，夏季有可供交换的水源，每月排掉底层水，排水量为 30 厘米，夏季每周加入新水 1 次，每次 5～10 厘米。③除鲢、鳙夏花鱼种外，其余鱼种在头年的 11 月食用鱼销售完毕后，排干池水曝晒池底 1 周，生石灰总用量 2 500 千克消毒后 10 天即放养鱼种。夏花鱼种在养殖当年的 7 月中旬左右放养。④全年共捕捞 6 次，草鱼在 6 月底前全部捕捞上市，以避开病害高峰期。鲫在 7、8、9、10 月分别将达到 150 克以上规格的食用鱼捕捞上市，每次轮捕量为 10 000 千克，留塘鲫在 11 月大拉网全部捕捞上市。8 月初，将部分达到食用规格的鲢、鳙用大拉网捕捞上市，留塘鲢、鳙在 11 月初用大拉网捕捞，达食用规格的上市，鱼种留作下一轮放养。⑤饲料采用通威池塘混养浮性配合颗粒饲料，粗蛋白含量为 30%～34%。冬季及春季饲料蛋白含量高些，后期采用 30% 粗蛋白饲料投喂。冬季，天气晴朗可适当投喂配合饲料，饲养周期为 350 天，净产量为 51 047.5 千克。其中，吃食性鱼类草鱼和鲫净产量为 40 613 千克，占总净产量的 79.5%；滤食性鱼类鲢、鳙净产量为 10 434.5 千克，占总净产量的 20.5%。饲料投喂总量为 67 吨，吃食性鱼类饲料系数为 1.65。

**2. 成本效益统计分析** 对本养殖模式进行成本效益统计分析，详见表 5-41。

表 5-41　养殖成本、效益统计分析

| 项　目 | | | 成　本 | | | 销售收入 | | |
|---|---|---|---|---|---|---|---|---|
| | | | 单价<br>(元/千克) | 数量<br>(千克) | 总金额<br>(元) | 单价<br>(元/千克) | 数量<br>(千克) | 总金额<br>(元) |
| 鱼种 | 鲫 | | 11 | 8 750 | 96 250 | 13 | 47 500 | 617 500 |
| | 草鱼 | | 10.2 | 1 700 | 17 340 | 12 | 3 563 | 42 756 |
| | 鲢 | 鱼种 | 6 | 1 400 | 8 400 | 6 | 9 712 | 58 272 |
| | | 夏花 | 500元/万尾 | 12 000 尾 | 600 | | | |
| | 鳙 | 鱼种 | 12 | 300 | 3 600 | 12 | 2 437 | 29 244 |
| | | 夏花 | 600元/万尾 | 2 500 尾 | 150 | | | |
| 饲料费 | | | 5 500 元/吨 | 67 吨 | 368 500 | | | |
| 渔药 | | | | | 8 000 | | | |
| 塘租 | | | | | 24 000 | | | |
| 水电费 | | | | | 8 500 | | | |
| 捕捞人工费 | | | 0.2元/千克 | 63 212 千克 | 12 642 | | | |
| 杂支含运费等 | | | | | 20 000 | | | |
| 合计 | | | | | 567 982 | | | 747 772 |
| 利润 | | | 利润 179 790 元（不含人工费及管理费），每亩利润 5 993 元 | | | | | |

（权可艳）

# 第十九节　贵州省高效养殖模式

## 模式一：稻田生态养殖技术模式

　　贵阳综合试验站在稻田养鱼历史悠久的黔东南州凯里市的舟溪镇、三棵树镇、开怀街道等地进行了稻田生态养殖技术模式的应用，取得了较好的经济、生态和社会效益。

## 一、稻田生态养殖对象的筛选

　　**1. 田鱼品种**　黔东南州稻田养鱼传统上以养殖鲤为主，鲤鱼种多为当地农户自繁，品种退化严重。选择福瑞鲤、建鲤、当地繁殖的鲤进行对比养殖，从养殖结果来看，福瑞鲤亩产比建鲤和本地鲤增产明显，福瑞鲤是比较适宜于作为稻田养殖的鲤品种。

**2. 水稻品种** 养殖户种植的水稻品种有金优、香两优875、中优、湘菲优785、湘优、糯谷、宜香、两优、黔优189、中优838、冈优63、胜优、川香、内优6号、特优、内优559、金优和汕优等品种，从水稻丰产性、抗逆性、广适性和抗病虫性等方面及实际效果来看，中优是比较适宜于稻-鱼共作的优良水稻品种。

## 二、适宜于贵州黔东南州山区特色的 2 个稻-鱼模式

在目前贵州山区稻田养鱼的多种模式中，比较适合贵州黔东南州山区的稻-鱼模式有：①稻鱼果模式，稻田中养殖鲤、草鱼，鱼坑上搭架种植瓜果；②稻鱼鹅模式，在秋、冬季水稻收割后种植优质黑麦草，放养当地鹅苗，饲养4个月左右上市销售，增加养殖经济效益。

## 三、稻田养鱼的主要方式

黔东南地区传统稻田养鱼由于不开鱼沟、鱼溜，采取平板式养鱼，鱼类栖息的水体小，环境差，鱼只能摄食有限的天然饵料，夏天高温时施肥撒药或遇到敌害时无法避栖，使得稻鱼矛盾无法解决。近年来，在示范推广福瑞鲤稻田高效养殖的同时，在养殖技术和养殖工程设施上因地制宜地改革创新，开发了多种稻-鱼结合新形式，如垄稻沟式、沟池式、流水沟式稻田养鱼和稻鱼萍综合利用等。

**1. 垄稻沟式** 又称半旱式稻田养鱼。此形式适用于长期淹水的冬水田、冷浸田和烂泥田等排水不良的水田。具体形式是田间开沟起垄，垄上可种植水稻、小麦、蔬菜和油菜等，沟内保持一定水位，水中养鱼、养虾和养萍等，形成生产多种经济动、植物的主体农业。这也是改造低产田的一种好方法，它能增加稻田土壤与空气的接触面积，协调水、气、热的矛盾，增加地温，使稻田小气候始终匀、稳、适。由于边际效应，促进水稻根系发达，而沟内鱼的活动，又使上下水层对流，促进土壤养分分解，保持和提高土壤肥力。用此模式一般产鱼 50~100 千克/亩，稻谷 450~500 千克/亩。

稻田养殖工程设施：稻田开厢，可采取窄、宽两种：①窄垄式，取 70~

80 厘米开厢，其中，沟宽 40～50 厘米、深 30～60 厘米；②宽垄式，取 1.2 米开厢，其中，沟宽 40～50 厘米，垄面植秧 4 行，沟中养鱼。

鱼种放养：稻田可放养规格为 17 厘米的鱼种 300 尾/亩。其中，草鱼 100 尾，鲢 75 尾，鳙 50 尾，鲤、鲫 75 尾。养殖期间主要投喂青料喂草鱼。

**2. 沟池式** 这是采用稻鱼并作和利用田埂、荫棚栽种各种作物的形式。具体形式是：在田的一端挖 1 口小池，池上搭遮阳棚，在池与田的交界处开设鱼沟，池沟相通。它既具有池塘高产精养的特点，又充分利用稻田的生态条件。

田端开挖的小池，一般池深为 1～1.5 米，面积占农田的 5%～10%，池面 1/3 处搭设鱼类避暑荫棚。池内埂的高度需比田面高出 25 厘米。并在与田埂交界处开挖鱼类活动通道口——鱼沟，沟宽 0.40～0.60 米、深 0.3～0.5 米，面积占农田面积的 2%～4%。面积 1 亩以下开一字形沟，2 亩以上开井字形沟，使池沟相通。

培育鱼种放夏花 1 500～2 000 尾/亩。其中，草鱼、鲤、罗非鱼占 90%；青鱼、鲢、鳙、鲫占 10%。养食用鱼放春片鱼种 400～600 尾/亩。遮阳棚上攀附瓜豆等藤类作物，田埂上可种植蔬菜、豆类等。

**3. 田凼式** 一般方法是在田边或田内挖凼，再在稻田中开鱼沟并与鱼凼相通。鱼凼深 1～1.5 米、沟深 0.25～0.50 米，沟、凼面积占农田总面积的 5%～7%。鱼凼不仅能蓄水防旱，而且可作鱼苗育种池。早稻插秧后，将鱼凼中的鱼引入，使鱼类通过鱼沟自由出入；早稻收割时，将田鱼全部集中入凼，收割后，整理稻出，插二季秧，开好鱼沟，再将凼中的鱼放回稻田。苗种放养量为 3 000～5 000 尾/亩夏花鱼种，或 300～500 尾/亩冬片鱼种。

**4. 宽沟式** 此种方式除稻鱼兼作所要求的加高加固田埂、开挖鱼沟外，突出的特点是在进水口一边的田埂内侧挖 1 条深、宽各为 1～2 米的宽沟，面积占农田的 5%～10%。宽沟的内埂高、宽为 23～26 厘米，每隔 3～5 米开 1 个 24 厘米宽的缺口与稻田串通，以便鱼在宽沟和稻田内自由进出。这种方式可以提前在春耕之前将鱼放在宽沟暂养，放冬片 300～500 尾/亩。待早稻秧苗返青后，放鱼进入大田觅食。

**5. 流水沟式** 此方式适用于排灌条件较好、水源充足的稻田。它利用流水养鱼的原理，在稻田中挖 1～2 条宽沟，利用水的流向，进行稻田宽沟微流水养鱼。沟的大小、形态依据田块大小而定，一般规格为宽 1～1.5 米、深 0.6～1.0 米，占田块面积的 4%～6%。

## 四、稻田生态渔业的饲养管理

**1. 日常管理** ①投饵：稻田养鱼投饵遵循"四定"、"三看"的原则，根据天气、鱼类活动和水质决定投饵量，并在鱼溜、鱼凼处搭食台和草料框。为了充分利用天然饵料和防治水稻虫害，当发现水稻有害虫时，每天用竹竿在田中驱赶1次，使害虫落入水中被鱼吃掉。②巡田：稻田养鱼每天要巡田，检查田埂是否有漏水、坍塌等现象，发现后应及时修补，特别注意拦鱼设备的完好程度及是否被堵塞，经常清除鱼栅上的附着物，以保证进排水畅通。

**2. 处理好晒田、施肥、施药与养鱼的关系** ①处理好烤田与养鱼的关系：稻田养鱼应保持沟溜坑凼中有微流水，水流以早晚鱼不浮头为准。平时大田水位按常规种稻管理，水深5.0厘米左右，在水稻生长中后期，每隔几天提高1次水位，灌至15.0厘米水深，让鱼吃掉老稻叶和无效分蘖。烤田前先疏通鱼沟、鱼溜，再将田面水缓慢排出，让鱼全部进入鱼沟、鱼溜或坑凼中，沟内水深保持13.0～16.5厘米，最好每天将鱼溜、鱼凼中的水更换一部分，以防鱼密度过大时缺氧浮头，烤田时间过长时，可将鱼捕出暂养在其他水体中。②处理好水稻施肥与养鱼的关系：水稻施肥以底肥为主，其用量占水稻全部施肥量的70%～80%，底肥施后深埋。若全用化肥作底肥，则每亩施碳酸氢铵15.0～20.0千克，或钙镁磷肥50.0千克，或硝酸钾8.0～10.0千克，或氨水25.0～50.0千克。若全用有机肥，每亩施1 000～2 000千克。同时，在水稻生长过程中需施追肥。追肥主要用化肥，应注意少量多次，不要超过安全用量。一般水深6.6～7.0厘米时，对于鲤夏花，碳酸铵的安全用量为10.0～15.0千克/亩、硝酸钾2.0～7.5千克/亩、过磷酸钙2.5～5.0千克/亩，石灰10.0千克/亩。追肥时加深田间水位到7.0厘米左右，分2次进行，每次施半块田，肥料不直接洒在鱼沟、鱼溜和鱼凼中；或者追肥前先排出部分田水，让鱼进入沟、溜、凼后施肥，待化肥迅速被土壤吸附后，逐渐恢复到原有水位。③处理好水稻病虫害防治与养鱼的关系：要选用高效、低毒、低残留的农药，主要有扑虱灵、甲胺磷、稻瘟灵、叶枯灵、多菌灵和井冈霉素，禁止使用除草剂及高毒、高残留农药。喷药前先疏通鱼沟、鱼溜、鱼凼，加深田间水位到7.0～10.0厘米，粉剂在早晨露水未干时用喷粉器喷，使其附着于叶片上；水剂在晴天露水干后喷雾，尽量使药洒在水稻上，以免过多的农药落入水中使鱼中毒。

**3. 田鱼的收获** 捕鱼前疏通鱼沟、鱼溜、鱼凼，在夜晚缓慢放水，以避免白天外来干扰，使鱼受惊吓不能游出大田进入沟溜。待鱼全部集中于沟溜中时，用手抄网捕捞。也可在出水口布网具，将鱼赶至出水口捕获。若一次放水不能将鱼捕尽，可再放第二次水入田，再捕 1 次。

（李建光　胡世然　杨兴）

## 模式二：大水面混合型生态网箱养殖技术模式

贵州省从 20 世纪 80 年代后期，开始利用网箱养殖技术对水库大水面进行开发，经过 20 多年的发展，网箱养殖吃食性鱼类的技术日臻完善，养殖密度和养殖产量屡创新高。由于贵州缺乏池塘、湖泊等传统渔业生产资源，因水电开发而形成的水库大水面逐步成为贵州最主要的可渔水体，随着网箱养殖规模和面积的不断扩大，各养殖区域的负载大大超出了水体的承载极限，养殖水体严重的富营养化，水质恶化程度严重。

针对严峻的养殖形势，根据食物链传递的基本原理，采用投饵式网箱外面再架设 1 个更大的网箱养殖滤食性鱼类，利用滤食性鱼类摄食吃食性鱼类的残渣剩饵，以及吃食性鱼类粪便繁衍的浮游生物，减缓水体富营养化速度，减轻水质恶化程度，使大水面的水产养殖得以可持续、健康的发展。

## 一、养殖条件

**1. 水体环境**　要求水面宽阔，光照充足，风浪小，日照射时间长；水深 6 米以上，确保网箱底部与水底的距离大于 1.5 米。

**2. 水温**　水温 15～32℃，年水温高于 18℃时，积温大于 2 800℃。

**3. 水质**　水质无污染，符合《渔业水质标准》。透明度大于 1.0 米时，适宜只放养吃食性鱼类；透明度小于 1.0 米、且浮游生物量湿重大于 4.0 毫克/升时，适宜本模式，在外网箱放养滤食性鱼类。

**4. 水流**　流速小于 0.2 米/秒。

## 二、网箱设置

中央的投饵式网箱大小为 5.0 米×5.0 米×2.5 米，网目视养殖鱼类规格大小而定，以 4 个、8 个或更多网箱为 1 组，以 4 个为典型模式。外围的滤食性鱼类网箱大小为（12.0～24.0）米×12.0 米×（3.5～4.5）米，网目大于5.0 厘米，内外网箱箱体材质均为聚乙烯等环保材料。如果吃食性网箱规格增大，滤食性网箱规格也相应增大，以滤食性网箱能完全容纳 1 组吃食性网箱为准。网箱设置见图 5-5。

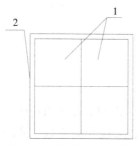

图 5-5　网箱设置平面图
1. 为养殖吃食性鱼类的内网箱
2. 为养殖滤食性鱼类的外网箱

## 三、养殖品种与鱼种质量

**1. 养殖品种**　投饵式网箱为鲤、鲫、草鱼等常规养殖的鱼类，也可以是其他名、特、优鱼类；外网箱为鲢、鳙。

**2. 鱼种质量**　要求体质健壮，无伤病，规格整齐、活动能力强。鲢、鳙放养规格为体长 20.0 厘米以上或体重 100.0 克以上。

## 四、放养规格及放养密度

常见养殖品种放养殖规格及密度见表 5-42。

表 5-42　常见养殖品种放养规格及密度

| 放养品种 | 进箱规格（克/尾） | 出箱规格（克/尾） | 放养密度（千克/米²） |
|---|---|---|---|
| 鲤 | 30～50 | >500 | 5.0～10.0 |
| 草鱼 | 50～100 | >750 | 4.0～10.0 |
| 罗非鱼 | 20～50 | >500 | 4.0～8.0 |
| 团头鲂 | 30～50 | >400 | 5.0～10.0 |
| 鲢 | 100～500 | >750 | 0.1～0.5 |
| 鳙 | 100～500 | >750 | 0.3～1.0 |

## 五、饲料投喂

本养殖模式只投喂吃食性鱼类，投喂的饲料应符合养殖对象的营养需求，质量稳定可靠，投喂方法与常规网箱养殖相同；外围养殖滤食性鱼类的网箱不投喂人工饲料。

## 六、日常管理

随时观察鱼类活动情况，定期检查网箱箱体，防止因网箱破损造成鱼类逃逸。定期对网箱箱体进行清洗，防止附着物堵塞网目，阻碍网箱内外水体交换和箱外浮游生物进入网箱。

## 七、鱼病防治

大水面养殖鱼病防治难度相对较大，要做到无病先防、有病早治，随时观察鱼类活动情况，定期进行鱼病检测。鱼种进箱前要彻底药浴消毒，草鱼要注射免疫疫苗，从源头杜绝病原体进入养殖网箱。

（李建光　杨兴）

# 第二十节　内蒙古自治区高效养殖模式

## 模式一：内蒙古黄河鲤高效健康养殖模式

随着人们生活水平的不断提高，内蒙古沿黄地区对黄河鲤的需求不断增加，售价不菲。本文通过总结当地的养殖经验，提出了黄河鲤高效健康养殖模式。

## 一、池塘的基本条件

养殖池塘位于达拉特旗大树湾，是农业部健康养殖示范场。养殖用水符合国家渔业用水水质标准，养殖场周围无污染源，水源使用黄河水和地下水。池塘面积为 10 亩，池塘平均水深 1.6 米。池底为黏土池底，池塘注排水方便，池塘配备 2.2 千瓦水泵 1 台、投饵机 1 台、3 千瓦叶轮式增氧机 2 台。

## 二、鱼种放养

池塘在经过一冬天的晾晒风干，鱼种放养前进行清整池底池埂、注水、消毒和试水等工作，在 4 月 11 日前彻底清塘消毒。4 月 21 日投放 1 龄规格在 60～120 克的鱼种；选择规格整齐、体质好、无伤无病的鱼种放养。待鱼苗下塘 3 天后，用一元二氧化氯 250 克/亩全池消毒（表 5-43）。

表 5-43　主养黄河鲤模式鱼种放养规格与密度

| 放养品种 | 规格（克/尾） | 放养重量（千克） | 放养尾数 | 平均亩放尾数 |
|---|---|---|---|---|
| 黄河鲤 | 60～120 | 800 | 8 000 | 800 |
| 花鲢 | 600 | 240 | 400 | 40 |
| 白鲢 | 500 | 500 | 1 000 | 100 |

## 三、水质调控

**1. 水质判断**　水质的好坏，根据池塘水的透明度、水的肥瘦、鱼的吃食情况以及池水的溶解氧、pH、氨氮、亚硝酸盐等情况综合来判断。

（1）透明度　池塘水体的透明度，一般保持在 20～30 厘米即可。

（2）水体的肥瘦　①瘦水：水色很浅，透明度大，可达 50～60 厘米，水中浮游生物很少，水中有水绵、青泥苔等，有时浮游动物较多；②正常水：水色深浅适度，透明度在 10～30 厘米，水中含较多的鲤消化藻类；③肥水：水色很浓，透明度在 10 厘米以下，水中含大量的浮游生物，如果不注意调节，该水易老化；④老水：水色过浓,透明度小于 5 厘米,水中常含有大量不易消化的微囊藻等蓝藻,这种水质极不利于鱼类的生长,应立即采取措施进行调节。

**2. 水质调节**　定期检测水质，用水质分析试剂检测溶解氧、pH、氨氮和亚硝酸盐等项目，同时，用显微镜镜检分析藻类的藻相。每 10～15 天补充新水 20 厘米左右。水质过瘦，施用化肥和生物肥水素，两者配合使用；过肥水，可采取抽出部分老水，加注新水和补充施肥，配合使用微生物制剂泼洒，每隔 10 天泼洒 1 次的办法。

## 四、日常管理与饲料投喂

**1. 增氧机的使用** 在 6 月下旬，7、8 月高温季节，中午及夜间均需开动增氧机。晴天中午开机 1～2 小时，将上层过饱和的氧气及时输送到下层，使池塘底层水溶氧增多。下午和傍晚则不宜开机，阴雨天夜间早开机，晴天夜间可适当晚开机；雷阵雨天气，可适当延长夜间开机时间；一旦夜间开启了增氧机，就必须开机到日出后方可关机。当鱼浮头严重，出现爬边、不向增氧机靠近的现象时，可使用水泵，使池水循环起来，可减轻浮头症状。同时，配合使用鱼浮灵等化学增氧剂，使鱼在短时间内尽快恢复正常。

**2. 投喂** 黄河鲤的健康养殖，关键是要使用优质配合颗粒饲料，根据不同的生长阶段选择投喂小鱼料和成鱼饲料。前期使用的饲料是蛋白含量 35% 的颗粒全价配合饲料，后期饲喂蛋白含量 30% 的全价料。遵循"四定"投饵原则，采用驯化投饲的方法，形成上浮抢食习惯。在水温相对较低的 4 月下旬至 5 月初以及 9 月下旬（水温 12～20℃），每天投饲 1～2 次，日投饵量占鱼体重的 1%～3%；水温在 20～28℃时，根据鱼体大小、天气情况，日投饵 3～4 次，日投饵量占鱼体重的 3%～4%。投喂间隔 3 小时以上，每次投饵 30～50 分钟，待大部分鱼群散去，减少投喂量至停止投喂。并根据天气、水色、鱼类活动及摄食情况酌情增减。

一般早上在太阳升起后投喂，下午在太阳落山前喂完。如日投饵 4 次，可在 8:00、11:00、14:00、17:00 投喂；日投饵 3 次，可在 9:00、12:00、17:00 投喂。投喂量一般两头少、中间多，下午最后一次不宜投喂太多。根据鱼体规格计算出黄河鲤的存塘量，再根据投饵率计算出当天的投饵量；生产中每 7 天左右调整 1 次投饵量。

**3. 日常管理** 按照健康养殖操作规范做好池塘日常管理。坚持早、晚巡塘，观察水色变化，有无浮头及病害情况，并根据实际情况决定是否调水或开增氧机的时间。做好池塘日志，观察和记录鱼吃食与活动情况。发现鱼活动、吃食异常，撒网检查，对症处理，保证池鱼健康快速生长。

## 五、病害防治

在养殖过程中，坚持预防为主、防治结合的原则，早发现、早预防、早治疗。

鱼种放养前,彻底清塘消毒;鱼种入池消毒;拉网操作要细心,避免鱼体受伤等。

在鱼种放养初期,因操作和运输等原因造成鱼体受伤易感染水霉病,在下塘后泼洒水霉克星一遍。以后勤观察并根据实际情况进行镜检,发现鱼病及时检查确诊,对症下药。在黄河鲤养殖过程中,常见的疾病有水霉病、肠炎、烂鳃病、车轮虫病、指环虫、三代虫病和绦虫病等。

## 六、出鱼情况及效益分析

**1. 产量** 9月26日开始后拉网捕捞,为了保证黄河鲤的品质,并便于运输,捕捞前应有停饲时间,一般为3天左右。商品鱼收获情况见表5-44。

表5-44 商品鱼收获情况

| 品　种 | 出塘重量(千克) | 出塘规格(千克/尾) | 平均亩产(千克) | 饲料系数 |
|---|---|---|---|---|
| 黄河鲤 | 5 900 | 0.75 | 590 | 1.76 |
| 花鲢 | 790 | 2 | 79 | |
| 白鲢 | 1 550 | 1.55 | 155 | |

**2. 效益分析** 黄河鲤产值5 900千克×30元/千克=177 000元;花白鲢产值790千克×12元/千克+1 550千克×8元/千克=21 880元,总收入198 880元。总生产成本101 840元,包括苗种费24 840元、饲料费43 500元、水电费8 500元、人工费14 000元、肥药及生物制剂7 000元、池租费4 000元。纯利润97 040元,平均亩利润9 704元。

## 七、小结

由于天然黄河鲤生长速度慢,通过人工强化饲养生长速度能加快一些,但和其他杂交鲤还有一定的差别,本次试验虽然产量不高,但低密度的养殖能产出较好品质和健康的商品黄河鲤,肉质与天然黄河鲤在口感上相差不多,达到了健康养殖的标准和目的。同时,黄河鲤的当地市场价格高,为黄河鲤养殖带来良好的经济效益。黄河鲤健康养殖模式,通过投放优良品种,合理搭配品种,选取适宜投入和产出水平,使用高效绿色饲料及无残留绿色药品,获得健康的鱼产品和最佳的养殖效益。

(韩剑钧　薛树平　张丽霞)

## 模式二：内蒙古西部地区池塘主养草鱼高产高效养殖技术

为了探讨"池塘主养草鱼高产技术"，结合大宗淡水鱼类产业研发，2011年以来，呼和浩特综合试验站杭锦后旗示范片南小召渔场采用全价配合饲料投喂主养草鱼，并针对草鱼易得病、死亡率高的特点，采用内服外治的鱼病防治方法，有效地提高了草鱼的生长速度和成活率，草鱼亩产达到1 000千克以上，成活率98%以上，亩利润4 000元以上。

## 一、池塘的选择与准备

**1. 池塘条件**　选择水源充沛、排注水方便、水质清新和无污染源的池塘。试验池选在杭锦后旗南小召渔场，水源为黄河水结合地下水，符合渔业养殖用水要求。鱼池是2口长方形池塘，池埂平整，池堤牢固不漏水，每口面积分别为10亩和9亩，总面积19亩。淤泥20厘米左右，有效水深2.0米。

每口养殖池配置投饵机1台、3千瓦叶轮式增氧机2台。

**2. 池塘准备**　在鱼种放养7～10天前，每亩用生石灰100～150千克进行干塘消毒，加水适量后搅拌成石灰浆趁热全池泼洒。消毒后的第4天，开始加水，进水口设置筛网，防止野杂鱼、杂物的进入，加水至0.5～0.8米深时，停止加水，开始晒水，提高水温，为鱼种投放做好准备。

## 二、鱼种放养

鱼种的选择与投放是成鱼养殖的关键，要选择就近有资质的良种场生产的或自己培育的鱼种。成鱼养殖一般选择500～600克的2龄鱼种。需要掌握的技术环节如下：

**1. 放养时间**　以在春季水温达到10℃以上时放养比较适宜，在晴天的中午进行投放。本试验选择在4月下旬投放鱼种。

**2. 质量要求**　放养体质健壮、体形正常、鳞鳍完整、体色光亮、黏液丰富和无创伤的鱼种。

**3. 品种规格要求**　主养草鱼，可适当搭配福瑞鲤、"中科3号"异育银鲫、长丰鲢、鳙，根据上市规格和上市时间选择鱼种规格。按照当地市场消费习惯，当年 10 月草鱼要达到 2 千克以上，则选用尾重在 550～600 克的 2 龄草鱼种。放养品种及搭配情况见表 5-45。

表 5-45　放养品种及搭配比例

| 池号 | 放养品种 | 放养规格 | 放养密度（尾/亩） |
|---|---|---|---|
| 1 | 主养草鱼，搭配鲤、鲢、鳙 | 草鱼 550～600 克/尾，鲤 100～150 克/尾，鲢 500～600 克/尾，鳙 350～400 克/尾 | 草鱼 550 尾，鲤 100 尾，鲢 120 尾，鳙 30 尾 |
| 2 | 主养草鱼，搭配鲫、鲢、鳙 | 草鱼 550～600 克/尾，鲫 60～75 克/尾，鲢 500～600 克/尾，鳙 350～400 克/尾 | 草鱼 550 尾，鲫 250 尾，鲢 130 尾，鳙 25 尾 |

**4. 鱼种消毒**　放养前用 4% 食盐水＋青霉素 0.8 万单位/千克水，经搅拌混匀后，浸泡鱼种 10～15 分钟，可有效地防止各种细菌性疾病和水霉病的发生。

## 三、饲料投喂

饵料决定产量，饵料的质量和投饵技术是影响养鱼产量的重要因素。因此，应根据草鱼的食性选择既经济又符合营养需要的饵料，采用"四定"的投饵技术，才能获得高产量、高效益。

**1. 饲料的种类**　配合颗粒饲料选择蛋白质含量为 29%～30% 含鱼粉的草鱼专用饲料。养殖前期投喂粒径 2.5 毫米的中号料，后期投喂粒径 3.5 毫米的大号料。

**2. 投饲方法**

（1）定位　即饵料应投放在设置于固定地点的自动投饵机内，食场固定后，一般不要随意移动，让鱼类养成在固定地方吃食的习惯。

（2）定量定质　为了确保及时采购饵料、定量投喂，应根据鱼种投放量、鱼体增重计划和各饵料的增肉系数，做好全年的投饵量计划。前期日投饵量按池内吃食鱼总重量的 2%～3% 计算，后期按 5%～6% 计算，但也不是机械地每天按理论数据投喂。具体到每天的投饵量时，应从四方面考虑：一是鱼类吃食情况。如果发现投饵过程后期鱼群要散开即可停料。二是天气变化。天气晴朗应多投；闷热将要下雨时少投，以免引起严重浮头；大雨不投，避免泛池；天气酷热时，晨多午少，但每天投饵量应适当减少，以免多吃生病；天凉时，午间多投。三是鱼类活动情况。鱼体健壮、游动活泼时多投，发病期少投或不投，将浮头或已浮头时不投。四是水质情况。水质瘦时多投，过肥过浓时少投。定期抽样测定鱼类的生长情况，并按理论日投饵率指导调整投饲量。

（3）定时　养殖鱼类的投喂要有一定投饲频率和时间，定时可以养成鱼类的吃食习惯，同时在水温适宜、溶氧较高时，可提高养殖鱼类的摄食量，增加饲料的利用率。颗粒饲料的投喂次数按照4～5月每天投喂2～3次，6～9月每天4次，10月每天2～3次。自动投饵机每次投喂30分钟。饲料的用量情况见表5-46。

表5-46　全年试验塘饲料的投喂情况（千克）

| 月份 | 4 | 5 | 6 | 7 | 8 | 9 | 10 | 合计 |
|------|-----|-------|-------|--------|--------|--------|-------|--------|
| 饲料 | 965 | 2 787 | 5 360 | 13 936 | 16 080 | 10 720 | 3 752 | 53 600 |

# 四、日常管理

高密度的精养模式，日常管理以管理水质为主，俗话说"养鱼就是养水"，保持良好、稳定的水质，重点是防缺氧泛塘。草鱼喜欢清瘦水质，且食量较大，排泄物较多，易造成底质及水质变化，从而导致生长速度减慢或发生鱼病，因此要经常注换水，改善水质环境。随着气温的上升，特别是7、8月，每月的注水次数要增加到每周2次，每次注水20～30厘米，每月换水2次，先抽出池塘老水1/3再加注新水。

**1. 坚持巡塘**　做好池塘日志，注意天气、水质和鱼情。一般轻浮头是从凌晨5：00～6：00开始，到7：00～8：00太阳出来后浮头症状消失，这是正常现象；重浮头则从下半夜3：00开始，若未及时采取措施，至凌晨5：00～6：00就会导致泛塘死鱼。因此，7～8月晚上的巡塘不可放松。

**2. 合理使用增氧机**　增氧机在增氧的同时，又可以起到搅水和曝气的作用，要求做到"三开、两不开"。晴天中午开机1～2小时；阴天适时开机，直到解除浮头；阴雨连绵有严重浮头危险时，要在浮头之前开机，直到解除浮头。一般情况下，傍晚不开机，阴雨天白天不开机。合理使用增氧机可预防鱼类浮头，防止泛塘，也可以加速池塘内的物质循环，增加投喂量，达到稳产高产、提高饲料利用率、降低饲料系数和有利于预防鱼病的目的。

## 五、科学防病

鱼病发生季节一般在4~9月，关键在6~8月。坚持"以防为主、防重于治"的原则，坚持"池塘消毒、食场消毒、饲料消毒、工具消毒"的方法，严格按照国家标准规范使用渔药，以保证水产品的质量安全。定期有针对性地预防鱼病，防患于未然。

**1. 定期对水体消毒** 采用漂白粉和二氧化氯定期全池泼洒。具体方法是每月泼2次，第一次每立方米水体用漂白粉1克兑水全池泼洒1次；半个月后，再用二氧化氯全池泼洒1次，可杀灭水体中的有害细菌。

**2. 定期投喂药饵** 草鱼"三病"及肝胆综合征不但要注重外消，还要配合内服。7~9月，每月在饲料中添加药物投喂2~3次，每次连喂3~4天。具体的防治方法：一般以中药防治为主，和饲料厂家联系加工成药料，即在饲料中添加三黄粉2~3克/千克，每天2次，投喂3天；间隔再以龙胆泻肝散2~3克/千克，每天2次，投喂3天。预防肠炎病，可在饲料中添加大蒜素5克/千克，拌匀投喂，每天2次，投喂3天。

## 六、养殖结果

11月开始陆续起捕，2口试验塘的产量情况分析、收获情况见表5-47。

**表5-47 收获情况**

| 池号 | 草鱼 | 鲤 | 鲫 | 鲢、鳙 | 总产量 | 平均亩产（千克） | 产值（元/亩） | 纯利润（元/亩） |
|---|---|---|---|---|---|---|---|---|
| 1 | 11 640 | 1 126 | — | 1 835 | 14 601 | 1 460 | 14 263 | 4 392 |
| 2 | 10 376 | — | 585 | 1 620 | 12 581 | 1 398 | 12 491 | 4 264 |

（巴彦淖尔市杭锦后旗水产工作站）

# 第二十一节 云南省高效养殖模式

## 模式一：网箱培育水花鱼苗高效养殖模式

传统的鱼苗培育模式中，培育水花鱼苗需要单独的鱼苗池。但是，云南山多（山区占国土面积的 94%），平坝土地较少，养鱼池塘零星分散不成规模，大多数以养殖成鱼为主的养殖户没有专门的鱼苗塘。加之，云南水产原良种场数量少，鱼苗生产能力不足以满足养殖户所需（特别是购买的数量少时，运输费用较高）。为解决这一现状，昆明综合试验站专业技术人员与养殖户总结发明出在鱼池中安装网箱养殖水花鱼苗。待培育至夏花鱼苗时，再进行分塘养殖。用网箱养殖水花鱼苗，放养密度大，成活率高，生长快，养殖周期短，饵料系数低，且无需清塘，投喂方便，起捕容易，可有效避免水体中敌害的侵袭，便于分箱分池继续养殖。既能很好地开发池塘的立体使用空间，又能提高大宗淡水鱼类池塘的养殖经济效益，适应性强，便于推广。

## 一、池塘条件、网箱设置地点选择

**1. 池塘条件**　放置网箱的池塘面积应较大，以 10～20 亩为宜，形状为长方形，池底为土质、平坦；池深 2.5～3 米，有效水位 2～2.5 米，池底淤泥少，水质符合《无公害食品　淡水养殖用水水质标准》（YN 5051—2001）标准，溶氧充足，注排水方便，通风向阳，光照条件好，水电齐备，交通方便，并配有增氧机、自动投饵机和潜水泵，可设置微孔增氧设备的池塘最佳。

**2. 网箱设置地点选择**　网箱设置地点要选择在对鱼生长有利和管理方便的地方，应选在池塘中离岸较近，避风向阳，水质清新，风浪不大，没有污染，水体交换量适中，周围开阔，没有水老鼠，投喂方便，可以使用微孔增氧设备的地点。避开水草茂密、腐泥过多的地方。

## 二、网箱材料及设置

**1. 网箱材料**　网箱用聚乙烯或尼龙密网片制成，要求质地柔软，规格为 2 米×4 米×1.2 米，网目大小以 60 目为宜。网箱底部留的口子，平时关死，等网箱底部附生大量藻类或吸附污泥较多时，可打开及时清除、刷洗附在网箱上的藻类污物，以保证水体的正常交换。网箱在使用前，先用含有效氯 30% 左右浓度 10 毫克/升的漂白粉溶液浸泡液消毒 24 小时，然后净水冲洗干净，方可使用。

**2. 网箱设置**　在设置网箱时，四角用 4 根竹子插入泥中，网箱四角用绳索固定在竹子上。四角用石块作沉子用绳索拴好，沉入水底。调整绳索的长短，使网箱固定在一定深度的水中，可以升降，调节深浅，确保网箱安全可靠。网箱放置深度，根据天气、水温而定。

## 三、鱼苗放养

**1. 鱼苗质量**　同一网箱中，要求投放规格整齐、体格健壮优质的水花鱼苗。

**2. 投放时间**　水花鱼苗投放时间为 3～5 月，选择晴天 9：00～10：00 放苗为宜。

**3. 放养密度**　主要根据水体中天然饵料基础和网箱中水的交换量及饲养管理的技术水平而定，一般水花放养密度为 10 000 尾/米$^3$；水花培育 1 周后，规格达到 2 厘米以上，可进行分箱饲养，放养密度为 3 000～5 000 尾/米$^3$。

**4. 放养方法**　经长途运输的水花鱼苗，不能立刻放入水中，先将装有鱼苗的袋子放入网箱中调温 30 分钟，并用淋湿的麻布袋盖在鱼苗袋上，防止曝晒，等袋内外水温基本一致时，让水花鱼苗贴水面流入网箱中，切勿悬空倒入。

**5. 投饵方法**　从下塘之日起，第一周可投喂黄豆豆浆，每 10 万尾鱼苗投喂豆浆 50 千克（3 千克黄豆所制）；第二周投喂粉状开口饲料，投喂量为鱼苗体重的 5%～6%；待鱼苗长至 3 厘米以上，改投 1.0 毫米漂浮破碎颗粒饲料。日投喂 3 次，分别为 9：00、12：00、16：00。投喂遵循定时、定量、定质、定位原则，并根据气候、水质的变化及鱼苗的活动情况来决定投饵量的增减。投喂工作安排专人负责，投喂时做好养殖记录管理，记录天气、水温、投饵量及次数等。

## 四、日常管理

**1. 网箱检查清洗**　经常检查网衣是否破损，如有破损及时修补，尤其是在大风暴雨后更应加强检查和维修，确保网箱完好无损。还要防止鸟类、老鼠等敌害破坏网箱，若发现有成鱼跳入箱中要及时挑拣出来。并根据水位变化时调整网箱位置及高度。定期冲洗网衣，清除堵塞网目的污物、残饵，保证网箱内外环境清洁和水体正常交换。

为了防止附生藻类的大量繁生，还可以在网箱内养 5～10 尾刮食性鱼类，以清除网箱内附生藻类等。

**2. 水质调控**　网箱培育水花期间，池塘必须始终保持良好的水质及合适的水位。根据池水水色和透明度等情况，及时注、排水，保持池水溶解氧充足和水质清新；适时施肥，根据池水的 pH 和钙、磷的含量，施用生石灰和磷肥，一般每隔 15 天左右施用 1 次。高温期间每隔 10～15 天，施用光合细菌、芽孢杆菌和 EM 菌等微生物制剂，调节水体环境；在网箱内使用微孔增氧等设备，晴天中午正常开启 2～3 小时，连续阴天、闷热天气，根据池水溶氧情况，加时开启增氧设备，防止鱼苗浮头死亡。

**3. 病害防治**　网箱培育水花鱼苗要注意防病，防重于治。每天注意观察鱼吃食、活动情况，发生异常及早诊断、及早预防，使用药物要符合《无公害食品　渔用药物使用准则》的要求进行鱼病防治，严禁使用国家已禁止使用的药物进行鱼病防治。

**4. 拉网锻炼**　从水花培育至夏花期间，至少进行 1～2 次拉网锻炼。从下塘之日起至培育 2 周左右可进行第一次锻炼，将网衣提起，使鱼苗密集在网箱内 30 秒钟；第二次锻炼，将鱼苗密集 30 分钟后放开网箱，并注意检测鱼苗长势情况。

**5. 出箱取鱼**　当网箱内鱼苗达夏花规格后，应及时出箱。出箱前 2～3 天停止喂食，出箱后鱼苗即可放入池塘中养殖。

（杨其琴　龙斌　段昌辉　田树魁　华泽祥）

## 模式二：鲤鱼苗当年养成商品鱼高效养殖模式

在云南，传统的鲤养殖方法是从鱼苗养到商品鱼，一般需要一年半至两年的时间，养殖周期长，养殖成本高，效益不明显。采用鲤鱼苗当年养成商品鱼高效养殖模式，利用鲤鱼苗种生长速度快的特点，提早投放夏花鱼苗，选择合理的放养密度，保证饵料及溶氧充足，加强管理，减少病害。并充分利用 6～9 月高温气候，促进快速生长，能使当年投放的夏花鱼苗年底达到上市规格，既缩短了养殖周期，又降低了生产成本，利润比 2 龄鱼种养成商品鱼要高得多，亩均纯收入在 5 000 元以上，经济效益显著。

# 一、池塘养殖条件

**1. 池塘条件**　水源充足，水质清新，水质符合《无公害食品　淡水养殖用水水质》（NY 5051—2001）标准；进排水方便，至少每月可换水 1 次；面积以 5～10 亩为宜，池深在 1.5～2.5 米。通风向阳，光照条件好，水电齐备，交通方便。

**2. 养殖设备**　每口池塘配备 3 千瓦增氧机 2～3 台，自动投饵机 1 台，水泵 1 台。

## 二、苗种放养

**1. 池塘管理**　每年冬季清塘将池底晒干，放苗前每亩池塘用 75～100 千克生石灰或 5～10 千克漂白粉全池泼洒消毒，后注入新水。根据放苗时间提前将池水培肥，可用发酵过的有机肥和艾蒿混合堆肥肥水，每亩用有机肥和艾蒿各 100 千克混合堆放于池塘四周，以水刚好淹没为好。同时，泼洒益生菌调节水质。第一次池塘注水在 50 厘米左右。

**2. 苗种放养**　苗种要尽早投放，一般在 2 月底前投放当年鲤夏花鱼苗。池塘应在鱼苗下塘前培育出大量的生物饵料，供鱼苗下塘摄食。下塘鱼苗宜选择优质、健康的建鲤夏花鱼苗为好，亩投放 5 000 尾左右。

## 三、养殖管理

**1. 鱼苗培育阶段管理**

（1）前期管理（3 月）　鱼苗投放 1 周内，主要以浮游生物为食。可在食台上方挂一荧光灯，利用浮游生物的趋光性，夜间会聚集到灯下方，方便鱼苗夜间摄食。待浮游生物数量减少后，可每天沿池子四周泼洒豆浆，每亩 10～20 千克，分早、中、晚 3 次泼洒，具体用量视水质和浮游生物的多寡而定。每隔 1 周，加注新水 10 厘米。若水色过浓，可适当添加新水或换掉一部分池水，注水选择在晴天进行，避免水质、水温波动过大。每月泼洒 1 次益生菌调节水质。20 天后，在食台附近每天每亩投喂含粗蛋白 38% 的鲤破碎料进行人工投饵驯化，每天投喂 2 次，每次 0.5 千克。以后逐渐集中在食台投喂，使鱼苗养成集中摄食习惯。有条件的地方，可收购红虫投喂。

（2）中期管理（4 月）　4 月初，水深可加至 1 米左右，待鱼苗培育至 3 厘米左右时，可投喂直径 1 毫米的鲤颗粒饲料。此时的饲料粗蛋白含量要求在

38%以上，每天投喂3次，每次喂至鱼种不上浮抢食为宜。4月底，鱼苗规格可达5～7厘米，此时，每亩可搭配放养鲢夏花500尾、鳙夏花100尾、鲫夏花500尾、草鱼夏花1 000尾，投喂鲤饲料为主。适量追施化肥并泼洒益生菌调节水质，每亩每次可施3～5千克普钙和2～3千克尿素，也可视水质情况单施普钙或益生菌。追肥应根据水质情况而定，做到少施勤施，一般每半个月或1个月追施1次，水色以淡黄绿色、透明度10～15厘米为好。4月底，水深加至1.3米左右，投喂次数增至每天4次，定期用水质分析仪检测水质，并用显微镜检查浮游生物种类和组成情况，以确定水质的好坏。

（3）中后期（5月）　从5月开始，鱼苗进入快速生长阶段，可改喂直径1.5毫米的鲤颗粒饲料，粗蛋白含量要求在38%左右，每天投喂4～5次，投喂量占鱼体总重的5%～8%。投喂方法坚持"四定"原则，即定时、定质、定量、定位。实际投喂量，应根据天气、水质、和鱼种活动及摄食情况灵活掌握。从5月开始，草鱼可投喂一些比较细嫩的青饲料，也可捞浮萍投喂。随着水温升高，水质容易老化，应勤换水、勤施肥，定期泼洒水质改良剂，加强病害防控。日常管理中，应定期抽样检查治疗。5月底，鲤平均尾重可达50～100克。

（4）后期管理（6～7月）　要做到勤投饵、勤调水（换水或施肥）、勤防病，保持水质"肥、活、嫩、爽"，透明度5～15厘米。科学使用增氧机，晴天中午开增氧机1小时，促进池水上下循环，阴天不开机。饲料改喂2.5毫米的鲤颗粒饲料，粗蛋白含量不低于35%，日投喂量占鱼体总重的5%～7%，每天投喂4次。加强病害管理，每半个月投喂1次中药饲料。

（5）适时分塘　5月底至6月初，鲤规格达50～100克，应开始分塘，捕大留小，每亩可出售2 000尾左右的鲤鱼苗，既增加了经济效益，又避免了密度过大，影响鲤生长。分塘后用二氧化氯全池消毒，避免鱼体擦伤感染细菌性疾病。至7月底，鲤规格达0.3～0.5千克时，每亩需分塘或出售鲤鱼种1 000尾左右，留塘1 500～2 000尾。

（6）成鱼养殖（8～10月）　8月开始，水位可逐渐加至1.8～2米，透明度保持在5～15厘米。此阶段为鲤最佳生长时期，饲料粗蛋白含量应不低于35%，日投喂4次，每次喂至九成饱。8月是病虫害高发期，应定期药物防治，及时调节。9月底，鲤尾重可达0.5～0.8千克；11月初，长至0.6～1千克，可陆续出售。

（苗春　龙斌　杨其琴　田树魁　华泽祥）

# 第二十二节　陕西省高效养殖模式

## 模式一：大池塘养殖模式

### 一、池塘条件

池塘面积 50～300 亩，池中建设芦苇种植岛，用于清塘捕捞的集鱼沟渠；水源充足，符合《渔业水质标准》（GB 11607-1989）的要求，进排水方便，池深 2.0～3.0 米；每 10 亩水面配备 2.2 千瓦叶轮式增氧机 1 台，每 50 亩水面搭建固定投饵台 1 个，并架设 3 千瓦微孔增氧机、投饵机各 1 台，配备相应的渔船、抽水机等设备。

### 二、消毒施肥

放养前应排干池水并进行彻底消毒，每亩用 75～100 千克生石灰或 5～10 千克漂白粉全池泼洒，并与塘泥充分混合，曝晒 3～5 天，彻底杀灭野杂鱼和病原体。

### 三、鱼种放养

以草鱼作为主养品种，套养鲤、鲫、鲢、鳙；放养无病无伤、规格整齐的大规格鱼种；黄河滩区冬季水鸟多，鱼种放养时间宜采用春放；其中，草鱼放养量应根据芦苇种植面积而定。设计产量、出塘规格、放养规格和数量见表 5-48。

**表 5-48　大池塘养殖模式放养情况**

| 品种 | 设计产量<br>（千克/亩） | 出塘规格<br>（克/尾） | 放养数量<br>（尾/亩） | 放养规格<br>（克/尾） | 放养时间<br>（月） |
|---|---|---|---|---|---|
| 草鱼 | 750 | 1 000 | 1 000 | 250 | 3 |
| 鲤 | 500 | 750 | 700 | 150 | 3 |
| 鲢 | 150 | 750 | 200 | 150 | 3 |
| 鳙 | 150 | 1 000 | 150 | 150 | 3 |
| 鲫 | 100 | 200 | 500 | 50 | 3 |

## 四、投喂技术

**1. 投饵台设置** 每 50 亩水面搭建 1 个固定投饵台，投饵台位置因地制宜，与集鱼沟渠结合比较理想，投饵台处应该具有一定水深，池底最好硬化，鲤有拱泥习性，以免投喂时影响水质，也便于以后抬网操作。

**2. 鱼种驯食** 在鱼种下塘后及时进行驯食，每次驯化投喂不少于 1 小时，并在投喂时敲击可发声的物体，使鱼苗逐渐建立条件反射，尽早集中摄食。

**3. 饲料投喂** 鱼种经过驯化集中吃食后，即可采用投饵机投喂。每次投喂时，一定要开动微孔增氧机，大池塘养殖模式鱼种投放量大，集中采食时，会造成投饵区水体溶氧降低，影响鱼类吃食。每天投喂 2～3 次，每次投喂时间 1～2 小时，具体应根据天气而定，阴天或天气闷热、气压低时，应减少投喂或不喂。日投饵量根据草鱼、鲤总量计算，前期不超过 3‰；后期草料供应充足时，日投饵量按照鲤 3‰、草 1‰计算。采用粗蛋白含量为 35% 左右的鲤成鱼配合饲料即可。

## 五、鱼病防治

坚持预防为主、防重于治，无病先防、有病早治的原则；鱼种放养时用高锰酸钾、敌百虫各消毒 1 次；6～9 月定期用氯制剂、敌百虫在投饵台挂袋，饲料中添加大蒜素，用生石灰对水体和芦苇种植岛消毒进行预防。

## 六、日常管理

坚持每天早、中、晚各巡塘 1 次，捞去水中杂物，保持池塘干净，观察鱼的摄食、水质变化情况，发现问题及时解决，做到防患于未然；并做好养殖记录；根据芦苇生长情况，不断变化水深，让草鱼能够自行吃到芦苇最好，黄河滩区夏季蒸发量较大，及时加注新水，保持池水理化指标相对稳定；在 6～9 月的鱼类生长旺季，每天 13：00～15：00 开机 2 小时曝气，凌晨开动增氧机，以改善池塘溶氧条件。

## 七、捕捞技术

大池塘养殖模式成鱼规格差异较大，采用抬网捕捞方法，随时挑选销售，以减轻池塘压力，根据池塘负载量及时补充增放合适鱼种；至少3年利用集鱼沟渠清塘1次，清理出老头鱼全部销售。

## 八、养殖试验

2010—2013年，在西安综合试验站合阳示范县、大荔县推广大池塘养殖模式，平均亩产量1 066千克，平均亩净利润3 217元。最高产量是2012年大荔县川强水产养殖公司，平均产量2 216千克/亩，平均净利润5 593元/亩。具体效益分析见表5-49。

表5-49　2012年大荔县川强水产养殖公司亩效益分析

| 品　种 | | 产量（千克/亩） | 规格（克/尾） | 成活率（%） | 价格（元/千克） | 小计（元） | 合计（元） |
|---|---|---|---|---|---|---|---|
| 收入 | 草鱼 | 1 023 | 1 124 | 91 | 13 | 13 299 | 23 508 |
| | 鲤 | 580 | 866 | 96 | 9.6 | 5 568 | |
| | 鲢 | 260 | 1 332 | 98 | 5.6 | 1 456 | |
| | 鳙 | 218 | 1 504 | 97 | 7.8 | 1 700 | |
| | 鲫 | 135 | 301 | 90 | 11 | 1 485 | |
| 支出 | 苗种费 | | | | | 4 919 | 17 915 |
| | 池塘费 | | | | | 150 | |
| | 人工费 | | | | | 940 | |
| | 饲料费 | | | | | 11 679 | |
| | 水电费 | | | | | 62 | |
| | 药物费 | | | | | 45 | |
| | 其他 | | | | | 120 | |
| 利润（元/亩） | | | | | | | 5 593 |

## 九、大池塘养殖模式的优缺点

**1. 优点**　充分利用了土地价值低的黄河滩区，池塘建设费用低；利用当地芦苇资源，降低饵料投入；适宜于大规模养殖和现代渔业机械使用，大大降低人工等管理成本；利用了水体自净能力和风力增氧作用，池塘水质良好，降低了水电费开支；养殖成本低，效益明显，生态功能显著。

**2. 缺点**　增加了投喂难度，出塘规格不整齐，捕捞强度大，治病难度和费用增大。

（西安综合试验站）

# 模式二：鲤夏花一年养成模式

## 一、池塘条件

池塘面积 5～10 亩；水源充足，符合《渔业水质标准》（GB 11607—1989）的要求；池底不渗漏，池深 1.5～2.0 米；配备 2.2 千瓦叶轮式增氧机和 1.5 千瓦微孔增氧机各 1 台，投饵机 1 台，并配备相应的抽水机等设施。

## 二、消毒施肥

放养前应排干池水并进行彻底消毒，每亩用 75～100 千克生石灰或者用 5～10 千克漂白粉全池泼洒，并与塘泥充分混合，曝晒 3～5 天，彻底杀灭野杂鱼和病原体。

在鱼苗下塘前 7～10 天肥水，每亩施有机肥（鸡粪或牛粪）100～250 千克，堆于池塘的一角，并加水 30～50 厘米，促使浮游生物繁殖，使鱼苗下塘后即可得到充足的饵料，可促进鱼苗的迅速生长。

## 三、苗种放养

选择生长速度快、抗病力强的优良鲤品种作为主养品种，搭配鲫、鲢、鳙、草鱼。鲤夏花鱼苗要求规格整齐。搭配品种在不影响主养品种正常摄食生长的前提下尽早放养，其中，草鱼的放养应根据当地的养殖习惯和青饲料的来源情况而定。设计产量、出塘规格、放养规格和数量见表 5-50。

表 5-50 鲤鱼夏花一年养成模式放养情况

| 品种 | 设计产量<br>(千克/亩) | 出塘规格<br>(克/尾) | 放养数量<br>(尾/亩) | 放养规格<br>(克/尾) | 放养时间<br>(月) |
|---|---|---|---|---|---|
| 鲤 | 1 000 | 750 | 2 000 | 5 厘米 | 5 |
| 鲢 | 300 | 750 | 400 | 100 | 3 |
| 鳙 | 150 | 750 | 200 | 150 | 3 |
| 草鱼 | 750 | 1 000 | 1 000 | 200 | 3 |

# 四、投喂技术

**1. 投饵台设置** 在池塘一边搭建投饵台2个,其中,1个用较大网目的网片围拦,网目大小要能够隔拦草鱼等鱼种又便于鲤夏花出入;2个投饵台相距5米左右,太近围网会影响草鱼投喂,太远给投喂带来不便;投饵台处应该具有一定水深,土池塘池底最好硬化,鲤有拱泥习性,以免投喂时影响水质,也便于以后抬网操作。

**2. 夏花驯食** 在夏花鱼苗下塘后第二天,即可进行人工驯化工作。鱼苗驯化最好采用人工投喂,每天 2～3 次,每次驯化投喂不少于 1 小时,并在投喂时敲击可发声的物体,使鱼苗逐渐建立条件反射,尽早集中摄食。

**3. 饲料投喂** 鱼苗经过驯化集中吃食后,即可采用投饵机投喂。2个投饵台设置2台投饵机,投喂不同饲料。每次投喂时,开始的投喂量应小一些,根据集中吃食鱼的数量逐渐加大投喂量,直至80％以上的鱼吃饱离开为止。一般每次投喂时间掌握在40分钟左右。每天投喂的次数应根据水温和天气情况而定,在天气晴朗、水温≥20℃时,每天投喂4次;水温≤20℃时,每天投喂2～3次。阴天或天气闷热、气压低时,应减少1次投喂或最后1次投喂提前2小时。每天的投饵量依据水温和天气而定,一般情况下,草鱼日投饵量为3％～4％,鲤苗种阶段为5％～8％。

**4. 饲料质量** 饲料不但要营养平衡,满足鱼类正常生长的需要,而且还应具备较强的适口性。50 克以下的鲤鱼种,饲料的粗蛋白含量在 40％左右,颗粒直径为 1～3 毫米;50～150 克的鱼种,粗蛋白含量为 35％左右,颗粒直径为 3.5～4.5 毫米。草鱼饲料用草鱼成鱼配合饲料即可。

# 五、鱼病防治

坚持预防为主、防重于治,无病先防、有病早治的原则:每月用氯制剂或者生石灰消毒 1 次。

## 六、日常管理

坚持每天早、中、晚各巡塘 1 次，捞去水中杂物，保持池塘干净，观察鱼的摄食、水质变化情况，发现问题及时解决，做到防患于未然；并做好养殖记录；及时加注新水，保持池水理化指标相对稳定；在 6～9 月的鱼类生长旺季，每天 13：00～15：00 开机 2 小时曝气，凌晨开动增氧机，以改善池塘溶氧条件；在越冬期间，每天应在池周破冰，增加水体中的溶解氧，以防水体缺氧导致鱼类窒息死亡，天气好时，需沉投少量饲料，减少鱼体消瘦；翌年开春后降低水位，促使水温尽快回升，使鱼类提早摄食，可促进鱼类生长。

## 七、捕捞技术

草鱼宜采用抬网捕捞方法，随时销售，减轻池塘压力；翌年 3 月，西安市场鲤价格回升后，宜采用清塘方式捕捞，一次性全部销售。

## 八、养殖试验

2009 年以来，在西安综合试验站临潼示范县开展了鲤夏花一年养成模式试验，每亩池塘净产量在 2 000～2 500 千克，最高达到 3 500 千克，养殖经济效益在 4 000～6 000 元/亩。2011 年临潼新丰镇渔场平均养殖经济效益统计见表 5-51。

表 5-51　临潼新丰镇渔场鲤鱼夏花一年养成模式亩效益统计

| 养殖品种 | | 产量（千克/亩） | 规格（克/尾） | 成活率（%） | 价格（元/千克） | 小计（元） | 合计（元） |
|---|---|---|---|---|---|---|---|
| 收入 | 鲤 | 1 184 | 685 | 86 | 10 | 11 840 | 26 823 |
| | 鲢 | 268 | 985 | 91 | 4.8 | 1 286 | |
| | 鳙 | 136 | 1 480 | 92 | 6.4 | 870 | |
| | 草鱼 | 1 087 | 1 490 | 73 | 11.8 | 12 827 | |

（续）

| 养殖品种 | | 产量<br>（千克/亩） | 规格<br>（克/尾） | 成活率<br>（%） | 价格<br>（元/千克） | 小计<br>（元） | 合计<br>（元） |
|---|---|---|---|---|---|---|---|
| 支出 | 苗种费 | | | | | 4 490 | |
| | 池塘租赁费 | | | | | 300 | |
| | 人工费 | | | | | 1 800 | |
| | 饲料费 | | | | | 14 240 | 22 030 |
| | 水电费 | | | | | 600 | |
| | 药物费 | | | | | 400 | |
| | 其他 | | | | | 200 | |
| 利润 | | | | | | | 4 793 |

## 九、鲤夏花一年养成模式的优缺点

在传统混养模式下有机结合鲤、草鱼等鱼类习性和养殖特点，放养鲤夏花和草鱼鱼种，降低了7～9月高温期间池塘压力，充分利用春秋两季池塘水体空间，较好地均衡了养殖年的池塘密度，提高了产量。

鲤销售放在3月，充分利用了西安市场鱼价变动规律，提高了养殖经济效益。减少了拉网，降低了发病率。缺点是增加了鲤鱼夏花驯食难度，增加了投喂劳动量。

（西安综合试验站）

# 第二十三节　甘肃省高效养殖模式

## 模式一：西北内陆盐碱池塘主养草鱼<br>高产高效健康养殖模式

近几年，由于饲料价格、人工费用等不断上涨，提高了养殖成本，池塘养殖效益越来越低，许多养鱼户不敢投喂饲料，处于粗放稀养的管理模式，有的甚至投放鲢、鳙，进行施肥养鱼。为降低养鱼成本，提高池塘养殖整体效益，我们在肃州区三墩镇北沟村俊秀渔业养殖专业合作社养殖场，通过国家大宗淡水产业技术体系白银综合试验站肃州区示范县项目实施，对池塘主养草鱼高产高效健康养殖模式集成技术进行了试验研究。我们充分利用增氧机、投饵机、发电机等现代渔业设备,高密度放养大规格草鱼种,采用全价颗粒饲料和健康养殖技术,经过 3 年养殖试验,总结出了池塘主养草鱼高产高效健康养殖集成技术。研究结果表明,投放大规格草鱼鱼种,采取 80∶15∶5 混养模式,投喂优质配合鱼饲料,加强水质调控,合理控制水位,当年养殖草鱼规格可达 1.3千克,主养草鱼亩产达到 917 千克,适时上市,降本增效,经济效益较好。

# 一、试验设施与条件

**1. 自然环境条件**　养殖场地位于肃州区三墩镇临水村,池塘土质为沙土,盐碱化中等程度;水源为祁连山雪水融化后的临水河水,水质符合《无公害食品　淡水养殖用水水质》(NY 5051—2001)的要求。

**2. 池塘条件**　试验研究用 2 口池塘,一口为 6 亩的试验池塘,另一口为 5亩的对照池塘。池塘东西走向,呈长方形,池底平坦,淤泥约 25 厘米,平均水深均为 1.7 米,保水源充足、无污染,进排水独立。

**3. 养殖设备**　池塘均配备 1.5 千瓦增氧机、全自动增氧控制器、60 瓦和120 瓦投饵机各 1 台。

**4. 养殖投入品**　引进湖北荆州草鱼乌仔培育的大规格草鱼种,尾重 250～400 克、2 龄鱼种,鲢、鳙、彭泽鲫等均为本场培育的鱼种;饲料采用 082、083 鱼饲料。

# 二、试验方法

**1. 池塘准备**　4 月初开始清塘,池水排至 15 厘米左右时,亩用生石灰 85千克全池泼洒消毒。3 天后亩施腐熟的鸡粪 160 千克培育水质。

**2. 鱼种放养**　选择体质健壮、规格整齐的鱼种搭配混养。试验塘放养草鱼种规格为(400±50)克/尾,每亩放养 720 尾;对比塘放养草鱼种规格为(250±50)克/尾,每亩放养 900 尾。两塘均搭配规格为(250±20)克/尾的鲢、鳙鱼种,每亩放养 100 尾;规格为 50 克/尾的彭泽鲫鱼种,每亩放养 150尾。根据酒泉的气温、水温条件,鱼种于 4 月中旬前全部投放完毕,放养时用3.5% 的食盐水浸洗消毒。

**3. 日常管理**

(1) 饲料投喂　养殖期间采用"定点、定时、定质、定量"的投饵方法,在自动投饵机上设置投喂时间，集中驯化喂养，整个养殖过程中全部选用质量优质的082、083鱼饲料投喂。养殖前期用082号饲料，蛋白质含量为32%，投喂量为池塘载鱼（草鱼）量的1.5%左右；中后期用083号饲料，蛋白质含量为29%，投喂量为池塘载鱼量的3%左右。

（2）水质调节　池塘水位4～5月控制在1.2米左右，6～7月控制在1.7米以内，8月控制在1.8米左右。随着气温的不断升高，投饵量增多，鱼类排泄物也增多，水质极易变坏。这时，每隔10天加注新水20厘米。养殖期间始终保持水质清新，遇天气闷热或晴天中午开启增氧机，改善池底溶氧。

（3）增氧措施　在增氧机上安装溶氧测控仪，实时监测水体溶氧状况，设置溶氧低于3毫克/升自动开启增氧机，达到8毫克/升自动关闭增氧机，减小劳动强度。

（4）鱼病防治　为减少疫病发生，5～8月中旬每月使用无毒害无残留的消毒、杀虫药物，在池塘内全池泼洒，防止细菌性、车轮虫等鱼病发生；6～7月高温季节，用"三黄粉"和护肝宁配制成药饵，投喂草鱼，预防草鱼脂肪肝病；7～8月定期投喂大蒜素为主的药饵，预防肠炎病的发生。

## 三、养殖结果

7月中旬开始出池上市销售。试验塘草鱼最大个体达到1.52千克，平均规格为1.3千克，鱼种成活率达到98%，成品率达到100%；亩产草鱼917千克、鲢鳙98千克、彭泽鲫28千克，亩产达到1 043千克。对比塘草鱼最大个体达到1.05千克，平均规格为1.03千克，鱼种成活率达到92%，成品率达到100%；亩产草鱼855千克、鲢鳙102千克、彭泽鲫30千克，亩产达到987千克。放养与收货情况见表5-52。

表5-52　放养与收获情况

| 池塘 | 放养情况（尾数） | | | 收获情况（千克） | | | 亩产量 | 饵料系数 | 成活率（%） |
|---|---|---|---|---|---|---|---|---|---|
| 养殖品种 | 草鱼 | 鲢鳙 | 鲫 | 草鱼 | 鲢鳙 | 鲫 | | | |
| 试验池塘 | 720 | 100 | 150 | 917 | 98 | 28 | 1 043 | 1.6 | 98 |
| 对比池塘 | 900 | 100 | 150 | 855 | 102 | 30 | 987 | 1.8 | 92 |
| 变化情况 | −180 | 0 | 0 | +62 | −4 | −2 | +56 | −0.2 | +6 |

注：此表以亩为单位核算，变化情况是试验塘与对比塘之差。

## 四、养殖结果分析

**1. 放养密度对养殖成活率及产量的影响**　亩放草鱼种 720 尾（400 克／尾）的放养密度，适合盐碱池塘和鱼类生长期较短的地区养殖草鱼。从表 5-53 中可以看出，在其他条件不变的情况下，草鱼放养密度增加 180 尾，养殖成活率降低 6 百分点，亩产量减少了 56 千克。因此，亩放 700 尾左右是酒泉盐碱池塘养鱼的最佳密度。

**2. 放养密度对饵料系数的影响**　以 720 尾/亩基数，亩增加 180 尾，饵料系数增加 0.2，饵料利用率降低，致使养殖成本上升。

**3. 主养鱼密度对套养鱼的影响**　主养草鱼的池塘，亩增 180 尾主养鱼，套养的鲢鳙和鲫的产量有所上升，但饵料系数增加了 0.2，饲料利用率降低，肥水效果明显，致使鲢鳙生长较快。另一方面，主养鱼放养密度的增加，养殖成活率降低，表明主养鱼密度大，患病死亡率高。

适合酒泉盐碱池塘 2 龄草鱼（规格为 400 克/尾）的放养密度在 700～800 尾/亩，主养鱼亩产可达 900 千克以上，养殖效果较好。超过此范围，当放养密度达到 900 尾/亩时，养殖成活率、成品规格下降，边际成本上升，经济效益趋低。根据市场行情，调节养殖方式，从新、特、奇入手，改变出塘时间，获得最佳养殖效益。

## 五、技术创新成果

**1. 中午曝气，改善底层溶氧**　养殖密度较大，必须配备增氧机在高温期间中午曝气 2 小时，以改善水质、补充底层氧债，为鱼类创造良好的生长环境。

**2. 利用溶氧控制器，实施全天候增氧**　为避免鱼类缺氧浮头造成损失，我们引进溶氧控制器安装在增氧机上，设定好溶氧下限，只要溶氧低于 3 毫克/升，增氧机即可自动开启工作，这样既节省了人工又降低了损失，效果极佳。

**3. 放养大规格鱼种，适时上市出售**　本地草鱼在 7～8 月的高温期间市场价格最高，达到 18 元/千克，此时上市出售可实现养殖效益最大化。为确保草鱼及时出塘，草鱼种放养规格必须在 400 克/尾以上。若条件允许，放养规格在 500 克/尾更佳。

（殷新勇）

## 模式二：西北地区福瑞鲤 80∶20 养殖模式

2012 年，白银综合试验站靖远示范县引进优良新品种福瑞鲤乌仔头 8 万尾和长丰鲢乌仔头 2 万尾，投放到北湾镇金山渔业科技示范点，采取 80∶20 的养殖模式进行试养试验，取得了良好的结果。

## 一、池塘选择、清整和消毒

选择金山渔业科技示范点王有基渔场 1 号、3 号池塘作为福瑞鲤和长丰鲢养殖试验池塘。1 号池塘面积 2 亩、3 号池塘面积 8 亩，两口池塘均为东西走向，进排水便利，规范整齐。鱼苗投放前 10 天，对池塘的堤埂、进排水系统进行了修整；鱼苗投放前 7 天，采用带水清塘的方法进行消毒，每亩（水深 1 米）用生石灰 120 千克全池泼洒。

## 二、苗种投放及饲养管理

**1. 鱼苗放养**　4 月 26 日从兰州中川机场接到 8 万尾福瑞鲤乌仔头，经观察鱼苗游动活泼、体态正常，鱼苗运到当天先放入盆中缓苗，同时在盆中投喂蛋黄饲喂，之后将福瑞鲤放入 1 号池塘（面积 2 亩）饲养。6 月 1 日向 1 号池塘投放长丰鲢乌仔头 2 万尾作为搭养鱼，同样采用先放入盆中缓苗，同时在盆中投喂蛋黄饲喂，之后放苗的方法。8 月 2 日进行转塘，由面积较小的 1 号池塘将全部福瑞鲤和长丰鲢转入面积较大的 3 号池塘饲养。

**2. 饲料投喂**　1 号池塘 4 月 18 日泼洒充分发酵过的鸡粪 1.5 米$^3$，用于肥水。福瑞鲤于 4 月 26 日投放入池，每天泼洒豆浆。5 月 29 日起投喂 081 鲤鱼料，7 月 19 日起投喂 082-1 鲤鱼料。6～8 月每天投喂 4 次，9 月每天投喂 3 次，10 月每天投喂 2 次。投喂量根据鱼苗生长情况灵活掌握，每 7 天左右增减变化 1 次，力求使饲料充分利用同时达到快速生长的效果。4 月 26 日至 5 月 28 日，共计泼洒豆浆 340 千克；5 月 29 日至 10 月 10 日，共计投喂颗粒饲料 13 944.6 千克。

**3. 鱼苗的驯化**　5 月 29 日至 6 月 10 日，对福瑞鲤鱼苗进行了投饲驯化。驯化方法是在投喂前用敲声响的方法给鱼以吃食信号，然后投喂适口的开口饲料,使鱼形成听到敲击声响就有食物的条件反射。驯化投饲方法是每天3次,即9:00、13:00、17:00,人工在投饲点一把一把地将饲料投喂给鱼群,每次投喂30~40分钟。6月10日颗粒饲料投喂驯化成功,开始使用投饵机定点投喂,饲料用量根据鱼的摄食情况以及天气情况灵活掌握。整个投喂过程,均采用定质、定量、定时、定点的"四定"投饵的原则。

**4. 日常管理** 坚持每天早、中、晚各定期巡塘1次,气候骤变时增加夜间巡塘,发现问题及时研究解决。培育期间,坚持"四定"原则投饲,坚持做好池塘记录。

**5. 水质调控** 树立养鱼先养水的意识,定期换水、加水,及时调节水质。高温季节每周加水1次,每次加水20厘米,使水质保持良好状态;坚持少量多次的换水原则,每次换水时先排水20厘米的深度,再加水30厘米的深度,确保池塘水体相对恒定,从而尽量降低水体变化引起的鱼体应激反应程度。

**6. 适时增氧** 1号池塘配备了1台3千瓦的增氧机,3号池塘配备了2台3千瓦的增氧机。增氧机灵活合理使用,6月下旬至9月底每天后半夜开机至黎明,预防浮头,防止泛塘,有利于防病治病,提高饲料利用率,降低饲料系数,达到稳产、高产的效果。

**7. 病害防治** 试验初期30天,池塘四周用窗纱做的围墙围住,防止青蛙等动物进入危害鱼苗;试验期间坚持定期消毒,每15天用生石灰调节水质1次,浓度为15~20克/米$^3$,每30天用漂白粉全池泼洒消毒1次,浓度为1克/米$^3$,以此调节水质、预防鱼病。由于防治措施得当,整个养殖期间未发生鱼病。

## 三、试验结果

10月10日,对3号池塘进行了清塘测定。结果如下:福瑞鲤最大个体270克/尾,最小个体260克/尾,平均规格达到265克/尾;长丰鲢最大个体300克/尾,最小个体290克/尾,平均规格为295克/尾。福瑞鲤成活率为38%,收获福瑞鲤鱼种8 056千克;长丰鲢成活率为21%,收获长丰鲢鱼种1 239千克。

## 四、讨论

(1) 福瑞鲤乌仔头4月26日投放,由于5月阴雨天较多,气温变化剧烈无常，致使 5 月上中旬福瑞鲤鱼苗死亡率较高。根据当地多年养殖经验证明，乌仔头的投放时间在 5 月下旬较为适宜，而本年的投放时间整整提前了 1 个月，福瑞鲤的生长期也延长了 1 个月，虽然成活率不是太高，但是养成规格也是历史上最大的。由此证明，只要在 4 月下旬至 5 月下旬期间特别注意做好防风、防寒、防天气巨变等管理工作，当地 4 月下旬投放养殖福瑞鲤乌仔头也是可行的，可以将苗种培育期延长整整 1 个月时间。

（2）福瑞鲤放养时规格偏小、抵抗力弱，是死亡率较高的重要原因。若能在 4 月下旬投放寸片，成活率肯定会有很大的提高。

（3）长丰鲢的投放时间在 6 月 1 日，虽然是大规格乌仔头，但是由于在西宁机场转运至兰州市期间时间过长，加上装袋密度太高，致使长丰鲢乌仔头运到池塘边时已经发生大量死亡，这是本年度长丰鲢成活率偏低的主要原因。

（4）金山渔业科技示范点养殖户具有丰富的苗种培育经验，在福瑞鲤和长丰鲢培育过程中，充分考虑了鱼苗生产的各个环节和要素，从饲料、用药、水体环境以及日常管理等各个方面照顾细致周到，科学制定和实施生产计划，管理得当、鱼病防治科学合理，自始至终未曾发生过鱼病，取得了满意的效果。

## 五、结论

试验证明，80：20 的养殖模式是科学、可行的，也是适应当地养殖条件的。在养殖福瑞鲤的池塘中搭养 20% 的长丰鲢鱼苗，可以充分利用水体中的浮游生物，提高经济效益。福瑞鲤主养、长丰鲢搭养的模式是成功的。

（贾旭龙）

# 第二十四节　宁夏回族自治区高效养殖模式

## 模式一：草鱼高效养殖模式

草鱼作为我国传统的养殖品种，因其味道鲜美、养殖成本低深受广大养殖户及消费者喜爱。近几年，宁夏地区草鱼出塘价格稳定，经济效益较高，养殖规模稳中有增。然而，本地常规养殖草鱼都是以混养为主，3 年才能养成，成本高,资金占用时间长。现介绍一种2年养成的高效快速养殖技术。

利用宁夏十大苗种场解决苗种问题,具体做法是:不再从南方进早苗,而是根据宁夏地区自然条件下亲鱼性成熟情况,6月繁出水花,高密度育苗到秋后养成5厘米的小苗,翌年供给养殖户,彻底实现苗种本地化的健康需求。这样不但使养殖户缩短了1年的养殖周期,规避养殖风险,提高了池塘利用率,也可使本地苗种繁育场有了新的经济增长点,达到双赢的目的。

## 一、池塘要求

池塘面积以7～15亩为宜,水深2.0～2.5米,淤泥厚度不超过20厘米。每口池塘配备2台3千瓦叶轮式增氧机和投饵机。冬季排干池水,冻晒20天以上。鱼种放养前15天,进水10～20厘米,每亩用生石灰150千克清塘消毒。

## 二、鱼种放养

每年4月中旬,养殖户从本地苗繁场购进5厘米的苗种,使用3‰～5‰的食盐水溶液对鱼种进行消毒处理,时间控制在5～10分钟,以杀灭寄生鱼体表及鳃上的病原菌、寄生虫。然后,用浸泡型草鱼"四联"免疫疫苗,每100毫升浸泡150千克鱼种,浸泡时间约20分钟。或实行免疫注射,每条鱼苗注射0.5毫升稀释后的疫苗,然后参考表5-53放养密度进行放养。

表5-53　苗种放养情况

| 模式 品种 | 第一年 | | 第二年 | |
|---|---|---|---|---|
| | 规格（克/尾） | 密度（尾/亩） | 规格（克/尾） | 密度（尾/亩） |
| 草鱼 | 25～50 | 1 200～1 500 | 400～500 | 600～800 |
| 鲫 | 20～30 | 300～400 | 200～250 | 300～400 |
| 鲢 | 20～30 | 1 500～2 000 | 200～250 | 800～1 200 |
| 鳙 | 20～30 | 300～400 | 200～250 | 200～300 |

## 三、饲料投喂

以投喂颗粒饲料为主,饲料蛋白质含量在28%～32%,辅投苜蓿等青绿饲料。饲料投喂遵循"前粗后精"和"四定、四看"的原则,一般每天投喂2

次，以 1 小时内吃完、草鱼摄食八成饱为宜。连续投喂颗粒饲料一段时间后，应停喂颗粒饲料 1 周，间隔期内投喂原粮饲料。平时注意在饲料中适量添加维生素等药物，避免草鱼患肝胆综合征等疾病而造成大量死亡。

## 四、水质管理

正确使用增氧机，晴天无风天气，每天 13：00～15：00 开机增氧 2 小时，凌晨适时增氧，连续阴天应提早增氧。适时向池塘加注新水，采取"小排小进、多次换水"的办法逐步调控水质。每隔 15～20 天，每亩水面（1 米水深）用生石灰 10～20 千克化浆全池泼洒 1 次。

## 五、病害防治

通常，草鱼"三病"（肠炎、烂鳃、赤皮病）会并发，以前发生过草鱼"三病"的池塘应改养其他品种，病害防控应以预防为主，注重日常消毒管理。发生"三病"时，一般采取内服外泼相结合的治疗方法。外泼主要以漂白粉、二氧化氯等消毒剂为主，连用 3 天；内服以"三黄粉"药饵效果较好，每 50千克鱼体重用三黄粉（大黄 50%、黄柏 30%、黄芩 20%，碾成碎粉后搅匀）0.3 千克与面粉糊混匀后拌入饲料中投喂，连用 3～5 天。或者每 100 千克鱼体重用鱼必康 200 克＋鱼菌净 10 克拌匀后，均匀地撒在浸湿的青饲料投喂。

## 六、日常管理

切实按照健康养殖操作规范，做好池塘日常管理。坚持早、晚巡塘，观察水色变化，并根据实际情况决定是否调水或开增氧机的时间。做好池塘日志，观察和记录鱼吃食与活动情况。发现鱼活动、吃食异常，撒网检查，对症处理，保证池鱼的健康快速生长。适时将大规格成鱼起捕上市，是草鱼高产养殖的重要措施，主要目的是降低池塘水体的载鱼量，促进后期池鱼，快速生长。

## 七、越冬管理

水温在 20℃以上时加强秋季培育，当水温低于 15℃，不必再投饲料；鱼种在越冬前应先拉网锻炼 1～2 次，拉网前应停食 3～5 天，再并塘。成鱼及亲鱼的放养密度，最好每立方米水体不超过 2 千克。定时加注新水增加溶氧，防止渗漏，保持一定水位，以提高水体温度。冰封池塘要及时扫雪和打冰眼。

（银川综合试验站）

# 模式二：鲤高效养殖模式

宁夏回族自治区水产品产量占西北五省的 38%，人均水产品占有 19 千克，是西北五省（自治区）的 6 倍，除供应宁夏境内消费，还外销至甘肃、青海、内蒙古等省市。近年来，随着全国高速通道、物流的便捷，公路运输能力大大提升，运输时间不断缩短，宁夏淡水鱼的区位优势逐渐丧失，传统鲤养殖 2 年养成商品鱼上市，几乎已无利可图。

宁夏水产养殖品种主要以大宗淡水鱼为主，其中，鲤养殖面积和产量占总量的 60% 以上。近 3 年，银川综合试验站通过国家大宗淡水鱼产业技术平台，在新品种福瑞鲤的引进、繁育、养殖推广取得了一定的成绩，本文以福瑞鲤为主要养殖品种介绍一种适合宁夏地区的高效养殖模式——福瑞鲤高效健康养殖模式。该模式旨在通过合理搭配品种，选取适宜投入和产出水平，使用高效无公害饲料及无残留绿色药品，最大限度地减少养殖过程中废弃物的产生，使各种资源得到最佳利用，所产出的商品鱼规格符合市场大众消费习惯，从而使渔民获得更高的经济效益。

## 一、养殖池塘的基本要求

池塘要求注排水方便，环境安静，阳光充足，养成商品鱼的池塘面积一般以 7～20 亩为宜，池深 1.5～2.5 米，每口池塘配备 2 台 3 千瓦叶轮式增氧机和投饵机。如条件允许，最好每年进行池塘清淤改良。

## 二、鱼苗放养

鱼苗放养前 7 天做好消毒清塘工作，3 年养成模式为从鱼苗到商品鱼整个过程需要 3 年时间。同一口池塘应放养规格整齐的鱼种，具体放养规格及密度见表 5-54。

表 5-54　主养福瑞鲤模式放养规格与密度

| 模式<br>放养品种 | 第一年 | | 第二年 | | 第三年 | |
|---|---|---|---|---|---|---|
| | 规格（克/尾） | 密度（尾/亩） | 规格（克/尾） | 密度（尾/亩） | 规格（克/尾） | 密度（尾/亩） |
| 福瑞鲤 | 5~10 | 2 000~3 000 | 250~300 | 1 000~1 500 | 750~1 000 | 600~800 |
| 鲫 | 5~10 | 1 000~1 500 | 50~75 | 800~1 200 | 150~200 | 600~800 |
| 鲢 | 5~10 | 800~1 000 | 200~250 | 300~400 | 750~1 000 | 150~200 |
| 鳙 | 5~10 | 500~600 | 200~250 | 200~300 | 750~1 000 | 80~150 |

　　每年鱼苗的投放时间为 5 月上旬，苗种为本地经认证的福瑞鲤良种繁育场点繁育的乌仔。培育开始阶段可选择 3~5 亩的池塘，放养 20~30 天后进行分塘处理，根据池塘条件参照表 5-54 提供的放养密度范围自行调整。养至翌年 8 月，福瑞鲤平均规格达 1.2 千克/尾时，养殖户可售出部分成鱼降低养殖风险，其余的可继续养殖到第三年规格达 2.5 千克/尾时销售。

## 三、水质调控

　　水质的好坏，可以根据池塘水的透明度、水色、水的肥瘦和鱼的吃食情况等来判断。养鱼优质水的透明度应保持在 20~30 厘米，水色呈茶褐色、淡黄色和淡绿色较好。水色呈蓝绿色、浓绿色、灰色或红色时，表示水质较差，应换注新水进行改良。换水时，可每天排除 15~30 厘米池水，并加注 20~30 厘米新水，连续换注 3~5 天即可。

## 四、科学使用增氧机械

　　增氧机的使用，应遵循中午及夜间、阴雨天开启，下午和傍晚则不宜开启的规律。尤其在 7~9 月高温季节，适当延长中午开机时间，将上层过饱和的氧气及时输送到下层，使池塘底层水溶氧增多。如遇雷阵雨天气，应连续开启增氧机到日出后关机。

## 五、饲料投喂

　　福瑞鲤的安全高效养殖，关键是要使用优质配合颗粒饲料，使用的饲料应符合 SC/T 1026—2002 和 NY 5072—2002 的规定。根据鱼苗的不同生长阶段，选择投喂开口料、幼鱼料和成鱼饲料。

日常饵料投喂应遵循"四看、四定"原则。"四看"，即看季节、看天气、看水质、看鱼的活动情况；"四定"，即定时、定点、定质、定量。根据鱼体规格计算出福瑞鲤存塘量，再根据投饵率表，计算出当天的投饵量，并依水温变化选择合理的日投饵量，再根据天气、水色、鱼类活动及摄食情况酌情增减。实际生产中，可每 7～10 天计算调整 1 次投饵量。

## 六、病害防治

在整个养殖过程中，病害防治应坚持预防为主、防治结合的原则，早发现、早预防、早治疗。预防工作主要包括鱼种放养前，彻底清塘消毒；鱼种入池前应检疫、消毒；饲养过程中应注意环境的清洁、卫生；拉网操作要细心，避免鱼体受伤等。发现鱼病应及时检查确诊，对症下药。药物的使用应符合 NY 5071 的要求。

## 七、日常管理

切实按照健康养殖操作规范，做好池塘日常管理。坚持早、晚巡塘，观察水色变化，有无浮头及病害情况，并根据实际情况决定是否调水或开增氧机的时间。做好池塘日志，观察和记录鱼吃食与活动情况。发现鱼活动、吃食异常，撒网检查，对症处理，保证池鱼的健康快速生长。

## 八、越冬管理

越冬前 1 个月，应适时调整饲料成分比例，使饲料中脂肪的含量增加 5%左右，蛋白质的含量降低 5%左右。同时，适当增加饲料中维生素 C 和维生素 E 的含量，以增强鲤体质。停食前 5～7 天全池消毒，以杀死寄生虫和大型浮游动物，防治鱼病，降低耗氧，并增加水位至 2.5～3.0 米。封冰至 20 厘米以上时，及时开凿冰眼定期检查水质情况，如遇冰雪应及时清扫。

（银川综合试验站）

# 第二十五节　新疆维吾尔自治区高效养殖模式

## 模式一：新疆地区松浦镜鲤高效养殖新模式

近年来，乌鲁木齐综合试验站在体系的大力支持下，连续从黑龙江所引进松浦镜鲤良种，在我站试验基地进行了养殖示范。并从 2011 年开始，在全疆昌吉、伊犁等主要渔区进行了推广养殖，先后在全疆推广水花超过 1 亿尾，并结合不同地区的地域特点，开展了适合本地的养殖技术模式试验。根据各地的养殖结果来看，当前鱼种培育平均规格可达 350 克左右，与本地传统养殖品种比较，生长速度提高 33%左右；饵料系数在 1.6 左右，较现有养殖品种降低0.1～0.2，品种优势十分显著。

随着自治区渔业的快速发展，政府对渔业的投入力度不断加大，松浦镜鲤作为新疆大宗淡水鱼类主推的养殖品种，在全疆得到了广泛养殖。乌鲁木齐综合试验站作为技术支持和服务单位，结合新疆土著经济鱼类资源优势，在新疆特殊的气候条件下，开展了主养松浦镜鲤、套养白斑狗鱼的试验，取得了显著的效益。

## 一、池塘生产条件

要求养殖环境必须符合《农产品安全质量　无公害水产品产地环境要求》(GB/T 18407.4—2001) 标准；池塘面积为 5～10 亩，长方形，池底平坦，向出水口倾斜，保水性较好，池底淤泥不可过厚；如池塘有野杂鱼，可不进行清塘，但要做好池塘水体的消毒工作。

池塘水源条件良好，水源充足，进排水方便，水质符合《无公害食品 淡水养殖用水水质》(NY 5051—2001) 的规定，水深保持在 1.5 米以上。

在池塘配套设施方面，要求具有较为完备的供电设施（变压器、配电箱等），标准化的供电线路；每亩池塘配备增氧机 1 台（叶轮式增氧机，功率 3千瓦），投饵机 1 台。

## 二、放养模式

本放养模式为主养松浦镜鲤、套养白斑狗鱼，并搭配一定数量鲢、鳙，以调节水质。放养松浦镜鲤鱼种平均规格 209 克，每亩放养量 800 尾；白斑狗鱼投放规格为 15 厘米左右，30 尾/亩；同时，每亩分别搭配鲢 100 尾（平均体重 300 克）、鳙 30 尾（平均体重 350 克），用以调控水质。

饲料来源：松浦镜鲤饲料为从正规厂家购进的鲤专用人工配合饲料，主要成分为豆粕、鱼粉、菜粕、棉粕、次粉、麸皮、磷酸二氢钙、石粉、食盐，维生素、微量元素和氨基酸，蛋白含量 34%。白斑狗鱼饵料鱼以规格为 30～50 克的野杂鱼为主，投喂前需消毒处理。

## 三、管理

在养殖期间，做好早、中、晚巡塘，观察水质及鱼类摄食、生长和活动情况，同时，定期（一般 10 天左右）加注新水，保证水质不过肥，防止池鱼出现严重浮头，定期用漂白粉消毒防病；经常检查增氧机及投饵机线路，防止损坏和注意安全生产。

**1. 水质管理** 保持水质达到"肥、活、嫩、爽"的要求。根据池塘载鱼量调节水位，生长季节定期加注新水或换水，正常保持池水透明度 25～30 厘米，溶解氧 6 毫克/升以上，pH7.5～8.3。根据天气、鱼的活动情况，适时开启增氧机，正常情况每天中午开机 2 小时。

**2. 饲料管理** 饲料应选用优质的全价鲤颗粒配合饲料，不使用霉变饲料，饲料应储存在干燥通风处，防止鼠害等。饲料投喂坚持"三看（即看天气、看水色水质、看鱼摄食活动情况）"，"四定（定质、定时、定位、定量）"投饵法，投喂频率保持在每天 3～4 次，日投饵率在 1.5%～3.5%。在养殖初期，根据白斑狗鱼规格大小，经常检查饵料鱼丰歉，并适时补充饵料鱼。

**3. 病害防治** 鱼病防治坚持"以防为主、防重于治"和"无病早防、有病早治"的防病方针，定期做好清洁卫生、工具消毒、食场消毒、全池泼洒药物和投喂药饵等防病措施，避免鱼病暴发。生长期间半个月左右使用 1 次生石灰、漂白粉轮换全池泼洒，在使用药物时，特别注意白斑狗鱼对药物的敏感性。

## 四、试验结果

**1. 产量及收入情况** 养殖期从 5 月中下旬至 9 月下旬，收获时，松浦镜鲤规格为 1.2 千克，成活率 97.6%，亩产 936.9 千克；白斑狗鱼平均规格为 830 克，成活率为 96.4%，亩产白斑狗鱼 24.0 千克；鲢亩产 105.6 千克；鳙亩产 27.7 千克。

总收入情况：松浦镜鲤塘边价格 13.5 元/千克，每亩收入为 12 648.2 元；白斑狗鱼塘边价格为 65 元/千克，每亩收入 1 560 元；鲢塘边价格 6.5 元/千克，每亩收入 686.4 元；鳙塘边价格 12 元/千克，每亩收入 332.4 元。上述收入合计为 15 227 元/亩。

**2. 成本情况**

（1）饲料成本　松浦镜鲤养殖期间投喂饲料为 1.25 吨/亩，饵料系数为 1.62，饲料平均价格为 4.9 元/千克，合计成本为 6 125 元；白斑狗鱼投喂饵料鱼为 140 千克/亩，平均价格为 5.5 元/千克，合计成本为 770 元。

（2）人工及水电成本　养殖期间，水源为地下井水，出水量为 80 米³/小时，能耗为 30 千瓦时，电价为 0.25 元/千瓦时，养殖期间每亩池塘的用水量为 8 000 米³，电力成本为 750 元/亩；增氧机及水泵等其他电力成本为 75 元/亩；人工成本为 300 元/亩。合计成本为 1 125 元。

（3）放养苗种成本　松浦镜鲤鱼种成本为 13.5 元/千克，计 2 257.2 元/亩；白斑狗鱼大规格鱼种成本为 10 元/尾，计 300 元/亩；鲢、鳙成本 350 元/亩。合计成本 2 907.2 元。

（4）利润情况　经过核算，平均每亩实现纯收入为 4 299.8 元。

（5）效益比较　与传统的养殖模式（即主养鲤、套养鲢鳙）比较，本模式通过套养新疆特色经济鱼类，实现每亩增收近 500 元，养殖效益十分可观。

近几年来，本地区广大养殖户对松浦镜鲤的品种优势十分看好，养殖积极性很高。因此，配套实用的养殖技术显得十分重要：一是可以充分发挥养殖潜力，提高产量；二是充分利用了当地的资源条件，提高养殖效益，为我区松浦镜鲤的养殖技术进步提供了一种新的途径。

（胡建勇　高攀　韩小丽　刘昆仑　黄永平）

# 模式二：利用防渗池塘养殖福瑞鲤模式

新疆地区一些池塘土质为沙土，保水性较差，渗漏严重，加之干旱少雨，因此，池塘缺水成为水产养殖业的制约因素之一。为了有效缓解这个问题，乌鲁木齐综合试验站在其试验基地开展了池塘防渗处理试验。同时，结合引进体系培育的新品种福瑞鲤，进行池塘防渗处理条件下的养殖模式，取得了较好的效果。

# 一、材料及方法

**1. 池塘条件及设备** 试验池塘共 4 口，1#、2# 养殖面积 8.5 亩，3#、4# 养殖面积 10 亩，其中，1# 和 3# 铺设防渗膜（0.5 毫米 HDPE）。每口池塘具有独立的进排水系统和电力设施。每口池塘配备功率为 3 千瓦的增氧机 1 台、投饵机 1 台。

**2. 水源条件** 养殖用水为地下深井水，水质清新、无污染，符合渔业养殖用水需求。

**3. 池塘消毒** 池塘在放苗前 15 天干塘，用漂白粉全池泼洒消毒，亩用量 15 千克。7 天后彻底排水，加注新水保持水深 1.0 米。

**4. 苗种放养** 放养鱼种为从中国水产科学研究院淡水渔业研究中心引进的福瑞鲤水花经培育而得。鱼种放养前用浓度 15 毫克/升的高锰酸钾溶液浸浴 1 分钟，以杀灭鱼体表面的寄生虫和病原体。鱼种放养情况详见表 5-55。鱼苗放养后 2 天内加水至 1.5 米。

表 5-55　鱼种放养情况

| 池号 | 面积（亩） | 放养规格（克/尾） | 放养密度（尾/亩） | 放养重量（千克/亩） |
|---|---|---|---|---|
| 1 | 8.5 | 119 | 1 342 | 160 |
| 2 | 8.5 | 125 | 1 260 | 158 |
| 3 | 10 | 115 | 1 350 | 155 |
| 4 | 10 | 122 | 1 310 | 160 |

**5. 饲养投喂** 试验期间全程采用自动投饵机投喂鲤颗粒饲料，根据生长阶段及时调整饲料的粒径，饲料成分见表 5-56。日投喂量根据鱼种的不同生长阶段而变化，其中，体重<100 克时，日投喂量为总重的 4.0%～5.0%；体重为 100～250 克时，日投喂量为体重的 3.0%～4.0%；体重为 250 克以上时，日投喂量为体重的 1.5%～3.0%。并根据天气情况及水质情况，随时调整投喂次数和投喂量（表 5-57），一般控制在每次投饵时长 30 分钟。投饵做到"定时、定位、定质、定量"。

表 5-56 饲料成分

| 鱼种规格（克/尾） | 饲料粒径（毫米） | 粗蛋白（%） | 粗纤维（%） | 钙（%） | 总磷（%） | 粗灰分（%） | 食盐（%） | 水分（%） | 赖氨酸（%） |
|---|---|---|---|---|---|---|---|---|---|
| 50~250 | 2.5 | ≥35.0 | ≥7.0 | 0.6~1.6 | ≥0.80 | ≤12.0 | 0.4~1.6 | ≤14.0 | ≥1.80 |
| 250 以上 | 4.0 | ≥27.0 | ≥8.0 | 0.5~2.5 | ≥1.0 | ≤15.0 | 0.3~2.5 | ≤13.8 | ≥1.28 |

表 5-57 饲料投喂情况

| 规格（克/尾） | 日投喂次数 | 投喂率（%） |
|---|---|---|
| <100 | 4 | 4.0~5.0 |
| 100~250 | 4 | 3.0~4.0 |
| >250 | 3 | 2.0~3.0 |

**6. 日常管理** 在养殖过程中，坚持早晚巡塘，观察鱼的生长、摄食活动和水质变化情况。7~8 月高温季节，晴天每天 14:00~16:00 开增氧机。试验过程中，每 20 天全池泼洒生石灰 150 千克，以改善池塘水质；分别于 7 月 20 日、8 月 10 日全池施放光合细菌。整个养殖期间无病害发生，每天做好养殖生产记录。

# 二、试验结果

4 月 19 日下塘至 9 月 25 日出塘，养殖共历时 159 天，共收获福瑞鲤成鱼 40 100 千克，平均规格 0.82 千克/尾。具体出塘情况见表 5-58。

表 5-58 出塘情况

| 池号 | 放养规格（克/尾） | 出塘规格（克/尾） | 产量（千克） | 日均增重（克/尾） | 饲料用量（千克） | 饲料系数 |
|---|---|---|---|---|---|---|
| 1 | 119 | 852 | 9 690 | 4.61 | 13 490 | 1.62 |
| 2 | 125 | 797 | 8 530 | 4.23 | 11 320 | 1.58 |
| 3 | 115 | 844 | 11 300 | 4.58 | 15 210 | 1.56 |
| 4 | 122 | 815 | 10 580 | 4.36 | 14 360 | 1.60 |

4 口养殖池塘福瑞鲤出塘规格 797~852 克/尾，日均增重 4.23~4.61 克/尾。其中，防渗池塘 1# 和 3# 的出塘规格、日均增重明显高于土池塘 2# 和 4#。饲料系数 1.56~1.62，之间没有明显差异。

## 三、体会

防渗膜池塘能有效隔绝水体与池底、池梗土壤的接触，具有渗透小、与地下水交换量小等特点，较适宜新疆地区保水性较差、渗漏严重的池塘。同时，防渗膜池塘的水温回升速度快，平均水温较土质池塘高 1～3℃。在新疆北疆地区的 4～5 月，池塘的水温仍普遍低于 20℃，此时，防渗膜池塘较土质池塘的水温偏高的特点，能显著增强鲤的摄食强度，提高成鱼养殖的出塘规格和日均增重。因而，防渗膜池塘适宜新疆地区开展鲤成鱼养殖。

但同时，由于防渗池塘水质浓缩度高，水环境稳定性较差，高温季节水质变化比土质池塘快，所以养殖过程中必须做好池塘水质调节工作，需加强水体溶氧等水质指标的监测，严防浮头、泛塘。

（黄永平　胡建勇　高攀　韩小丽　刘昆仑）

# 参考文献

陈学年，郭玉娟，王忠卫，等．2011.异育银鲫"中科3号"与丰产鲫形态特征及生长的比较研究［J］．淡水渔业，5（41）：1-5.

丁文岭，薛庆昌，冯桃健．2010.异育银鲫"中科3号"引进与推广试验［J］．水产养殖，8：8-9.

桂建芳．2009.异育银鲫养殖新品种——"中科3号"简介［J］．科学养鱼，5：21.

桂建芳．2011.异育银鲫"中科3号"人工繁殖和苗种培育技术［J］．农村养殖技术，10：41-42.

郭玉娟，陈学年．2012.华南地区异育银鲫中科3号成鱼养殖模式［J］．科学养鱼，12：43-44.

黄海平．2012.水蕹菜浮床精养鱼池应用效果研究［D］．武汉：华中农业大学图书馆．

李冰，查晓宗，戈贤平．2012.盐城市异育银鲫池塘高效养殖模式［J］．科学养鱼，10：22-23.

李玮、钱敏、高光明．2010.异育银鲫"中科3号"夏花培育技术［J］．科学养鱼，7：9.

刘丰雷．2013.渔场沟渠水生植物群落结构及部分生物净水效果研究［D］．武汉：华中农业大学图书馆．

刘维水．2012.池塘主养异育银鲫"中科3号"高产高效试验［J］．水产养殖，5：7-8.

徐皓，刘兴国，吴凡．2014.淡水养殖池塘规范化改造建设技术（四）［J］．科学养鱼，4：12-13.

杨慧君．2010.循环水养殖池塘浮游生物群落结构变化规律的研究［D］．武汉：华中农业大学图书馆．

祖岫杰，刘艳辉，李改娟．2010.池塘养殖异育银鲫"中科3号"苗种试验［J］．科学养鱼，1：42-43.

Wang ZW et al，2011. A novel nucleo-cytoplasmic hybrid clone formed via androgenesis in polyploid gibel carp［J］．BMC Res Notes，4：82.